权威·前沿·原创

皮书系列为

"十二五""十三五""十四五"时期国家重点出版物出版专项规划项目

GREEN BOOK

智 库 成 果 出 版 与 传 播 平 台

遥感监测绿皮书
GREEN BOOK OF REMOTE SENSING MONITORING

中国可持续发展遥感监测报告（2022）

REPORT ON REMOTE SENSING MONITORING OF CHINA SUSTAINABLE
DEVELOPMENT(2022)

主　编／顾行发　李闽榕　徐东华　赵　坚
副主编／张　兵　王世新　张增祥　柳钦火　陈良富　李加洪
黄文江　王晋年　程天海　张兴赢　贾　立　李国洪　邢　进

社会科学文献出版社
SOCIAL SCIENCES ACADEMIC PRESS (CHINA)

图书在版编目(CIP)数据

中国可持续发展遥感监测报告. 2022 / 顾行发等主编. -- 北京 : 社会科学文献出版社, 2022.12
（遥感监测绿皮书）
ISBN 978-7-5228-1210-6

Ⅰ.①中… Ⅱ.①顾… Ⅲ.①可持续性发展 – 环境遥感 – 环境监测 – 研究报告 – 中国 – 2022 Ⅳ.①X87

中国版本图书馆CIP数据核字(2022)第232578号

遥感监测绿皮书

中国可持续发展遥感监测报告（2022）

主　　编 / 顾行发　李闽榕　徐东华　赵　坚
副 主 编 / 张　兵　王世新　张增祥　柳钦火　陈良富　李加洪
　　　　　黄文江　王晋年　程天海　张兴赢　贾　立　李国洪　邢　进

出 版 人 / 王利民
组稿编辑 / 曹长春
责任编辑 / 王玉敏
责任印制 / 王京美

出　　版 / 社会科学文献出版社（010）59367162
　　　　　地址：北京市北三环中路甲29号院华龙大厦　邮编：100029
　　　　　网址：www.ssap.com.cn
发　　行 / 社会科学文献出版社（010）59367028
印　　装 / 三河市东方印刷有限公司

规　　格 / 开　本：787mm×1092mm　1/16
　　　　　印　张：23.5　字　数：449千字
版　　次 / 2022年12月第1版　2022年12月第1次印刷
书　　号 / ISBN 978-7-5228-1210-6
审 图 号 / GS京（2022）1616号
定　　价 / 198.00元

读者服务电话：4008918866

遥感监测绿皮书专家委员会

项目承担单位

中国科学院空天信息创新研究院
中智科学技术评价研究中心
机械工业经济管理研究院
国家航天局对地观测与数据中心
国家卫星气象中心
广州大学

指导委员会

主　　任：	孙家栋						
副 主 任：	童庆禧	潘德炉					
委　　员：	陈　军	傅伯杰	龚健雅	郭华东	郝吉明	贺克斌	蒋兴伟
	刘文清	王　桥	吴一戎	许健民	薛永祺	姚檀栋	张　偲
	张远航	周成虎					

编辑委员会

主　　编：	顾行发	李闽榕	徐东华	赵　坚			
副 主 编：	张　兵	王世新	张增祥	柳钦火	陈良富	李加洪	黄文江
	王晋年	程天海	张兴赢	贾　立	李国洪	邢　进	
编　　委：	童旭东	杨思全	李素菊	方洪宾	唐新明	李增元	杨　军
	林明森	周清波	卢乃锰	申旭辉	陈仲新	刘顺喜	张继贤
	梁顺林	乔延利	秦其明	陈洪滨	赵忠明	梁晏祯	洪　津
	赵少华	王中挺	刘　芳	汪　潇	赵晓丽	李正强	吴炳方
	申　茜	牛振国	余　涛	闫冬梅	周　翔	杨　健	董莹莹
	周　艺	王福涛	项　磊	肖　函	郭　红	吴志峰	陈颖彪
	刘　诚	金永涛					

数据制作与编写人员

中国城市扩展遥感监测组

组织实施：	张增祥	刘　芳	汪　潇				
图像处理：	汪　潇	温庆可	刘　斌	王亚非	汤占中	王碧薇	朱自娟
	潘天石	王　月	孙　健	张向武			
专题制图：	刘　芳	徐进勇	赵晓丽	易　玲	左丽君	胡顺光	汪　潇

孙菲菲
图形编辑：徐进勇　胡顺光
数据汇总：刘　芳　徐进勇
报告撰写：张增祥　刘　芳　徐进勇　赵晓丽　易　玲　左丽君　汪　潇
　　　　　胡顺光　孙菲菲　刘子源　刘晏君

中国植被遥感监测组

组织实施：柳钦火　李　静
数据处理：赵　静　董亚冬　张召星　文　远　谷晨鹏
专题制图：赵　静
报告撰写：李　静　赵　静　董亚冬　柳钦火　刘　畅　王晓函　褚天嘉

中国水资源要素遥感监测组

组织实施：贾　立　卢　静　牛振国
数据处理：郑超磊　韩倩倩　米　佩　崔梦圆　景雨航
专题制图：卢　静　胡光成　米　佩　崔梦圆　景雨航
报告撰写：贾　立　卢　静　牛振国　胡光成

中国主要粮食作物遥感监测组

组织实施：黄文江　董莹莹　王　昆　叶回春　张弼尧
专题制图：董莹莹　王　昆　刘林毅　阮　超　孔繁楚　尚俊呈　芦奇宝
　　　　　徐云蕾　陈鑫雨
数据集成：黄文江　张弼尧　刘林毅　阮　超　汪　靖　孔繁楚　尚俊呈
　　　　　芦奇宝　徐云蕾　陈鑫雨
报告撰写：黄文江　董莹莹　刘林毅　阮　超　张寒苏　汪　靖

中国重大自然灾害遥感监测组

组织实施：王世新　周　艺　王福涛
数据处理：王福涛　王丽涛　刘文亮　朱金峰　侯艳芳
专题制图：赵　清　王振庆　秦　港　刘赛淼
数据集成：赵　清　邹玮杰　王卓晨
报告撰写：王世新　周　艺　王福涛　赵　清

中国空气质量遥感监测组

组织实施：顾行发　程天海　郭　红
专题制图：陈德宝　李霄阳　朱　浩
数据集成：郭　红　陈德宝
报告撰写：顾行发　程天海　郭　红　陈德宝

中国主要污染气体和秸秆焚烧遥感监测组

组织实施：陈良富
专题制图：范　萌　　顾坚斌　　李忠宾
数据集成：范　萌
报告撰写：陈良富　范　萌　　顾坚斌　　李忠宾

中国温室气体（二氧化碳、甲烷）遥感监测组

组织实施：张兴赢
专题制图：张　璐　　张　楠
数据集成：张　璐
报告撰写：张兴赢　张　璐

粤港澳大湾区遥感监测组

组织实施：吴志峰　　王晋年　　陈颖彪
专题制图：郑子豪　　郭　城　　黄卓男　　周泳诗
数据集成：郑子豪　　杨现坤
报告撰写：陈颖彪　　黄卓男　　郭　城　　周泳诗　　郑子豪

主编简介

　　顾行发　1962年6月生，湖北仙桃人，研究员，博士生导师，第十二届、十三届全国政协委员。现任中国科学院空天信息创新研究院研究员，中国科学院大学岗位教师，是国际宇航科学院院士、欧亚科学院院士、国际光学工程师学会（SPIE）会士、"GEO 十年（2016~2025）发展计划"编制专家工作组专家，亚洲遥感协会（AARS）副秘书长、亚洲大洋洲地球观测组织共同主席。担任"国家空间基础设施建设中长期发展规划（2015~2025年）"需求与应用组组长、"科技部地球观测与导航重点研发计划"总体专家组副组长、国家重大科学研究计划（"973"计划）"多尺度气溶胶综合观测和时空分布规律研究"首席科学家、中国环境科学学会环境遥感与信息专业委员会主任、国家环境保护卫星遥感重点实验室主任、国家航天局航天遥感论证中心主任、遥感卫星应用国家工程实验室主任等职务。主要从事光学卫星传感器定标、定量化遥感、对地观测系统论证等方面研究，为我国高分辨率卫星遥感技术和工程化应用作出了突出贡献。研究成果获得国家科技进步二等奖 3 项，省部级一等奖6项、二等奖3 项，发表论文502篇（SCI 197 篇），出版专著13部、专辑13本，牵头起草并发布国家标准3项，获得国家授权发明专利43项、软件著作权45项。

　　李闽榕　1955 年 6 月生，山西安泽人，经济学博士。中智科学技术评价研究中心理事长、主任，福建师范大学兼职教授、博士生导师，中国区域经济学会副理事长，福建省新闻出版广电局原党组书记、副局长。主要从事宏观经济、区域经济竞争力、科技创新与评价、现代物流等理论和实践问题研究，已出版系列皮书《中国省域经济综合竞争力发展报告》《中国省域环境竞争力发展报告》《世界创新竞争力发展报告》《二十国集团（G20）国家创新竞争力发展报告》《全球环境竞争力发展报告》等20 多部，并在《人民日报》《求是》《经济日报》《管理世界》等国家级报纸杂志上发表学术论文 240 多篇；先后主持完成和正在主持的国家社科基金项目有"中国省域经济综合竞争力评价与预测研究""实验经济学的理论与方法在区域经济中的应用研究"，国家科技部软科学课题"效益 GDP 核算体系的构建和对省域经济评价应用的研究"及多项省级重大研究课题。科研成果曾荣获新疆维吾尔自治区第二届、第三届社会科学优秀成果三等奖，以及福建省科技进步一等奖（排名第三）、福建省第七届至第十届社会科学优秀成果一等奖、福建省第六届社会科学优秀成果二等奖、福建省第七届社会科学优秀成果三等奖等十多项省部级奖励（含合作）。2015年以来先后获奖的科研成果有：《世界创新竞争力发展报告（2001~2012）》于2015年荣获教育部第七届高等学校科学研究优秀成果奖三等奖，《"十二五"中期中国省域经济综合竞争力发展报告》荣获国务院发展研究中心 2015年度中国发展研究奖三等奖，《全球环境竞争力报告（2013）》于2016年荣获福建省人民政府颁发的第十一届社会科学优秀成果奖一等奖，《中国省域经济综合竞争力发展报告（2013~2014）》于2016年获评中国社会科学院皮书评价委员会优秀皮书一等奖。

徐东华　1960年8月生，机械工业经济管理研究院院长、党委书记。国家二级研究员、教授级高级工程师、编审，享受国务院政府特殊津贴专家。曾任中共中央书记处农村政策研究室综合组副研究员，国务院发展研究中心研究室主任、研究员，国务院国资委研究中心研究员。参加了国民经济和社会发展"九五"计划至"十三五"规划的研究工作，参加了我国多个工业部委的行业发展规划工作，参加了我国装备制造业发展规划文件的起草工作，所撰写的研究报告多次被中央政治局常委和国务院总理等领导同志批转到国家经济综合部、委、办、局，其政策性建议被采纳并受到表彰。兼任中共中央"五个一"工程奖评审委员、中央电视台特邀财经观察员、中国机械工业联合会专家委员会委员、中国石油和化学工业联合会专家委员会首席委员、中国工业环保促进会副会长、中国机械工业企业管理协会副理事长、中华名人工委副主席，原国家经贸委、国家发展改革委工业项目评审委员，福建省政府、山东省德州市政府经济顾问，中国社会科学院经济所、金融所、工业经济所博士生答辩评审委员，清华大学经济管理学院、北京大学光华管理学院、厦门大学经济管理学院、中国传媒大学、北京化工大学等院校兼职教授，长征火箭股份公司等独立董事。智慧中国杂志社社长。在《经济日报》《光明日报》《科技日报》《经济参考报》《求是》《经济学动态》《经济管理》等报纸期刊发表百余篇有理论和研究价值的文章。

赵坚　1964年7月生，四川通江人，工学博士，研究员。长期从事航天技术研究和工程组织管理工作，曾任原国防科工委航天技术局副局长、国家航天局系统工程司副司长、卫星互联网工程总设计师、信息中心党委书记、中国卫星应用产业协会常务副会长等职，现任国家高分辨率对地观测系统重大专项工程总设计师兼副总指挥、国家航天局对地观测与数据中心主任。参与组织和参加了我国卫星运载火箭等多个航天工程研制、建设应用和国际合作工作，组织研制开发了国家遥感数据与应用服务平台，促进了遥感资源共享工作。多次立功受奖，获国家和部委科技进步奖10余项。

序 一

党的十八届五中全会强调，实现"十三五"时期发展目标，破解发展难题，厚植发展优势，必须牢固树立并切实贯彻创新、协调、绿色、开放、共享的发展理念。这是关系我国发展全局的一场深刻变革。

坚持绿色、可持续发展和生态文明建设，我国面临许多亟待解决的资源生态环境重大问题。一是资源紧缺。我国的人均能源、土地资源、水资源等生产生活基础资源十分匮乏，再加上不合理的利用和占用，发展需求与资源供给的矛盾日益突出。二是环境问题。区域性的水环境、大气环境问题日益显现，给人们的生产生活带来严重影响。三是生态修复。我国大部分国土为生态脆弱区，沙漠化、石漠化、水土流失、过度开发等给生态系统造成巨大破坏，严重地区已无法自然修复。要有效解决以上重大问题，建设"天蓝、水绿、山青"的生态文明社会，就需要随时掌握我国资源环境的现状和发展态势，有的放矢地加以治理。

遥感是目前人类快速实现全球或大区域对地观测的唯一手段，它具有全球化、快捷化、定量化、周期性等技术特点，已广泛应用到资源环境、社会经济、国家安全的各个领域，具有不可替代的空间信息保障优势。随着"高分辨率对地观测系统"重大专项的实施和快速推进以及我国空间基础设施的不断完善，我国形成了高空间分辨率、高时间分辨率和高光谱分辨率相结合的对地观测能力，实现了从跟踪向并行乃至部分领跑的重大转变。GF-1号卫星每4天覆盖中国一次，分辨率可达16米；GF-2号卫星具备了亚米级分辨能力，可以实现城镇区域和重要目标区域的精细观测；GF-4号卫星更是实现了地球同步观测，时间分辨率高达分钟级，空间分辨率高达50米。这些对地观测能力为开展中国可持续发展遥感动态监测奠定了坚实的基础。

中国科学院空天信息创新研究院、中国科学院科技战略咨询研究院、中智科学技术评价研究中心、机械工业经济管理研究院和国家遥感中心等单位在可持续发展相关领域拥有高水平的队伍、技术与成果积淀。一大批科研骨干和青年才俊面向国家

重大需求，积极投入中国可持续发展遥感监测工作，取得了一系列有特色的研究成果，我感到十分欣慰。我相信，《中国可持续发展遥感监测报告》绿皮书的出版发行，对社会各界客观、全面、准确、系统地认识我国的资源生态环境状况及其演变趋势具有重要意义，并将极大促进遥感应用领域发展，为宏观决策提供科学依据，为服务国家战略需求、促进交叉学科发展、服务国民经济主战场作出创新性贡献！

中国科学院原院长、党组书记

序　二

资源环境是可持续发展的基础，经过数十年的经济社会快速发展，我国资源环境状况发生了快速变化。准确掌握我国资源环境现状，特别是了解资源环境变化特点和未来发展趋势，成为我国实现可持续发展和生态文明建设面临的迫切需求。遥感具有宏观动态的优点，是大尺度资源环境动态监测不可替代的手段。中国遥感经过30多年几代人的不断努力，监测技术方法不断发展成熟，监测成果不断积累，已成为中国可持续发展研究决策的重要基础性技术支撑。

中国科学院空天信息创新研究院自建院以来，在组织承担或参与国家科技重大专项"高分辨率对地观测系统"、国家科技攻关、国家自然科学基金、"973"、"863"、国家科技支撑计划等科研任务中，与国内各行业部门和科研院所长期合作、协力攻关，针对土地、植被、大气、地表水、农业等领域，开展了遥感信息提取、专题数据库建设、资源环境时空特征和驱动因素分析等研究，沉淀了一大批成果，客观记录了我国的资源环境现状及其历史变化，已经并将继续作为国家合理利用资源、保护生态环境、实现经济社会可持续发展的科学数据支撑。

2015年底，在中国科学院发展规划局等有关部门的指导与大力支持下，空天信息创新研究院与中智科学技术评价研究中心、机械工业经济管理研究院、中国科学院科技战略咨询研究院等单位开展了多轮交流和研讨，联合申请出版"遥感监测绿皮书"，得到了社会科学文献出版社的高度认可和大力支持。

2017年6月12日，中国科学院召开新闻发布会，发布了首部遥感监测绿皮书——《中国可持续发展遥感监测报告（2016）》。中央电视台、《人民日报》、新华社、《解放军报》、《光明日报》、《中国日报》、中央人民广播电台、中国国际广播电台、《科技日报》、《中国青年报》、中新社、新华网、中国网、香港大公文汇、《中国科学报》、《香港文汇报》、《北京晨报》、《深圳特区报》等30多家媒体相继发稿，高度评价我国首部遥感监测绿皮书的相关工作。以绿皮书形式出版遥感监测成果，是中国遥感界的第一次尝试，在社会各界引起了强烈反响。许多政府部门和社会读者认为，该书不仅是基于我国遥感界几十年共同努力所取得的成果结晶，也是科研部门作为第三方独立客观完成的"科学数据"，是中国可持续发展能力的"体检报告"，为国家和地方政府提供了一套客观、科学的时间序列空间数据和分析结果，可

以支持发展规划的制定、决策部署的监控、实施效果的监测等。

2018年7月，编写组在首部绿皮书出版发行的基础上，成功出版了《中国可持续发展遥感监测报告（2017）》，2020年4月成功出版了《中国可持续发展遥感监测报告（2019）》，2021年12月成功出版了《中国可持续发展遥感监测报告（2021）》，2022年又开展了《中国可持续发展遥感监测报告（2022）》的编写工作。这是该绿皮书系列第五本，报告系统开展了中国土地利用、植被生态、水资源、主要粮食与经济作物、重大自然灾害、大气环境等多个领域的遥感监测分析，对相关领域的可持续发展状况进行了分析评价，尤其对"十四五"期间的现势监测和应急响应进行了重点分析与评估。本报告充分利用我们国家自主研发的资源卫星、气象卫星、海洋卫星、环境减灾卫星、"高分辨率对地观测专项"等遥感数据，以及国际上的多种卫星遥感数据资源，基于我国遥感界几十年共同努力取得的成果结晶，展现了我国卫星载荷研制部门、数据服务部门、行业应用部门和科研院所共同从事遥感研究和应用所取得的技术进步。报告富有遥感特色，技术方法是可靠的，数据和结果是科学的。同时，由于遥感技术是新技术，与各行业业务资源环境监测方法具有不同的特点，遥感技术既有"宏观、动态、客观"的技术优势，也有"间接测量、时空尺度不一致、混合像元以及主观判读个体差异"等问题导致的局限性。该报告和行业业务监测方法得到的监测结果还是有区别的，不能简单替代各业务部门的传统业务成果，而是作为第三方发布科研部门独立客观完成的"科学数据"，为国家有关部门提供有益的参考和借鉴。

编写出版遥感监测绿皮书，将是一项长期的工作，需要认真听取各个行业部门和各领域专家的意见，及时发现存在的问题，不断改进和创新方法，提高监测报告的科学性和权威性。未来将在本报告的基础上，面向国家的重大需求和国际合作的紧迫需要，不断凝练新的主题和专题，创新发展我们的成果；不断加强研究的科学性和针对性，保证监测数据和结果的可靠性和一致性；并充分利用大数据科学发展的最新成果，加强综合分析和预测模拟工作，不断提高我们的认识水平，为中国可持续发展作出新的贡献。

《中国可持续发展遥感监测报告（2022）》主编

前　言

　　过去40余年来，可持续发展的理念在全球范围内得到了普遍认可和重视，实现可持续发展逐步成为人类追求的共同目标。资源环境是实现可持续发展的基础，资源的数量和质量、区域分布与构成等直接决定着区域发展潜力及其可持续能力，伴随资源利用的环境改变，表现出日益明显的对区域发展的限制作用。为合理利用资源，切实保护并培育环境，中国坚持节约资源和保护环境的基本国策，一系列生态修复和生态文明建设措施的实施，改善了区域生态环境质量。

　　随着我国经济社会的快速发展和可持续发展战略的实施，资源环境状况变化明显。自20世纪70年代，我国利用遥感技术持续开展了资源环境领域的遥感应用研究，中国科学院空天信息创新研究院在土地、植被、大气、水资源、灾害、农业等方面，多方位、系统性地开展了遥感信息提取、专题数据库建设、资源环境时空特征和驱动因素分析等研究，掌握了我国资源环境主要要素的特点及其变化，为国家合理利用资源、保护生态环境、实现经济社会可持续发展提供了扎实的科学数据支撑。

　　土地利用与土地覆盖是全球变化和资源环境研究的核心内容和遥感应用研究的重点领域。全国范围的土地利用遥感监测研究表明，改革开放以来，我国土地资源的利用方式和程度发生了广泛的和持续性的变化，阶段性特点明显，区域差异显著，城镇快速扩展是土地利用变化的主要表现之一，对周边区域的土地利用产生了深刻影响。在国家和中国科学院诸多土地利用相关项目的持续推进下，面向国家遥感中心"全球生态环境遥感监测"和中国科学院知识创新工程"一三五"项目、学部咨询评议项目、"一带一路"专项项目等的需要，中国科学院空天信息创新研究院多次开展中国主要城市扩展遥感监测研究，监测城市由最初的34个直辖市、省会（首府）和特区城市，逐步扩展到中小城市，建设完成了75个城市1972~2022年的城市扩展数据库，再现了改革开放前后近50年的城市演变过程，为中国主要城市扩展及其占用土地特点的研究奠定了扎实的数据基础。中国主要城市扩展数据库是中国土地利用、土地覆盖、土壤侵蚀数据库的重要补充，可以据此多视角了解资源、环境时空特点，开展综合分析。

　　植被是地球表面最主要的环境控制因素，植被变化监测是全球变化研究的重要内容之一。我国面对资源约束趋紧、环境污染严重、生态系统退化的严峻形势，树立尊重自然、顺应自然、保护自然的生态文明理念，坚持走可持续发展道路。利用2015年和2020年30米分辨率的地表覆盖精细分类产品提取500米分辨率的森林覆盖率，用于监测森林生长状况；基于自主研发的2010年至2021年500米分辨率每4天合成的植被叶面积指数、植被覆盖度、植被总初级生产力产品，建立基于年平均叶面积指数、年最大植被覆盖度和年累积植被总初级生产力的生态系统质量综合评价指标，基于生态系统质量指数的分布和变化率指标对生态系统进行综合监测。报告分析了我国森林、草地和农田典型生态系统类型生长及变化状况，并评估了我国七个主要分区近十几年的生态质量及变化趋势，完成我国各省份植被生态质量本底调查。

水是生命之源，对人类的健康和福祉至关重要，是经济社会和人类发展所必需的基础与战略性资源，也是生态文明建设的必要保障。人多水少、水资源时空分布不均是我国的基本国情和水情，随着人口持续增长、经济规模不断扩张以及全球气候变化影响加剧，我国水资源短缺形势依然严峻，与生态文明建设和高质量发展的要求还存在一定差距。在诸多科研项目的持续推动下，在遥感水循环及水资源各要素的基础理论、模型和反演以及数据集生产方面开展了大量的系统性工作，为了解水资源的时空分布提供了科学依据。自主研发了利用多源遥感观测及考虑地球系统陆面过程多参数化方案的地表能量和水分交换过程模型ETMonitor，实现了全球逐日1千米分辨率、局部地区/流域逐日30米分辨率地表蒸散产品的生产和发布，基于MODIS数据使用遥感大数据云平台研发了250米/8天的全球地表动态水体产品。这些水循环要素产品为水资源评价以及水资源可持续开发利用与管理提供时序空间信息产品与决策支持。报告利用遥感卫星数据监测我国2001~2021年降水、蒸散、水分盈亏、地表水体面积、陆地水储量变化等水资源要素特征，揭示我国水资源的时空动态变化，以及洪涝、干旱等极端气候事件对水资源要素的影响。全面掌握水资源要素的空间分布特征以及动态变化情况，对于提升水资源管理与保护水平、促进水资源合理开发利用、深化水循环和水平衡研究具有重要意义。

我国是世界上最大的粮食生产国和消费国，粮食安全始终是关系我国国民经济发展、社会稳定和国家自立的全局性重大战略问题。粮食作物种植面积提取、长势状况监测、主要病虫害生境适宜性分析、产量估算是保障我国粮食安全生产的重要工作内容，对于国家粮食生产宏观调控具有重要意义。通过融合国内高分系列、美国Landsat系列、欧盟Sentinel系列等卫星遥感数据，与气象数据、生态数据、生物数据、地面调查数据等多源数据，综合考虑作物形态及营养状况信息、病虫害发生发展特点、历年农情统计资料等，建立了作物长势监测模型和主要病虫害生境适宜性遥感分析模型及估产模型，构建了国际领先大尺度植被病虫害遥感监测与预测系统，打通了从数据、算法到产品、应用的全链路，面向全球发布中英双语的《植被病虫害遥感监测与预测报告》。报告围绕2022年我国主要粮食作物开展种植面积提取、长势状况监测、病虫害生境适宜性遥感分析和产量估算，客观定量地反映了我国粮食安全形势，为指导农业生产提供了科学数据与方法支撑。

在全球变暖、城市化发展和社会财富增长速度逐渐加快的背景下，重特大自然灾害频发和多发给社会、经济发展进程带来巨大影响。灾害问题已经成为区域可持续发展的重要影响因素。近年来，在国家重点研发计划公共安全风险防控与应急技术装备专项"灾害现场信息空地一体化获取技术研究与集成应用示范"（2016~2020）、国家重点研发计划地球观测与导航专项"重特大灾害空天地一体化协同监测应急响应关键技术研究及示范"（2017~2021）、国家重点研发计划地球观测与导航专项"多灾种灾害风险遥感监测预警关键技术与应急业务服务示范"（2021~2024）等科研任务支持下，陆续建立了重特大灾害空天地一体化协同规划等系统，构建了全国洪涝警戒水域数据库、崩滑流（崩塌、滑坡、泥石流）隐患点数据库、全国江河水利工程数据库和全国高精度人口分布数据库，形成了完善的空—天—地协同应急监测与风险评估技术体系，空天遥感观测资源在我国历次重大自然灾害监测中得到有效应用和检验。报告针对2021年我国自然灾害发生特点，重点利用高分一号、高分二号、高分三号、高分六号、高分七号等国产卫星遥感资源，协同无人机航空遥感及地面调查数据，系统介绍了青海玛多地震、河南郑州荥阳市崔庙镇山洪、四川雅安天全县山洪泥石流、山西暴雨洪水灾害等重大自然灾害的遥感监测和评估工作。

大气污染是影响大气环境质量的关键因素，也是影响城市和区域可持续发展的重要因素。其中，可入肺的细颗粒物通过呼吸道进入人体，严重危害人类健康。在诸多项目支持下，本报告利用卫星遥感数据重构了2021年中国区域细颗粒物浓度的空间分布情况，并针对六大重点城市群（中原城市群、长江中游城市群、哈长城市群、成渝城市群、关中城市群、山东半岛城市群）和主要经济圈细颗粒物浓度分布情况、空气质量等级划分等进行了分析，直观、系统地体现了区域空气质量情况。同时，本报告对2020~2021年和2013~2021年中国细颗粒物浓度相对变化进行了分析展示，为我国近年来"大气十条"的初步成果提供了可靠的数据支撑。另外，大气中的痕量气体NO_2和SO_2作为主要污染物起着非常重要的作用，是常规大气空气质量监测的重要指标。秸秆焚烧会产生大量的气态污染物和颗粒物，给大气环境带来较大影响，目前也已纳入相关环保部门日常监测范围。在国家重点研发计划等项目的持续支持下，基于差分吸收光谱算法改进了中国地区污染气体遥感反演方法，并发展了Ring效应校正模型以及针对中国重污染大气背景下的大气质量因子计算模型。在此基础上，建立了2021年中国NO_2和SO_2柱浓度数据集，并分析了中国地区和重点城市群NO_2和SO_2的时空分布特征。同时，基于区域自适应的热异常遥感监测算法，本报告完成了2021年中国秸秆焚烧点提取，并重点分析了东北地区秸秆焚烧时空变化。卫星遥感监测温室气体是一种"自上而下"的方法，为地表和大气之间通过自然和人为过程交换的每种气体的净含量提供了一种约束。本报告基于GOSAT/ GOSAT-2、OCO-2/3、TROPOMI、碳卫星、高分5号01/02星、FY-3D探测的二氧化碳和甲烷数据，通过高精度曲面模型融合多星的遥感数据，制作了中国区2019~2021年二氧化碳和甲烷数据集。分析数据发现，中国大气二氧化碳和甲烷柱浓度的高值区主要集中在京津冀地区、长江三角洲地区和珠江三角洲地区、山东、川渝、新疆乌鲁木齐和汾渭平原等地。

粤港澳大湾区是我国主要城市群之一，位于中国南部珠江三角洲，濒临南海，由广州、东莞、深圳、佛山、中山、珠海、肇庆、惠州、江门9个地级市与香港、澳门2个特别行政区组成，面积65010.5 平方千米，人口6956.93万。粤港澳大湾区经济总量达12.6万亿元人民币（2021年），是继纽约湾区、旧金山湾区、东京湾区之后的世界第四大湾区城市群。同时，粤港澳大湾区是国家对外开放的前沿、港澳融入国家发展大局的重要平台和"一国两制"背景下城市融合发展的示范区。粤港澳大湾区由于城市化起步早、经济发展和基础设施建设速度迅猛，随着城市化进程的持续，已经形成大面积连续分布的城市建成区，生态空间被不断挤占，对城市群气候和生态系统功能产生深刻影响，资源环境和生态安全亟须维护。基于此，本报告选取粤港澳大湾区作为城市群生态环境监测的重点区域，从热环境、湿地、水源涵养、碳储量、生境质量5个维度进行生态环境遥感监测。本报告使用了热红外遥感数据、陆地卫星数据等多源遥感监测成果，采用波段合成、面向对象结合人工解译等方法获得湿地空间分布信息，采用经典地温单窗算法反演得到地表热环境分布数据，同时采用InVEST模型评估了粤港澳大湾区的水源涵养量、碳储量和生境质量状况。结果显示，粤港澳大湾区生态环境总体状况呈现"核心—外围"二元结构，大湾区核心区域生态环境压力目前仍然较大。这为未来粤港澳大湾区的城市生态功能维护、生态环境建设和规划提供了重要参考，在可持续发展目标和"双碳"目标指引下实现湾区城市群的协调发展。

在中国科学院、国家航天局等单位的大力支持下，2016年、2017年、2019年和2021年中国科学院空天信息创新研究院相继发布了遥感监测绿皮书，社会反响强烈，受到广泛关注。遥感监测绿皮书编辑团队致力于科研成果服务于经济社会发展这一核心目标，在保持核心内容连续性的基础上，利用资源环境领域的最新遥感研究成果，完成了遥感监测绿皮书《中国可持续发展遥感监测报告（2022）》，全书包括总报告和专题报告2部分，由顾行发、李闻榕、徐东华和赵坚组织编写，其中，G1"城市扩展遥感监测"由张增祥组织实施，遥感图像处理由汪潇、温庆可、刘斌、王亚非、禹丝思、汤占中、王碧薇、朱自娟、潘天石、王月、孙健和张向武等完成，专题制图由刘芳（北京、天津、石家庄、唐山、南京、无锡、济南、青岛、保定、沧州和廊坊等11

个城市）、徐进勇（大同、杭州、广州、深圳、珠海、南宁、海口、合肥、香港、澳门和北海等11个城市）、赵晓丽（呼和浩特、哈尔滨、上海、拉萨、日喀则、西安、太原、郑州、延安和邢台等10个城市）、易玲（宁波、武汉、兰州、西宁、银川、乌鲁木齐、武威、克拉玛依、中卫和秦皇岛等10个城市）、孙菲菲（沈阳、大连、长春、齐齐哈尔、南昌、阜新、赤峰、吉林、喀什和霍尔果斯等10个城市）、左丽君（长沙、宜昌、湘潭、衡阳、防城港、南充、张家口和承德等8个城市）、胡顺光（昆明、福州、厦门、重庆、成都、贵阳、台北和泉州等8个城市）和汪潇（蚌埠、丽江、徐州、枣庄、包头、邯郸和衡水等7个城市）共同完成，徐进勇和胡顺光完成图形编辑，刘芳和徐进勇完成数据汇总。报告中G1.1 "城市扩展遥感监测状况"由张增祥和刘芳撰写，G1.2 "2022年中国主要城市用地状况"由汪潇撰写，G1.3 "20世纪70年代至2022年中国主要城市扩展"、"1.4.1 城市扩展阶段特征"由左丽君撰写，"1.4.2 城市扩展区域特征"由易玲、徐进勇和胡顺光撰写，"1.4.3 城市扩展过程的基本模式"由孙菲菲撰写，"1.4.4 不同类型城市的扩展"由徐进勇和刘子源撰写，"1.4.5 不同规模城市的扩展"由刘芳和刘晏君撰写，"1.5.1 城市扩展占用耕地特点"由赵晓丽撰写，"1.5.2 中国城市扩展对其他建设用地的影响"由刘芳撰写，"1.5.3 中国城市扩展对其他土地的影响"由胡顺光撰写，张增祥和刘芳等完成统稿。G2 "中国植被状况"由柳钦火和李静组织实施，数据处理由赵静、董亚冬、张召星、文远和谷晨鹏完成，专题制图由赵静完成，报告撰写由赵静、董亚冬、柳钦火、刘畅、王晓函和褚天嘉完成，柳钦火、李静和赵静完成统稿与校对。G3 "中国水资源要素遥感监测"由贾立、卢静、牛振国组织实施，数据处理由郑超磊、韩倩倩、米佩、崔梦圆、景雨航完成，专题制图与图形编辑由卢静、胡光成、米佩、崔梦圆、景雨航完成，报告撰写由贾立、卢静、牛振国、胡光成、完成，卢静、贾立、牛振国完成统稿与校对。C4 "中国主要粮食作物遥感监测"由黄文江、董莹莹、王昆、叶回春、张弼尧、刘林毅、阮超、张寒苏、孔繁楚、尚俊呈、芦奇宝、徐云蕾、陈鑫雨、汪靖撰写完成。G5 "2021我国重大自然灾害监测"由王世新、周艺和王福涛组织实施，数据处理和专题制图由王福涛、赵清、王丽涛、刘文亮、朱金峰、侯艳芳、王振庆、秦港、刘赛森完成，数据集成由赵清、邹玮杰和王卓晨完成，报告撰写由王福涛、赵清完成，最后王世新、周艺完成统稿；G6 "中国细颗粒物浓度遥感监测"由顾行发、程天海、郭红组织实施，专题制图由陈德宝、李霄阳、朱浩完成，数据集成由郭红、陈德宝完成，报告撰写由顾行发、程天海、郭红、师帅一、陈德宝完成；G7 "中国主要污染气体和秸秆焚烧遥感监测"由陈良富组织实施，数据处理和专题制图由范萌、李忠宾完成，报告撰写由陈良富、范萌、顾坚斌、李忠宾完成。G8 "温室气体遥感监测"由张兴赢组织，张璐完成数据整理，报告撰写由张璐、张兴赢完成，制图由张璐、张楠完成。G9 "粤港澳

大湾区遥感监测"由陈颖彪组织，郑子豪完成数据整理和集成，报告撰写由陈颖彪、黄卓男、郭城、周泳诗、郑子豪完成，专题制图由郑子豪、郭城、黄卓男、周泳诗完成。

遥感监测绿皮书《中国可持续发展遥感监测报告（2022）》的完成得益于诸多科研项目成果，谨向参加相关项目的全体人员和对本报告撰写与出版提供帮助的所有人员，表示诚挚的谢意！

我国幅员辽阔，资源类型多，环境差异大，而且处于持续性的变化过程中，本报告作为集体成果，编写人员众多，限于我们的专业覆盖面和写作能力，错误或疏漏在所难免，敬请批评指正。我们会在后续报告的编写中予以重视并加以完善。

遥感监测绿皮书《中国可持续发展遥感监测报告（2022）》编辑委员会

2022年10月

摘　要

　　本书是中国科学院空天信息创新研究院在长期开展资源环境遥感研究项目成果基础上完成的，是《中国可持续发展遥感监测报告（2016）》《中国可持续发展遥感监测报告（2017）》《中国可持续发展遥感监测报告（2019）》《中国可持续发展遥感监测报告（2021）》的持续和深化。报告系统开展了中国城市扩展、植被生态、水资源、主要粮食作物、重大自然灾害、大气环境等多个领域的遥感监测分析，对相关领域的可持续发展状况进行了分析评价。城市扩展方面，重点监测分析了1972~2022年中国主要城市扩展及其占用土地特点。植被生态方面，利用植被关键参数遥感定量产品，监测分析了2010~2021年我国森林、草地和农田典型生态系统类型生长及变化状况，并评估了我国七个主要分区近十几年的生态质量及变化趋势。水资源要素方面，采用卫星遥感数据产品，全面监测分析了我国降水、蒸散、水分盈亏、地表水体面积、陆地水储量变化等水资源要素特征以及2001~2021年的时空动态变化，并评估了2021年洪涝、干旱等极端气候事件对水资源要素的影响。主要粮食作物方面，对2022年中国小麦、水稻、玉米的种植区分布、长势状况、病虫害生境及粮食产量进行了重点分析。重大自然灾害监测方面，重点分析了我国2021年重大自然灾害发生情况，并选择2021年典型的森林火灾、泥石流、洪水等灾害开展了遥感应急监测与灾情分析。大气环境方面，选择细颗粒物浓度、NO_2柱浓度、SO_2柱浓度等指标，对2021年中国特别是重点城市群大气环境质量、NO_2柱浓度、SO_2柱浓度、秸秆焚烧遥感监测情况进行了分析；同时，对2019~2021年中国区域的CO_2、CH_4浓度遥感监测情况进行了分析。此外，本书还选取了粤港澳大湾区作为典型城市化区域，选择热环境、湿地、水源涵养、碳储量和生境质量等5个维度进行了城市群生态环境遥感监测，并对粤港澳大湾区的生态环境状况时空变化进行了分析。

　　本书既有城市、植被、大气、农业、水资源与灾害等领域的长期监测和发展态势评估，也有对2021年的现势监测和应急响应分析，对有关政府决策部门、行业管理部门、科研机构和大专院校的领导、专家和学者具有重要的参考价值，同时也可以为相关专业的研究生和大学生提供很好的学习资料。

　　关键词：卫星遥感　中国　城市扩展　植被生态　水资源　粮食作物　重大自然灾害　大气环境

Abstract

This book is completed by the Aerospace Information Research Institute of the Chinese Academy of Sciences, based on long-term research on resources and environment remote sensing, which is a continuation and deepening of Report on Remote Sensing Monitoring of China Sustainable Development (2016), Report on Remote Sensing Monitoring of China Sustainable Development (2017) and Remote Sensing Monitoring of China Sustainable Development (2019), and Remote Sensing Monitoring of China Sustainable Development (2021). The report carried out remote sensing monitoring and analysis of Chinese urban expansion, vegetation ecology, water resources, major food crops, natural disasters, and atmospheric environment in China, and evaluated sustainable development of related fields. In terms of urban expansion, the expansion of major cities in China from 1972 to 2022 and the characteristics of land occupation were monitored and analyzed. For vegetation ecology, based on the remote sensing quantitative products of key vegetation parameters, the growth and change of typical forest, grassland and farmland ecosystems were monitored and analyzed from 2010 to 2021 in China, and the ecological quality and change trend for seven major sub regions in China were evaluated in recent ten years. In terms of water resources components, the spatial and temporal characteristics of the precipitation, evapotranspiration, water budget, surface water body area, terrestrial water storage change from 2001 to 2021 were comprehensively monitored and analyzed by using remote sensing data. Additionally, the impacts of the extreme flood and drought events in 2021 on water resources were also evaluated. For the major food crops wheat, rice, and maize, the planting areas, growth conditions, pests and diseases habitat, and yield were analyzed in China in 2022. In the aspect of natural disaster monitoring, remote sensing emergency monitoring and disaster analysis are carried out on forest fires, mudslides and floods in China of 2021. In terms of atmospheric environment, the characteristics of fine particulate matter concentration, NO_2 column concentration and SO_2 column concentration were selected to analyze the remote sensing monitoring of the atmospheric environmental quality, NO_2 column concentration, SO_2 column concentration, and straw burning in China in 2021. In addition, the remote sensing monitoring of CO_2 and CH_4 concentrations in China from 2019 to 2021 were analyzed. In addition, this book also selected the Guangdong–Hong Kong–Macao Greater Bay Area (GBA) as a typical urbanized region, and chose 5 dimensions including thermal environment, wetland, water conservation, carbon storage and habitat quality to conduct remote sensing monitoring of the total ecological environment in GBA. At the same time, spatial and temporal variations of the ecological condition in GBA were analyzed. This book has long–term monitoring and development situation assessments in the fields of city, vegetation, atmosphere, agriculture, water resources and disasters, as well as analysis of real–time monitoring and emergency response in 2021. This book provides important references for government and industry to do management and decision–making, for scientific researchers, experts and scholars to a wide view of current researches, also good learning materials for related graduate students and college students.

Keywords: Satellite Remote Sensing; China; Urban Expansion; Vegetation Ecology; Water Resources; Food; Natural Disasters; Atmospheric Environment

目 录 ↘

I 总报告

II 专题报告

皮书数据库阅读**使用指南**

总 报 告

General Report

G.1

城市扩展遥感监测

摘　要： 城市扩展是城市化过程最为直接的表现形式和中国土地利用变化的核心内容，国内外资源环境与城市发展研究都给予高度重视。中国城市扩展遥感监测基于多源、多时相遥感数据，同步建设了现状数据库和动态数据库，系统、全面反映了20世纪70年代初至2022年中国主要城市近50年的扩展过程及其土地利用影响，特别是监测并分析了"十四五"初期中国城市扩展的时空特点。研究表明：①中国城市普遍具有明显的扩展趋势，75个城市2022年建成区面积合计32273.52平方千米，较监测初期扩大了7.95倍；②城市扩展的阶段性和波动性特征明显，与国家战略部署和重大社会经济事件具有时间一致性，体现了国家宏观调控与社会经济发展的影响；③耕地是我国城市用地扩展的最主要土地来源，占总扩展面积的55.13%，这一特点长期没有显著变化；④城市扩展随区域、人口规模和行政级别表现出明显差异。

关键词： 中国　城市扩展　土地利用　遥感监测

　　城市是国家或地区的政治、经济、科技和文化教育中心，是人类对自然环境干预最为强烈的地方，虽然城市区域占全球面积的比例很小，却聚集了高密度的人口和社会经济活动。随着全球城市化的推进，不论是发达国家还是发展中国家都曾经处于或正处于城市化驱动的土地利用转化阶段。城市扩展是城市化过程以及城市土地利用变

化最为直接的表现形式，是城市空间布局与结构变化的综合反映，已经成为国内外城市发展研究中的热点领域。《中国统计年鉴2021》数据显示，改革开放以来，中国城镇人口由1978年的1.73亿人增加到2020年的9.02亿人，城市化水平由17.92%提高到63.89%（国家统计局，2021），城市数量由193个增加到687个（中华人民共和国住房和城乡建设部，2020），表明我国依然处于快速城市化发展阶段。以城市空间扩展为特征的中国城市化浪潮和世界上其他国家一样，是社会经济发展规律的体现。伴随城市化进程的一系列资源、环境问题是中国现在和未来几十年发展面临的主要挑战之一。

随着城市化与城市经济的快速发展，城市建设空前活跃，城市空间不断扩张蔓延，导致城市用地供需矛盾越来越尖锐。城市空间扩展引发了一系列社会、经济和环境问题，如减少了地表蒸腾、加速了地表径流、增加感热存储与交换以及加剧大气和水质污染等，同时伴随着人口集聚、交通拥挤、精神压力等潜在的社会环境问题（Carlson T et al.，1981；Goward S，1981；Owen T et al.，1998）。这些问题对城市环境中的景观美感、能量效率、人类健康以及生活质量等都具有一定的负效应（Mc Pherson E et al.，1997；Rosenfeld A et al.，1995）。随着我国城市化进程的加快，作为城市化显著特征之一的不透水面也在不断增加，这将影响地区的生态环境，从而导致流域水文循环异常、非点源污染增加、城市热岛效应增强以及生物多样性减少等问题发生。单位面积内不透水面占地表面积比例，既可作为城市化程度的指标，也可作为衡量环境质量的指标之一（刘珍环等，2010）。如何在推进城镇化战略的同时，实现生态环境良性发展，进而实现二者的协调共赢，这是当前可持续发展研究中亟待解决的问题之一。在这样的社会经济背景下，城市扩展问题得到城市地理与城市规划学界的重视，开展了大量研究。20世纪70年代以来，遥感与GIS技术为实时、准确获取城镇用地信息提供了科学、有效和便捷的技术支持。

我国正处于快速城市化阶段，尤其是大中城市正处于城市扩展加速阶段，且城市化水平各异。目前，国内外不乏对我国城市扩展的详尽研究，但针对不同区域、不同类型城市进行群体性研究的还不多见。随着卫星遥感技术的发展，尤其是20世纪80年代以来，各种卫星遥感数据得到广泛应用，大量不同分辨率、多时相的遥感数据用于城市扩展研究，便于实时、准确、连续地监测城市扩展动态。功能庞大的地理信息系统（GIS）技术为处理海量遥感数据提供了便利途径。

自20世纪70年代以来，我国城市用地呈现日益扩张态势，并且在未来相当长时期内，新型城镇化建设和美丽中国建设是我国社会经济建设的核心内容之一。城市扩展问题既关系到城市本身的建设与发展，又关系到耕地保护、生态建设和中国的可持续发展，已经成为当代中国备受关注的社会热点问题之一，亟须采用科学的方法对城市扩展及其区域影响开展及时、系统的监测评估。

目前，国内外对城市扩展的研究内容广泛，主要集中在城市扩展动态监测、城市扩展的形态与形式、驱动力机制分析研究、城市扩展预测和模拟（顾朝林，1999）4个方面，其中城市扩展动态监测是研究城市变化的必需环节，同时也是其他3个方面研究的基础。

开展城市扩展监测。实时可靠的土地利用变化信息非常重要，通过经常性地获取大量详细的区域土地利用变化数据，可以把握区域土地利用的变化范围、大小、时间、速度、特征和趋势等基本特点，支持城市扩展研究。在研究城市扩展过程中，早期采用的主要方法有比较法、历史法、考古分析法和访问调查法。在这些方法中，城市形态和城市扩展的信息主要来源之一是城市地图，如罗海江利用历史地形图和历史资料记载勾勒出北京和天津的城市核心区范围，进而求得城市面积，通过不同时期城市面积的比较来探讨城市扩展（罗海江，2000）。通过传统的野外测量及地面调查方法获取。由于受城市地图和土地利用图更新周期的限制，采用这些方法进行城市扩展和城市边缘带土地利用变化的研究越来越不能满足研究对数据源实时、准确的要求，使得对城市形态、结构和城市扩展规律及扩展机制的定量研究很难进行。遥感技术具有宏观性、客观性和可重复性的特点，已经成为快速获取城市现状基础资料的重要手段之一，在城市调查、监测、城市规划与管理中占有日益重要的地位。20世纪60年代卫星遥感技术出现，使得利用空间遥感数据进行城市扩展监测研究，成为城市扩展研究的重要方向。遥感应用于城市环境研究最早是从1958年法国用装载在气球上的相机拍摄巴黎市的像片开始的。到20世纪80年代，随着传感器技术和航天技术的发展，应用航空像片和卫星影像进行城市专题研究也日臻成熟。大量彩色、热红外遥感技术被应用于城市扩展分析、城市环境监测与评价以及城市化进程评估等诸多方面。目前，国际上对城市扩展的研究进入以航天卫星遥感技术为主要手段的阶段，中高分辨率卫星遥感数据成为城市扩展遥感监测的主要信息源。

国外城市研究最早可追溯到19世纪末城市形态学和城市结构方面的探索。1923年伯吉斯分析芝加哥市的土地利用模式，基于社会学人口迁居理论，把城市分成5个同心圆区域，认为在正常的城市扩展条件下，每一个环通过向外面一个环的侵入而扩展自己的范围，从而揭示了城市扩展的内在机制和过程（张庭伟，2001）。国外应用遥感技术进行城市扩展研究早于国内，并多选用中高分辨率的卫星遥感数据。詹森（Jensen）等利用Landsat MSS进行城市边缘区居住地的动态监测，认为遥感手段是进行城市动态监测的有效手段（Jensen J et al.，1982）；戈沃德（Goward）等以地球系统科学的观点利用Landsat卫星研究了城市发展中的土地监测情况（Goward S et al.，

1997）；毛谢克（Masek）在利用NDVI差值法对华盛顿特区进行城市扩展研究过程中，通过空间纹理信息和设定一定限制条件剔除农业用地的变化信息，准确提取了城市扩展区域（Masek J et al.，2000）；洛佩斯（López）等利用航空影像分析莫雷利亚地区城市扩展过程中的土地利用结构变化，结合回归分析方法探讨了城市扩展和农业景观及人口的变化（López E et al.，2001）；尹志勇（Yin）等利用Landsat TM影像数据分析开罗地区的城市扩展，揭示了城市建设用地增长来源于尼罗河三角洲的沙地和农地（Yin Z et al.，2005）；布林冒（Braimoh）等利用Landsat TM影像数据分析尼日利亚首都地区的城市扩展情况，并重点分析了地形地貌条件对城市扩展的影响（Braimoh A et al.，2007）；芒地（Mundia）运用3个不同时相的遥感影像和社会经济数据分析奈洛比市的土地利用/覆盖动态变化和城市扩展过程，并结合使用地形、地质和土壤信息，利用GIS方法分析土地利用变化可能的时空动态因素（Mundia C et al.，2005）。

我国对城市扩展的研究起步较晚，直到20世纪80年代初，才开始应用航空遥感技术调查土地资源并应用于规划管理的尝试。1980年，天津市在环境遥感监测中对大气、水体、土壤、交通、植被和土地利用等多方面进行比较系统的分析、评价，并出版了《环境质量地图集》，为天津市政建设、防治海河污染、规划公路立交桥、检查绿化植被成活率、监测海港淤积和沿海开发等诸多市政工程问题，提供了遥感图件等数据。1983年，北京市组织了规模宏大的航空遥感综合调查，遥感结果被成功应用于旅游和土地资源调查监测等方面。戴昌达等1995年利用TM遥感数据对北京市采用遥感影像分类与目视判读相结合的方法提取不同时期的城市边界，然后进行叠合嵌套得到城市扩展信息（戴昌达等，1995）；潘卫华等2005年也通过对泉州1989年和2000年TM和ETM+影像的遥感监测，利用仿归一化植被指数和计算机监督分类提取了泉州市在11年中的城区空间扩展信息，分析指出泉州市扩展具有低密度蔓延和沿条带状扩展相结合的特点（潘卫华，2005）；盛辉等对不同时相的TM图像进行非监督变化监测，得到二值化变化专题图，然后基于原始资料和调查数据对第二个时相的遥感图像作监督分类，最后利用变化专题图与分类专题图叠加分析获取城市扩展情况（盛辉等，2005）；万从容等利用多源数据融合技术，结合城市发展态势图对上海城市边缘界定及城市发展速度进行了分析（万从容等，2001）；黎夏等利用卫星遥感技术有效地监测和分析了珠江三角洲地区的城市变化，并通过计算多时相卫星遥感图像上城市用地熵值的变化定量分析了城市扩展过程及其空间规律（黎夏等，1997）；汪小钦等采用遥感和地理信息系统一体化技术，以福清市为例，对城市时空扩展进行动态监测和模拟，并结合区域社会经济统计数据，展开城市扩展特征分布和动力机制分析（汪小钦等，2000）；程效东等以马鞍山市城区为例研究城市用地扩展规律，运用RS与GIS集成方法获取过去不同时相的城市实体范围和面积，分析不同时段的城市扩展过程（程效东等，2004）；李晓文等基于多时相TM遥感影像资料，对上海地区城市扩展的总体空间特征进行了研究，同时运用缓冲区方法对上海市区及周边主要区镇城市用地扩展的时空特征进行了分析和比较（李晓文等，2003）；此外，陈素蜜综合应用遥感和地理信息系统技术，以厦门市1988年、2000年TM遥感影像为基础，试验了多种两个时相影像的复合变换方案，生成厦门城市扩展图，继而引入分维度、圆度，构造了接边指数等，从格局与数量两个角度定量分析了厦门城市扩展的图斑特征（陈素蜜，2005）。2006年，张增祥等率先完成了中国省会（首府）、直辖市和特别行政区城市20世纪70年代至2005年长时序、高频数的城市扩展遥感监测（张增祥等，2006），并在此基础上，于2014年完成了中国60个主要城市20世纪70年代至2013年的城市扩展遥感监测（张增祥等，2014），于2016年将城市监测个数增加至75个（顾行发等，2018），并在之后实现了中国75个主要城市扩展的年度监测。总体上看，20世纪90年代以后，中国城市遥感开始向纵深发展，其趋势是追溯城市化的过程和演变历史，探索城市发展动向，为制定城市发展规划提供科学依据（陈述彭等，2000）。

综上所述，国内外学者从理论和方法上都对城市扩展的相关问题做了大量研究和探讨，为进一步开展城市扩展研究奠定了坚实的理论基础，同时还提供了很多可供借鉴的研究方法和经验。从目前国内城市扩展研究情况来看，城市扩展相关研究还集中在发达城市和地区，如北京、上海、南京和京津唐城市群等（黄庆旭等，2009；刘曙华等，2006；孟祥林，2009），而且个体研究较多，整体研究不足。城市扩展遥感监测多采用自动分类方法，但受遥感信息自身特征、城镇用地信息的复杂程度和目前图像处理技术的限制等因素影响，该方法对全国尺度城镇用地信息提取的普适性稍差，在开展长时序、高频次城镇用地信息提取上具有一定难度。此外，综合考虑城市的行政级别、城市功能、城市化水平、空间分布情况、经济与人口状况等诸方面，亟须加强全国区域城市扩展的群体性长时序、高频次遥感监测研究。

1.1　城市扩展遥感监测状况

城市是一定区域的社会经济活动中心，虽然城市发展包括城市功能的增加和规模的扩大，但城市扩展是城市变化的主要表现方式之一。随着社会经济的发展，城市人口增多、功能扩展、生活水平提高等诸多方面要求的用地面积不断增加，因而导致城市用地规模逐步扩大，特别是城市建成区的变化最为显著。建成区是城市建设发展在地域分布上的客观反映，标志着城市不同发展时期建设用地状况的规模和大小。城市建成区一般是指实际开发建设形成的集中连片的、基本具备市政公用设施和公共基础设施的区域。根据国家质量技术监督局和中华人民共和国建设部1998

年联合发布的国家标准《城市规划基本术语标准》（GB/T 50280－98）条文说明，城市建成区在单核心城市和一城多镇有不同的反映（国家质量技术监督局和中华人民共和国建设部，1998）。在单核心城市，建成区是一个实际开发建设起来的集中连片的、市政公用设施和公共设施基本具备的地区，以及分散的若干个已经成片开发建设起来，市政公用设施和公共设施基本具备的地区。对一城多镇来说，建成区是由几个连片开发建设起来，市政公用设施和公共设施基本具备的地区所组成。可见，单核心城市的建成区比较完整，多核心城市则由相对分散的多个区域共同构成。

城市建成区更接近城市的实体区域，开展城市扩展遥感监测与分析时，监测对象以城市建成区为主，即城市行政区内实际已成片开发建设、市政公用设施和公共设施基本具备的地区，是一个能够充分反映城市作为人口和各种非农业活动高度密集的地域。在对以城市建成区为主要内容的遥感监测制图中，充分考虑地理空间上的连通性，对于城市周边尚独立存在的城镇用地，在其和建成区主体连通以前，不作为监测内容，这种情况可能包括两个方面：一是周边的郊区县镇，二是与城市建设用地主体在空间上割裂的工矿、交通和其他企事业单位所使用的建设用地。有些城市受各方面外在条件的影响，特别是自然地理条件的限制，具有多中心或分散布局的特点，遥感监测制图时分别完成城市的每一部分，要保持整个城市建成区的完整。这类情况在依托大江、大河发展的城市中比较普遍，我国很多城市都是在江河的两侧先后形成和并行发展，地域上虽有河流相隔，但都是城市建成区的组成部分，制图时应予以整体处理。

1.1.1 城市选取及其概况

综合考虑中国城市的行政级别、城市化水平、空间分布情况、经济与人口状况、城市间的可对比性以及遥感数据的可获取性等多个方面，甄选中国75个主要城市，开展建成区遥感监测，揭示20世纪70年代至2022年城市扩展的时空特征。这些城市分布在东北地区、华北地区、华中地区、华东地区、华南地区、西北地区、西南地区以及港澳台地区等8个区域，包括4个直辖市、28个省会（首府）城市、2个特别行政区以及41个其他城市（含5个计划单列市）（见表1、图1）。

1.1.2 城市扩展遥感监测内容与方法

城市扩展过程主要是土地利用中的城镇建设用地的动态变化过程，这一过程中因为建设用地的增加而使建成区扩大，并导致周边其他土地利用类型的变化，发现这些变化并确定变化中不同土地利用类型的转换方式、转换数量以及转换的空间差异等，

表 1　中国 75 个主要城市概况

城市名	市辖区户籍人口（万人）	市辖区 GDP（亿元）	市辖区面积（km²）	城市类别	所属省份	所在区域
北京	1397.00	35371.00	16410.00	直辖市	北京	华北地区
上海	1469.00	38156.00	6341.00	直辖市	上海	华东地区
天津	1108.00	14104.00	11967.00	直辖市	天津	华北地区
重庆	2479.00	20510.00	43263.00	直辖市	重庆	西南地区
石家庄	427.00	3547.00	2240.00	省会	河北	华北地区
唐山	335.00	3553.00	4181.00	–	河北	华北地区
秦皇岛	147.00	773.00	2132.00	–	河北	华北地区
邯郸	382.00	1435.00	2663.00	–	河北	华北地区
邢台	92.00	380.00	135.00	–	河北	华北地区
保定	289.00	1490.00	2565.00	–	河北	华北地区
张家口	156.00	760.00	4373.00	–	河北	华北地区
承德	60.00	383.00	1253.00	–	河北	华北地区
沧州	59.00	985.00	200.00	–	河北	华北地区
廊坊	88.00	727.00	292.00	–	河北	华北地区
衡水	102.00	514.00	1520.00	–	河北	华北地区
太原	300.00	3721.00	1500.00	省会	山西	华北地区
大同	160.00	1022.00	3551.00	–	山西	华北地区
呼和浩特	141.00	2209.00	2065.00	首府	内蒙古	华北地区
包头	157.00	2404.00	2965.00	–	内蒙古	华北地区
赤峰	128.00	727.00	7077.00	–	内蒙古	华北地区
沈阳	613.00	5936.00	5116.00	省会	辽宁	东北地区
大连	405.00	5655.00	5539.00	–	辽宁	东北地区
阜新	74.00	235.00	480.00	–	辽宁	东北地区
长春	445.00	5196.00	7293.00	省会	吉林	东北地区
吉林	180.00	1416.60*	3774.00	–	吉林	东北地区
哈尔滨	553.00	4093.00	10193.00	省会	黑龙江	东北地区
齐齐哈尔	131.00	472.00	4365.00	–	黑龙江	东北地区
南京	710.00	14031.00	6587.00	省会	江苏	华东地区
无锡	268.00	6081.00	1644.00	–	江苏	华东地区
徐州	343.00	3646.00	3063.00	–	江苏	华东地区

续表

城市名	市辖区户籍人口（万人）	市辖区GDP（亿元）	市辖区面积（km²）	城市类别	所属省份	所在区域
杭州	657.00	14349.00	8292.00	省会	浙江	华东地区
宁波	301.00	7671.00	3730.00	–	浙江	华东地区
合肥	291.00	6416.00	1339.00	省会	安徽	华东地区
蚌埠	116.00	1074.00	969.00	–	安徽	华东地区
福州	290.00	5693.00	1756.00	省会	福建	华东地区
厦门	261.00	5995.00	1701.00	–	福建	华东地区
泉州	118.00	2375.00	855.00	–	福建	华东地区
南昌	314.00	4246.00	2777.00	省会	江西	华东地区
济南	695.00	8530.00	8367.00	省会	山东	华东地区
青岛	529.00	9344.00	5226.00	–	山东	华东地区
枣庄	249.00	946.00	3069.00	–	山东	华东地区
郑州	397.00	7973.00	1010.00	省会	河南	华中地区
武汉	906.00	16223.00	8569.00	省会	湖北	华中地区
宜昌	128.00	1974.00	4234.00	–	湖北	华中地区
长沙	364.00	7386.00	2151.00	省会	湖南	华中地区
湘潭	86.00	1231.00	656.00	–	湖南	华中地区
衡阳	101.00	1255.00	698.00	–	湖南	华中地区
广州	954.00	23629.00	7434.00	省会	广东	华南地区
深圳	551.00	26927.00	1997.00	–	广东	华南地区
珠海	133.00	3436.00	1736.00	–	广东	华南地区
南宁	398.00	3668.00	9947.00	首府	广西	华南地区
北海	70.00	1000.00	1227.00	–	广西	华南地区
防城港	59.00	549.00	2836.00	–	广西	华南地区
海口	183.00	1672.00	2297.00	省会	海南	华南地区
成都	876.00	13578.00	3677.00	省会	四川	西南地区
南充	194.00	847.00	2527.00	–	四川	西南地区
贵阳	267.00	3251.00	2525.00	省会	贵州	西南地区
昆明	325.00	5069.00	5952.00	省会	云南	西南地区
丽江	16.00	173.00	1263.00	–	云南	西南地区

城市名	市辖区户籍人口 （万人）	市辖区 GDP （亿元）	市辖区面积 （km²）	城市类别	所属省份	所在区域
拉萨	31.00	535.00	4328.00	首府	西藏	西南地区
日喀则	13.00	111.00	3665.00	–	西藏	西南地区
西安	821.00	8999.00	5807.00	省会	陕西	西北地区
延安	67.00	479.00	6491.00	–	陕西	西北地区
兰州	212.00	2292.00	1574.00	省会	甘肃	西北地区
武威	104.00	314.00	4907.00	–	甘肃	西北地区
西宁	101.00	1025.00	477.00	省会	青海	西北地区
银川	125.00	1140.00	2306.00	首府	宁夏	西北地区
中卫	42.00	190.00	6877.00	–	宁夏	西北地区
乌鲁木齐	222.00	3386.00	9577.00	首府	新疆	西北地区
克拉玛依	31.00	973.00	7735.00	–	新疆	西北地区
喀什	65.69	227.94	1059.00	–	新疆	西北地区
霍尔果斯	6.52	193.46	1908.60	–	新疆	西北地区
台北	264.50*	6170.00*	271.80*	省会	台湾	港澳台地区
香港	750.70*	25581.49*	1106.00*	特别行政区	香港	港澳台地区
澳门	67.20*	3902.81*	32.90*	特别行政区	澳门	港澳台地区

注：市辖区年末户籍人口、市辖区 GDP 和市辖区行政区域土地面积源自《中国城市统计年鉴 2020》，市辖区包括所有城区，不含辖县和辖市，武汉市不包含黄陂区、新洲区、江夏区和蔡甸区数据。* 表示在《中国城市统计年鉴 2020》中缺失的数据。其中，吉林市辖区 GDP 数据由全市地区生产总值代替，来源于《吉林市年鉴 2020》；台北市辖区常住人口用总人口数代替，市辖区建成区面积用总面积代替，数据来自《台北市统计年报 2021》；台北市辖区 GDP 来源于百度百科（https://baike.baidu.com/）。香港市辖区年末户籍人口用年中人口代替，市辖区 GDP 由 2019 年 12 月 31 日汇率换算得到，市辖区建成区面积用陆地面积代替，数据来自《中国统计年鉴 2020》。澳门市辖区年末户籍人口用年中人口代替，市辖区 GDP 由 2019 年 12 月 31 日汇率换算得到，市辖区建成区面积用总面积代替，数据来自《中国统计年鉴 2020》。

成为城市扩展遥感监测的主要内容。考虑到城市扩展动态数据与全国土地利用数据库等成果的一致性，以便于进行城市扩展的空间特征分析、过程趋势分析和驱动力分析，城市扩展遥感监测采用与全国土地利用遥感监测时空数据库相同的比例尺，即作为图像纠正控制依据的标准分幅地形图的1：10万比例尺；同时，在获取城市扩展过程中对周边土地的影响信息时，采用与此数据库相同的土地利用分类系统（见表2）。这样可以保证城市扩展遥感监测成果的内容划分、投影方式、数据精度等与全国土地利用遥感监测成果一致，为进一步开展城市变化的时空特征分析，特别是为城市扩展对所处区域土地利用影响的分析创造条件。

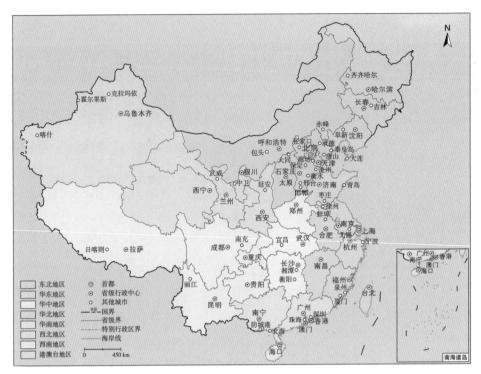

图1　遥感监测的中国 75 个主要城市区域分布

城市扩展遥感监测的主要对象是城市用地面积的变化及其这种变化对其他类型土地的影响。变化监测是通过比较两个不同时相的遥感图像而得出的，在基于遥感数据为主要信息源进行城市扩展监测与分析时，采用人机交互全数字分析方法，依靠专业人员直接获取变化区域及其属性。

表2　土地利用遥感监测分类系统

一级类型		二级类型		含义
编码	名称	编码	名称	
1	耕地			指种植农作物的土地，包括熟耕地、新开荒地、休闲地、轮歇地、草田轮作地；以种植农作物为主的农果、农桑、农林用地；耕种三年以上的滩地和海涂
		11	水田	指有水源保证和灌溉设施，在一般年景能正常灌溉，用以种植水稻、莲藕等水生农作物的耕地，包括实行水稻和旱地作物轮种的耕地
		12	旱地	指无灌溉水源及设施，靠天然降水生长作物的耕地；有水源和灌溉设施，在一般年景下能正常灌溉的旱作物耕地；以种菜为主的耕地；正常轮作的休闲地和轮闲地
2	林地			指生长乔木、灌木、竹类以及沿海红树林地等林业用地
		21	有林地	指郁闭度 ≥ 30% 的天然林和人工林，包括用材林、经济林、防护林等成片林地
		22	灌木林地	指郁闭度 ≥ 40%、高度在 2 米以下的矮林地和灌丛林地
		23	疏林地	指郁闭度为 10% ~ 30% 的稀疏林地
		24	其他林地	指未成林造林地、迹地、苗圃及各类园地（果园、桑园、茶园、热作林园等）

一级类型		二级类型		含义
编码	名称	编码	名称	
3	草地			指以生长草本植物为主，覆盖度在 5% 以上的各类草地，包括以牧为主的灌丛草地和郁闭度在 10% 以下的疏林草地
		31	高覆盖度草地	指覆盖度在 50% 以上的天然草地、改良草地和割草地。此类草地一般水分条件较好，草被生长茂密
		32	中覆盖度草地	指覆盖度在 20%~50% 的天然草地、改良草地。此类草地一般水分不足，草被较稀疏
		33	低覆盖度草地	指覆盖度在 5%~20% 的天然草地。此类草地水分缺乏，草被稀疏，牧业利用条件差
4	水域			
		41	河渠	指天然形成或人工开挖的河流及主干渠常年水位以下的土地。人工渠包括堤岸
		42	湖泊	指天然形成的积水区常年水位以下的土地
		43	水库坑塘	指人工修建的蓄水区常年水位以下的土地
		44	冰川与永久积雪	指常年被冰川和积雪所覆盖的土地
		45	海涂	指沿海大潮高潮位与低潮位之间的潮浸地带
		46	滩地	指河湖水域平水期水位与洪水期水位之间的土地
5	城乡工矿居民用地			指城乡居民点及其以外的工矿、交通用地
		51	城镇用地	指大城市、中等城市、小城市及县镇以上的建成区用地
		52	农村居民点用地	指镇以下的居民点用地
		53	工交建设用地	指独立于各级居民点以外的厂矿、大型工业区、油田、盐场、采石场等用地，以及交通道路、机场、码头及特殊用地
6	未利用土地			目前还未利用的土地，包括难利用的土地
		61	沙地	指地表为沙覆盖、植被覆盖度在 5% 以下的土地，包括沙漠，不包括水系中的沙滩
		62	戈壁	指地表以碎砾石为主、植被覆盖度在 5% 以下的土地
		63	盐碱地	指地表盐碱聚集，植被稀少，只能生长强耐盐碱植物的土地
		64	沼泽地	指地势平坦低洼、排水不畅、长期潮湿、季节性积水或常年积水，表层生长湿生植物的土地
		65	裸土地	指地表土质覆盖、植被覆盖度在 5% 以下的土地
		66	裸岩石砾地	指地表为岩石或石砾、其覆盖面积大于 50% 的土地
		67	其他未利用土地	指其他未利用土地，包括高寒荒漠、苔原等

在获取遥感数据后，以获取时间最早的数据为起始时间，解译监测初期城市建成区信息，采用动态更新方法逐渐完成其他各时期城市扩展监测，直至最终完成2022年的城市监测工作。

在确立起始期城市状况后，每一个时间段的主要工作就是在两个时间端点之间的变化区域内，完成城市扩展占用土地的土地利用类型判定并制图。未变化的区域直

接采用原来的地类界线。每一期分类动态提取完成后，在矢量图形编辑中，直接提取原来一期的城市边界，保证各个动态变化图斑封闭。图形编辑过程中，实际上矢量图形包括了该时期两端的城市状况和之间的动态变化等综合信息，从根本上保证所有地类共用边的完全一致。编辑完成后，基于动态变化的编码特性，能够利用Arc/info或ArcGIS等常用的图形编辑软件进行拆分，同时获取该时间段初期、末期两个城市状况和其间动态变化信息等三个图形成果。在这种情况下，前一期城市扩展动态制图的结束就是新一期城市扩展动态制图的开始，每一个循环中主要的工作内容包括发现城市扩展动态、确定边界位置及勾绘制图、属性确定和图形编辑等。每一次产生的新的城市中心建成区扩展图形文件结果，直接进入数据汇总计算，分类统计不同土地利用类型与城市建设用地之间的转移面积。

城市扩展动态信息采用多位编码方式表示，即动态编码，该编码兼顾了原来土地利用类型、现在土地利用类型和相互转变关系等基本特性（见图2）。

图 2　土地利用动态信息的编码

其中，前面3位代表原属土地利用类型编码，即较早出现的类型，图例所示表示原来属于旱地；后面3位编码表示目前应该属于的土地利用类型，或者是某一时间段最终应该划分为的类型，图例所示表示后期土地属于城镇用地。

因为土地利用现状图中存在2位编码，在以6位表示动态时，需要在其后补"0"，保证变化起始状态的土地利用编码均占满3位。"0"只会出现在6位编码当中的第3位和第6位。

共用界线处理。由于城市扩展信息是在前一期城市状况数据基础上比较的结果，大量的扩展动态图斑与原有类型界线相同，在动态信息提取时不能重新勾绘该共用界线，留待图形编辑时从前一期数据层面提取，以便形成完整的动态图斑，又保证了两期数据共用界线的绝对吻合。

每完成一个时段城市扩展占用土地的分类型动态监测后，该时段产生的各种类型土地属性变化都趋向于成为城市建成区的一部分，成为下一监测时段初始建成区的一部分。因而，随着监测时间的延长，城市建成区的外廓线不断扩展。

城市扩展遥感监测制图相关参数主要包括投影方式和制图标准。

采用双标准纬线等面积割圆锥投影，全国统一的中央经线和双标准纬线，中央经线为东经105度，双标准纬线为北纬25度和北纬47度，所采用椭球体是KRASOVSKY椭球体。

在1：10万比例尺城市扩展遥感监测中，按照图上面积2毫米×2毫米的上图标准，相当于200米×200米的实地面积，相当于30米分辨率遥感数据的6×6个像元，或者20米分辨率遥感数据的9×9个像元。

中误差控制在2个像元内，即1：10万比例尺地图上的0.6毫米左右，地类勾绘界线定位偏差<0.5毫米，最小条状动态图斑短边长度≥4个像元。

1.1.3 遥感信息源及监测时段

针对中国75个城市20世纪70年代初期至2022年扩展过程的遥感监测主要使用陆地卫星MSS、TM、ETM+与OLI数据以及中巴资源卫星（CBERS）、环境一号（HJ－1）的CCD和哨兵（Sentinel）数据为信息源，空间分辨率在10~80m，使用量1800余景（见表3）。中巴资源卫星（CBERS）使用量67景，主要用于监测部分城市2000~2009年的扩展状况。环境一号（HJ－1）使用量129景，用于监测部分城市2010~2013年和2017年的扩展状况。陆地卫星的MSS数据主要用于监测20世纪70年代和80年代初期的城市扩展过程，具体时段为1972~1984年，累计使用量超过151景；TM和ETM+数据使用量超过849景，具体时段为1983~2011年；OLI数据使用量685景，具体时间段为2013~2022年；哨兵数据使用2景，用于监测澳门特别行政区与珠海市2022年和贵阳市2021年的城市扩展。

按照1：10万比例尺制图标准，完成了1972~2022年不同时期累计1882期现状和1807期动态矢量专题制图，建成了城市扩展时空数据库。该数据库反映了不同时期城市扩展的规模及其占用其他类型土地的面积和分布。

1.2 2022年中国主要城市用地状况

2022年，遥感监测的75个城市建成区面积合计32273.52平方千米，较2020年增加1752.39平方千米；城市平均建成区面积为430.31平方千米，较2020年增加23.36平方千米。上海市面积依旧最大，已达到2242.30平方千米，是我国目前唯一的用地规模超过2000平方千米的超大城市；日喀则市最小，仅有28.32平方千米，极端相差78.18倍，城市之间用地规模存在很大差异（见图3）。

75个城市中，八成以上城市规模发展到了100平方千米以上，更有若干大城市发展至上千平方千米。首都北京的用地规模仅次于上海，面积达1597.17平方千米（见图4）。

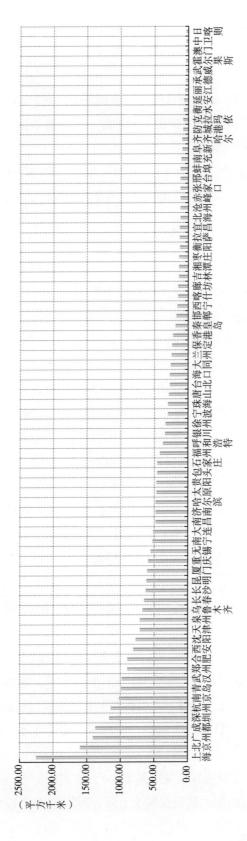

图3 2022年中国75个主要城市建成区面积

广州、成都、深圳、杭州发展规模紧随上海和北京，建成区面积同样超过了1000平方千米，分别列第四至第六位。此外，2022年南京市的建成区面积达到1010.54平方千米，是第7个建成区面积超1000平方千米的城市。用地规模超过75个城市平均规模的城市还有24个，包括天津和重庆2个直辖市，南京、武汉、合肥、郑州、沈阳、西安、长春和乌鲁木齐等16个省会（首府）城市，以及若干东部及沿海重点发展城市，如青岛、泉州、厦门、无锡、大连等。以上用地规模超过平均规模的城市共有31个，在中国地理区划中除港澳台地区以外的所有7个区域中均有分布，其中直辖市和省会（首府）城市占了77.42%，是我国各个区域城镇化发展的重要支撑。由于排名靠前的城市扩展面积较大，2022年75个城市的平均面积较2020年增幅较大。这导致在2020年建成区规模还超过平均水平的福州市，在2022年其城区面积已经低于平均面积。用地规模低于75个城市平均水平的城市有44个，占全部监测城市的近六成，包括福州、呼和浩特、银川、台北、海口、兰州、西宁和拉萨等8个省会（首府）城市，计划单列市宁波，香港和澳门2个特别行政区，其余33个均属其他类型的城市。这些城市虽然个体规模相对不大，但数量较多，同样遍布各个区域，是中国城镇化发展中能够与特大城市形成互补的重要组成部分。

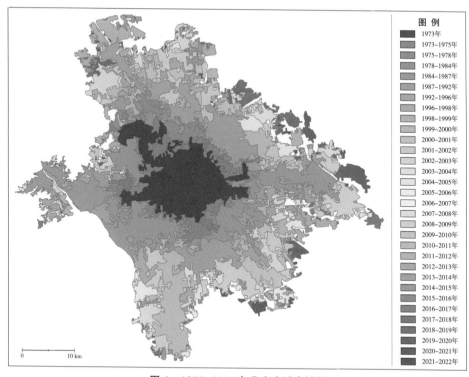

图4　1973~2022年北京市城市扩展

不同类型城市用地规模差异巨大，以城市建成区面积平均值作比较，直辖市最大，为1286.45平方千米；其次为计划单列市，为709.24平方千米；省会（首府）城市

第三，为619.95平方千米，平均规模约为直辖市的48.19%，为计划单列市的87.41%。相比之下，其他城市和特别行政区平均规模较小，平均面积分别为165.64平方千米和129.93平方千米，与最大的直辖市平均规模分别相差6.77倍和8.90倍。城市类型与级别差异使得城市发展获得的政策便利有所不同，进而对城市发展规模产生重要影响，体现了我国城市发展在遵循经济规律之外，受政策影响明显的特点。

分地区看，城市建成区面积平均值以华东地区最大，为692.51平方千米，华南地区其次，为549.96平方千米，华中地区城市平均规模也达到了480.11平方千米；而西南地区和东北地区相近，分别为419.31平方千米和389.95平方千米；华北地区城市平均规模较小，为329.44平方千米，一定程度上与该区域监测的中小城市数量较多有关；西北地区和港澳台地区城市平均规模最小，分别为237.00平方千米和178.14平方千米。城市建成区平均面积最大的华东地区与次小的西北地区相差1.92倍，与港澳台地区相差2.89倍，体现了地理与区位条件对城市规模的影响。

总体而言，遥感监测末期城市之间用地规模存在很大差异，最大的超过2000平方千米，最小的仅有28.32平方千米，极端相差78.18倍。虽然不同区域城市规模存在一定差异，平均规模最大相差2.89倍，但各个区域均具备核心支撑城市，有利于我国城市区域协调发展。直辖市、省会或首府、特别行政区及其他中小城市等不同类型城市用地规模明显不同，极端相差8.90倍，体现了我国城市发展在遵循经济规律之外，受政策影响明显的特点。

1.3 20世纪70年代至2022年中国主要城市扩展

根据对20世纪70年代以来近50年全国主要城市发展过程的遥感监测，城市持续扩展且扩展速度波动上升是我国城市建成区变化的最基本特点。所有的城市建成区面积都处于不断扩大过程中，符合城市发展的一般规律。因为受到各个时期国内外社会经济发展状况等诸多因素的影响，我国城市扩展速率具有随时间明显波动的特点。

1.3.1 城市用地规模变化

20世纪70年代，75个城市建成区的面积共计3606.26平方千米，平均单个城市的面积为48.08平方千米。从整体上来讲，我国城市当时的规模都比较小，尚未出现建成区面积超过200平方千米的城市。建成区面积超过100平方千米的城市包括北京、上海、天津、沈阳、哈尔滨、太原、西安、南京、武汉、广州和台北等11个，数量占14.67%，但建成区面积占45.64%，这些城市都是直辖市及省会（首府）城市，且基本位于我国东部地区。广大西部地区的省会（首府）城市以及全国的其他城市规模都相

表 3 1972~2022 年中国 75 个主要城市扩展遥感监测使用的信息源

城市	MSS	TM 和 ETM+	CBERS	HJ－1	OLI	Sentinel-2	监测时段
北京	1973、1975、1978	1984、1987、1992、1996、1998、1999、2000、2001、2002、2003、2004、2005、2006、2007、2009、2010、2011	2008	2012	2013、2014、2015、2016、2017、2018、2019、2020、2021、2022	－	1973~2022
上海	1975、1979	1987、1989、1998、2000、2001、2004、2008、2009、2010	2006、2008	2011、2012	2013、2014、2015、2016、2017、2018、2019、2020、2021、2022	－	1975~2022
天津	1978、1979	1987、1993、1996、1998、2000、2001、2004、2006、2009、2010	2008	2011、2012	2013、2014、2015、2016、2017、2018、2019、2020、2021、2022	－	1978~2022
重庆	1978、1979	1986、1988、1995、1998、2000、2001、2002、2004+2005、2006、2009、2010	2004、2008	2011、2012	2013、2014、2015、2016、2017、2018、2019、2020、2021、2022	－	1978~2022
石家庄	1979	1987、1993、1996、1998、2000、2004、2006、2009、2010	2008	2011、2012	2013、2014、2015、2016、2017、2018、2019、2020、2021、2022	－	1979~2022
唐山	1976、1979	1987、1989、1992、1996、1998、1999、2000、2002、2004、2006、2008、2009、2010	2008	2011、2012	2013、2014、2015、2016、2017、2018、2019、2020、2021、2022	－	1976~2022
秦皇岛	1973、1978、1983	1984、1985、1987、1988、1989、1990、1992、1993、1995、1996、1997、1998、2000、2001、2002、2004、2005、2006、2007、2008、2009、2010、2011	－	－	2013、2014、2015、2016、2017、2018、2019、2020、2021、2022	－	1973~2022
邯郸	1973、1975、1978、1979、1981、1983	1988、1993、1995、1998、2000、2001、2002、2003、2004、2005、2006、2008、2009、2010、2011	－	－	2013、2014、2015、2016、2017、2018、2019、2020、2021、2022	－	1973~2022
邢台	1975、1978、1981、1984	1987、1993、1996、1998、2000、2001、2003、2004、2005、2006、2007、2008、2009、2010、2011	－	－	2013、2014、2015、2016、2017、2018、2019、2020、2021、2022	－	1975~2022

续表

城市	MSS	TM 和 ETM+	CBERS	HJ – 1	OLI	Sentinel-2	监测时段
保定	1973、1978、1980	1984、1987、1989、1993、1995、1996、1997、1998、1999、2000、2001、2003、2004、2006、2007、2008、2009、2010、2011	–	–	2013、2014、2015、2016、2017、2018、2019、2020、2021、2022	–	1973~2022
张家口	1975、1981、1983	1988、1993、1996、1998、2000、2001、2003、2004、2006、2008、2009	–	–	2013、2014、2015、2016、2017、2018、2019、2020、2021、2022	–	1975~2022
承德	1975、1978、1984	1987、1989、1992、1996、1998、2001、2004、2005、2006、2007、2008、2009、2010	–	–	2013、2014、2016、2017、2018、2019、2020、2021、2022	–	1975~2022
沧州	1976、1978、1983	1985、1987、1989、1990、1992、1994、1995、1996、1998、2000、2001、2003、2004、2005、2006、2007、2008、2009、2010、2011	–	–	2013、2014、2015、2016、2017、2018、2019、2020、2021、2022	–	1976~2022
廊坊	1976、1978、1983	1985、1987、1990、1992、1994、1996、1998、2000、2003、2005、2006、2007、2008、2009、2010、2011	–	–	2013、2014、2015、2016、2017、2018、2019、2020、2021、2022	–	1976~2022
衡水	1975、1976、1977、1981	1984、1987、1988、1989、1990、1994、1995、1996、1997、1998、1999、2000、2001、2003、2004、2005、2006、2007、2008、2009、2010、2011	–	–	2013、2014、2015、2016、2017、2018、2019、2020、2021、2022	–	1975~2022
太原	1977	1987、1990、1996、1998、1999、2000、2004、2006、2009、2011	2008	2012	2013、2014、2015、2016、2017、2018、2019、2020、2021、2022	–	1977~2022
大同	1977	1987、1988、1990、1993、1999、2000、2002、2004、2006、2009、2010	2008	2011、2012	2013、2014、2015、2016、2017、2018、2019、2020、2021、2022	–	1977~2022

续表

城市	MSS	TM 和 ETM+	CBERS	HJ－1	OLI	Sentinel-2	监测时段
呼和浩特	1976	1987、1998、2000、2001、2002、2004、2006、2009、2010、2011	2008	2012	2013、2014、2015、2016、2017、2018、2019、2020、2021、2022	－	1976~2022
包头	1977、1979	1987、1990、1996、1998、1999、2000、2002、2004、2005、2008、2009、2010、2011	－	2012	2013、2014、2015、2016、2017、2018、2019、2020、2021、2022	－	1977~2022
赤峰	1975	1987、1989、1995、1998、2000、2002、2001、2002、2004、2009、2010、2011	2008	2012	2013、2014、2015、2016、2017、2018、2019、2020、2021、2022	－	1975~2022
沈阳	1977、1979	1987、1992、1995、1998、1999、2000、2002、2004、2006、2008、2009、2010、2011	－	2011、2012	2013、2014、2015、2016、2017、2018、2019、2020、2021、2022	－	1977~2022
大连	1975、1978、1980	1990、1995、2000、2002、2006、2009、2010	2004、2008	2011、2012	2013、2014、2015、2016、2017、2018、2019、2020、2021、2022	－	1975~2022
阜新	1975、1978、1981	1988、1990、1996、1998、2000、2002、2004、2006、2009、2011	2008	2010、2011、2012	2013、2014、2015、2016、2017、2018、2019、2020、2021、2022	－	1975~2022
长春	1976	1987、1993、1995+1996、1998、2000、2002、2004、2009、2010、2011	2006、2008	－	2013、2014、2015、2016、2017、2018、2019、2020、2021、2022	－	1976~2022
吉林	1979	1987、1991、1996、1998、2000、2002、2004、2006、2009、2010、2011	2008	2012、2013	2013、2014、2015、2016、2017、2018、2019、2020、2021、2022	－	1979~2022
哈尔滨	1976	1989、1996、1998、2000、2004、2006、2009、2010	2008	2011、2012	2013、2014、2015、2016、2017、2018、2019、2020、2021、2022	－	1976~2022

城市	MSS	TM和ETM+	CBERS	HJ-1	OLI	Sentinel-2	监测时段
无锡	1973、1976、1979、1983、1984	1988、1991、1995、1998、1999、2000、2002、2004、2008、2009、2010	2006	2011、2012	2013、2014、2015、2016、2017、2018、2019、2020、2021、2022	–	1973~2022
齐齐哈尔	1976、1979、1981	1989、1995、1998、2000、2002、2004、2006、2009、2010、2011	2008	2012	2013、2014、2015、2016、2017、2018、2019、2020、2021、2022	–	1976~2022
南京	1979	1986、1988、1996、1998、2000、2001、2004、2009、2010	2006、2008	2011、2012	2013、2014、2015、2016、2017、2018、2019、2020、2021、2022	–	1979~2022
徐州	1973、1975、1978、1979、1981	1987、1989、1995、1998、1999、2000、2002、2004、2006、2007、2009、2010、2011	2008	2012	2013、2014、2015、2016、2017、2018、2019、2020、2021、2022	–	1973~2022
杭州	1976、1978	1988、1991、1995、1998、1999、2000、2004、2008、2009、2010	2006	2011、2012	2013、2014、2015、2016、2017、2018、2019、2020、2021、2022	–	1976~2022
宁波	1974、1976、1979	1987、1994、1998、2000、2002、2006、2009、2010	2004、2008	2011、2012、2013	2014、2015、2016、2017、2018、2019、2020、2021、2022	–	1974~2022
合肥	1973、1979	1987、1995、1998、2000、2001、2002、2005、2006、2009、2010	2008	2011、2012	2013、2014、2015、2016、2017、2018、2019、2020、2021、2022	–	1973~2022
蚌埠	1975、1978	1987、1989、1995、1998、2000、2002、2003、2004、2009、2010	2008	2011、2012	2013、2014、2015、2016、2017、2018、2019、2020、2021、2022	–	1975~2022
福州	1973	1986、1989、1995、1996、1998、2000、2001、2006、2009、2010	2008	2011、2012	2013、2014、2015、2016、2017、2018、2019、2020、2021、2022	–	1973~2022
厦门	1973	1988、1993、1996、1998、2000、2002、2004、2006、2009、2010	2008	2011、2012	2013、2014、2015、2016、2017、2018、2019、2020、2021、2022	–	1973~2022
泉州	1973	1988、1993、1996、1998、2000、2001、2002、2004、2006、2008、2009、2010	–	2011、2012	2013、2014、2015、2016、2017、2018、2019、2020、2021、2022	–	1973~2022

续表

城市	MSS	TM 和 ETM+	CBERS	HJ-1	OLI	Sentinel-2	监测时段
南昌	1976	1988、1989、1995、1998、1999、2000、2004、2006、2009、2010	2008	2011、2012	2013、2014、2015、2016、2017、2018、2019、2020、2021、2022	–	1976~2022
济南	1979	1987、1995、1998、2000、2001、2002、2004、2005、2006、2009、2010、2011	2008	2012	2013、2014、2015、2016、2017、2018、2019、2020、2021、2022	–	1979~2022
青岛	1973、1979	1989、1995、1996、2000、2002、2006、2008、2009、2010	2004、2008	2011、2012	2013、2014、2015、2016、2017、2018、2019、2020、2021、2022	–	1973~2022
宜昌	1973、1978、1979	1987、1995、1998、1999、2000、2002、2004、2006、2009、2010	2008	2011、2012、2013	2014、2015、2016、2017、2018、2019、2020、2021、2022	–	1973~2022
枣庄	1974、1977、1979	1989、1995、1998、2000、2002、2004、2006、2007、2008、2009、2010、2011	–	2012	2013、2014、2015、2016、2017、2018、2019、2020、2021、2022	–	1974~2022
郑州	1976、1979	1988、1992、1995、1998、2000、2001、2002、2004、2009、2010	2008	2011、2012	2013、2014、2015、2016、2017、2018、2019、2020、2021、2022	–	1976~2022
武汉	1978	1989、1991、1995、1998、2000、2001、2002、2006、2009、2010	2004、2008	2011、2012	2013、2014、2015、2016、2017、2018、2019、2020、2021、2022	–	1978~2022
长沙	1973	1989、1993、1998、1999+2000、2000、2001、2004、2008、2010	–	2011、2012	2013、2014、2015、2016、2017、2018、2019、2020、2021、2022	–	1973~2022
湘潭	1973、1979	1989、1993、1996、1998、1999、2000、2001、2004、2006、2009、2010	2000、2008	2011、2012	2013、2014、2015、2016、2017、2018、2019、2020、2021、2022	–	1973~2022
衡阳	1973	1989、1993、1996、1998、2000、2001、2004、2006、2009、2010	2000、2008	2011、2012	2013、2014、2015、2016、2017、2018、2019、2020、2021、2022	–	1973~2022
广州	1977、1978、1979	1989、1990、1996、1998、1999、2000、2004、2009	2006、2008	2010、2011、2012、2013	2014、2015、2016、2017、2018、2019、2020、2021、2022	–	1977~2022

续表

城市	MSS	TM 和 ETM+	CBERS	HJ－1	OLI	Sentinel-2	监测时段
深圳	1973、1977、1978、1979	1989、1990、1995、1996、1998、2000、2001、2002、2004、2006、2007、2009	2008	2010、2011、2012、2013	2014、2015、2016、2017、2018、2019、2020、2021、2022	－	1973~2022
珠海	1973、1978	1987、1995、1996、1998、1999、2000、2002、2004、2006、2010	2008	2011、2012、2013、2017	2014、2015、2016、2018、2019、2020、2021	2022	1973~2022
南宁	1973	1986、1990、1996、1998、1999、2001、2002、2004、2006、2008、2010	－	2011、2012、2013	2014、2015、2016、2017、2018、2019、2020、2021、2022	－	1973~2022
北海	1973、1979	1988、1990、1998、2000、2002、2004、2006、2008、2009	－	2011、2012	2013、2014、2015、2016、2017、2018、2019、2020、2021、2022	－	1973~2022
防城港	1973、1979	1988、1990、1996、1998、2000、2002、2004、2006、2009	2007、2009	2010、2011、2012	2013、2014、2015、2016、2017、2018、2019、2020、2021、2022	－	1973~2022
海口	1973	1989、1991、1995、1998、2000、2001、2004、2007、2009、2010	2006	2011	2013、2014、2015、2016、2017、2018、2019、2020、2021、2022	－	1973~2022
成都	1975、1978	1988、1992、1997、2000、2001、2002、2006、2007、2009	2005	2010、2012、2013	2014、2015、2016、2017、2018、2019、2020、2021、2022	－	1975~2022
丽江	1974	1986、1996、2000、2002、2006、2009、2010	2008	2011、2012	2013、2014、2015、2016、2017、2018、2019、2020、2021、2022	－	1974~2022
南充	1977	1986、1988、1993、1995、1998、2000、2002、2005、2006、2010	2008	2011、2012	2013、2014、2015、2016、2017、2018、2019、2020、2021、2022	－	1977~2022
贵阳	1973	1990、1991、1993、1994、1998、1999、2000、2001、2002、2005、2006、2007、2010	2004、2008	2011、2012、2013	2014、2015、2016、2017、2018、2019、2020、2022	2021	1973~2022
昆明	1974	1988、1992、1996、2000、2004、2006、2008、2009、2010	－	2011、2012	2013、2014、2015、2016、2017、2018、2019、2020、2021、2022	－	1974~2022

续表

城市	MSS	TM 和 ETM+	CBERS	HJ – 1	OLI	Sentinel-2	监测时段
拉萨	1976	1991、1999、2000、2003、2005、2006、2008、2009、2011	2005	2012、2013	2013、2014、2015、2016、2017、2018、2019、2020、2021、2022	—	1976~2022
日喀则	1973、1976	1989、1990、2000、2002、2003、2005、2008、2009、2010、2011	—	2012	2013、2014、2015、2016、2017、2018、2019、2020、2021、2022	—	1973~2022
西安	1973、1977	1987、1988、1996、1998、2000、2002、2004、2006、2008、2009、2010	—	2011、2012	2013、2014、2015、2016、2017、2018、2019、2020、2021、2022	—	1973~2022
延安	1974、1977	1987、1992、1993、1995、1996、1998、2000、2001、2002、2003、2004、2005、2006、2008、2009、2010、2011	—	2012	2013、2014、2015、2016、2017、2018、2019、2020、2021、2022	—	1974~2022
兰州	1978	1986、1987、1994、1995、1998、1999、2001、2005、2006、2008、2009、2011	—	2010、2012	2013、2014、2015、2016、2017、2018、2019、2020、2021、2022	—	1978~2022
武威	1973、1975	1987、1994、1995、1996、1999、2000、2001、2002、2004、2006、2008、2009、2011	—	2012	2013、2014、2015、2016、2017、2018、2019、2020、2021、2022	—	1973~2022
西宁	1977	1987、1995、1996、1999、2000、2001、2002、2006、2008、2009、2011	2004、2008	2010、2012	2013、2014、2015、2016、2017、2018、2019、2020、2021、2022	—	1977~2022
银川	1978	1987、1991、1996、1999、2000、2005、2006、2009、2010、2011	2008	2012	2013、2014、2015、2016、2017、2018、2019、2020、2021、2022	—	1978~2022
中卫	1973、1975	1990、1992、1993、1995、1996、1998、2000、2001、2002、2003、2004、2005、2006、2007、2009、2011	—	—	2013、2014、2015、2016、2017、2018、2019、2020、2021、2022	—	1973~2022
乌鲁木齐	1975、1976	1989、1990、1999、2000、2004、2006、2009、2010、2011	—	2012	2013、2014、2015、2016、2017、2018、2019、2020、2021、2022	—	1975~2022
克拉玛依	1975	1989、1999、2000、2002、2006、2009、2010、2011	2004、2008	2012、2013	2014、2015、2016、2017、2018、2019、2020、2021、2022	—	1975~2022

续表

城市	MSS	TM 和 ETM+	CBERS	HJ – 1	OLI	Sentinel-2	监测时段
喀什	1972、1975、1977	1990、1998、1999、2000、2002、2003、2009、2011	–	2010	2013、2014、2015、2016、2017、2018、2019、2020、2021、2022	–	1972~2022
霍尔果斯	1975、1977	1990、1998、2000、2002、2006、2007、2008、2009、2010、2011	–	2010	2013、2014、2015、2016、2017、2018、2019、2020、2021、2022	–	1975~2022
台北	1972	1988、2000、2001、2004、2009、2010	2005、2008	2011、2012、2013	2014、2015、2016、2017、2018、2019、2020、2021、2022	–	1972~2022
香港	1973	1987+1989、1999、2000、2004、2006、2009、2010	2004、2006、2008	2010、2011、2012	2013、2014、2015、2016、2017、2018、2019、2020、2021、2022	–	1973~2022
澳门	1973、1978	1987、1995、1996、1998、1999、2000、2004、2006、2009、2010	2008	2011、2012、2013、2017	2014、2015、2016、2018、2019、2020、2021	2022	1973~2022

对较小，很多城市建成区的面积不足50平方千米，数量占62.67%，其中西藏自治区首府拉萨市在1976年只有16.72平方千米，银川和西宁的建成区面积也只有25平方千米左右。其他城市如丽江、珠海、防城港、延安、霍尔果斯、中卫等，建成区面积均不足3平方千米。

随着社会经济的发展，各个城市建成区均有不同程度增加。到2022年，城市的建设规模显著增大，实施监测的75个城市规模较监测起始年扩大了7.95倍。有58.67%的城市建成区面积达到200平方千米以上，超过了监测初期城市的最大规模。城市规模发展至上千平方千米的上海（见图5）、北京、广州、成都、深圳、杭州和南京7个城市的规模变化特点不同，上海、北京、广州和南京在20世纪70年代初期即为当时的大规模城市，4个城市的用地规模依旧位居国内城市前列。杭州在20世纪70年代中期是一个规模中等的城市，其建成区面积仅有38.22平方千米，在75个城市中位列第34位。但是经过近50年的发展，杭州建成区面积在2022年达到了1134.05平方千米，扩展至20世纪70年代初期的29.67倍（实际扩展19.29倍）。75个监测城市中发展最为迅速的是深圳。深圳从20世纪70年代初期的6.87平方千米，发展为规模达1152.15平方千米的城市，建成区总面积在监测起始年基础上扩大了166.71倍（实际扩展135.97倍），是实施监测的75个城市中规模变化最显著的城市。成都是近年发展较快并刚刚形成较大规模的西部城市。实施监测的最大城市与最小城市规模差异由20世纪70年代的192.15平方千米扩大为2022年的2213.98平方千米，进一步拉大了城市用地面积的绝对差距。同时，最大城市与最小城市规模相差的倍数由20世纪70年代的153.64倍减小到2022年的78.18倍，城市规模相对差距有所减小。

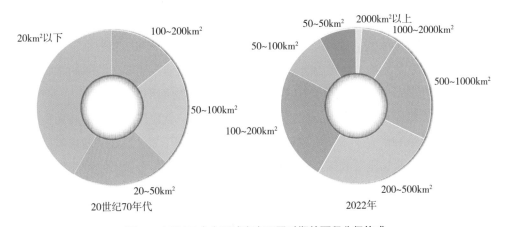

图5　中国75个主要城市在不同时期的面积分级构成

比较发现，在20世纪70年代，我国单个城市规模最大也不足200平方千米，到了2022年，58.67%的城市建成区面积超过了200平方千米，超过了监测初期的最大规模。

大城市的扩展面积多大于中小城市，最大城市与最小城市用地绝对的面积差距进一步加大，但大小极端相差倍数指示的相对差距有所减小。

2020~2022年，建成区扩展最多的城市是广州市，面积增加了310.72平方千米（实际扩展55.64平方千米），扩大了28.36%（实际扩展5.08%）。扩展最少的城市是霍尔果斯市，其建成区面积仅仅增加了0.12平方千米。

建成区面积增加较多的城市类型是省会（首府）城市，2022年省会（首府）城市平均面积较2020年增加了43.48平方千米，其次是计划单列市和直辖市，分别增加了24.41平方千米和20.82平方千米，其他城市和特别行政区分别增加了9.01平方千米和2.63平方千米。

从区域来说，2020~2022年，华南地区的城市建成区面积增加最快，平均每个城市的建成区面积增加了54.81平方千米，其次是华中地区，平均面积增加了47.22平方千米。华东、西南和西北地区的城市扩展速度差不多，2020~2022年各城市建成区平均面积分别增加了27.05平方千米、22.67平方千米和22.34平方千米。华北地区和东北地区的城市扩展较少，平均面积分别增加了9.98平方千米和9.28平方千米。港澳台地区城市面积扩展最少，平均面积仅增加了2.56平方千米。

1.3.2 城市扩展基本情况

城市建成区在原有建设规模、当地社会经济发展水平、自然地理环境等各方面因素共同影响下，发展变化显著，差异也很明显（见图6）。建成区面积的扩展特点基本包括两方面的内容：一是建成区实际扩展面积及其年均扩展面积变化，能够反映城市扩展的面积数量及其过程特点；二是建成区扩展倍数，凸显了各个城市相对自身的扩展变化幅度及其显著性。

遥感监测的近50年间，我国75个城市建成区扩展总面积28667.26平方千米，实际扩展面积23811.50平方千米，与周边原有城镇用地相连接被纳入建成区范围的原有城镇用地面积4855.76平方千米（后文分析中不计入城市实际扩展面积）。

我国城市不仅规模扩展显著，而且城市间差异巨大。就建成区实际扩展面积而言，上海最多，达1450.12平方千米，承德最小，仅有19.77平方千米，反映了城市规模的变化有很大差异，进一步加剧了我国城市的用地规模差距。由于各个城市监测起始年年份存在最大7年的时间差，城市监测时段长短略有区别，采用年均扩展面积能够减小时间差的影响，以便更好地反映城市规模变化速率。上海市年均扩展面积最大，达30.85平方千米，而澳门、日喀则和承德等只有不足0.5平方千米的年均扩展面积，差异同样很大。如果进一步考虑各个城市原有的建成区面积大小差异，整个监测时段城市扩展倍数以泉州市最大，实际扩展了183.32倍，扩展不明显的台北市，用地面积扩展不足一倍（见表4）。

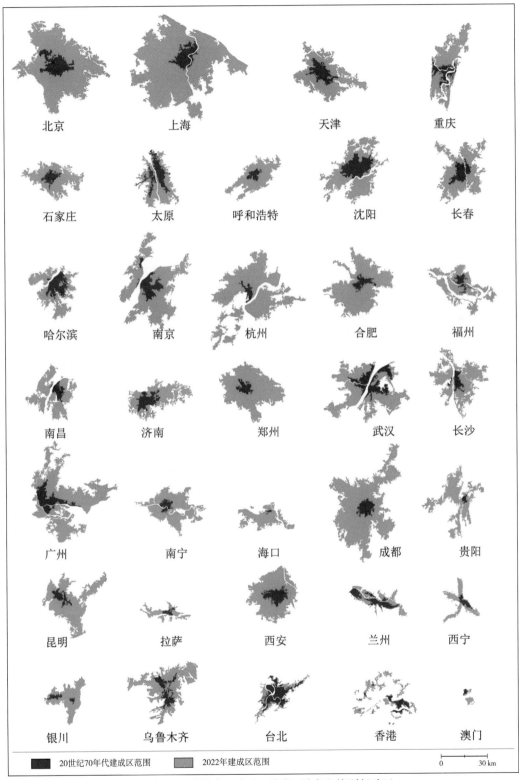

北京　上海　天津　重庆

石家庄　太原　呼和浩特　沈阳　长春

哈尔滨　南京　杭州　合肥　福州

南昌　济南　郑州　武汉　长沙

广州　南宁　海口　成都　贵阳

昆明　拉萨　西安　兰州　西宁

银川　乌鲁木齐　台北　香港　澳门

■ 20世纪70年代建成区范围　　■ 2022年建成区范围　　0　30 km

（a）34个直辖市、省会（首府）城市和特别行政区

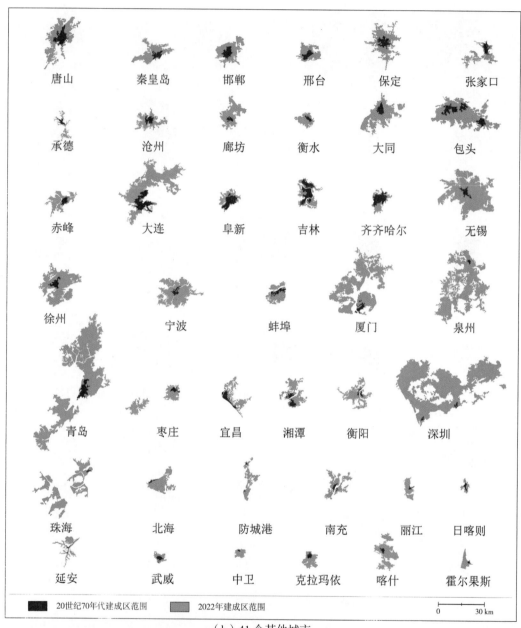

（b）41 个其他城市

图 6　20 世纪 70 年代和 2022 年中国 75 个主要城市面积对比

表4　20世纪70年代以来中国城市扩展的基本情况

单位：平方千米

城市	实际扩展面积	年均扩展面积	扩展倍数	城市	实际扩展面积	年均扩展面积	扩展倍数
北京	1245.23	25.41	7.69	济南	304.24	7.08	3.97
上海	1450.12	30.85	14.45	青岛	544.12	11.10	21.53
天津	572.53	13.01	4.66	枣庄	84.12	1.75	14.16
重庆	491.93	11.18	5.79	郑州	741.80	16.13	16.20
石家庄	380.47	8.85	7.21	武汉	729.57	16.58	4.06
唐山	183.74	3.99	4.51	宜昌	91.51	1.87	4.57
秦皇岛	165.17	3.37	8.02	长沙	540.87	11.04	11.05
邯郸	144.23	2.94	4.74	湘潭	115.37	2.35	6.07
邢台	79.69	1.70	4.31	衡阳	106.73	2.18	18.37
保定	192.64	3.93	6.08	广州	877.92	19.51	8.23
张家口	92.23	1.96	5.28	深圳	934.08	19.06	166.62
承德	19.77	0.42	4.15	珠海	158.86	3.24	120.65
沧州	99.27	2.16	5.46	南宁	452.74	9.24	12.49
廊坊	99.40	2.16	17.94	北海	118.41	2.42	36.34
衡水	60.90	1.30	8.25	防城港	75.79	1.55	43.15
太原	337.90	7.51	2.52	海口	249.36	5.09	61.19
大同	164.42	3.65	10.98	成都	1019.09	21.68	16.27
呼和浩特	302.71	6.58	8.96	南充	94.12	2.09	16.72
包头	390.55	8.68	5.75	贵阳	359.25	7.33	41.70
赤峰	99.68	2.12	7.92	昆明	467.10	9.73	10.95
沈阳	498.43	11.08	3.20	丽江	36.71	0.76	18.74
大连	298.13	6.34	6.59	拉萨	91.05	1.98	6.46
阜新	52.37	1.11	1.19	日喀则	22.23	0.45	4.91
长春	548.93	11.93	5.71	西安	616.40	12.58	6.89
吉林	70.14	1.63	1.07	延安	57.53	1.20	22.89
哈尔滨	339.13	7.37	2.77	兰州	128.81	2.93	1.53
齐齐哈尔	48.21	1.05	1.04	武威	29.64	0.60	3.64
南京	728.76	16.95	6.63	西宁	113.57	2.52	5.41
无锡	464.82	9.49	28.56	银川	266.14	6.05	12.10
徐州	288.73	5.89	15.47	中卫	29.02	0.59	23.35
杭州	737.33	16.03	28.67	乌鲁木齐	538.84	11.46	6.23
宁波	270.49	5.64	21.84	克拉玛依	68.12	1.45	9.25
合肥	795.70	16.24	14.63	喀什	137.12	2.74	25.81
蚌埠	87.24	1.86	5.76	霍尔果斯	35.27	0.75	21.06
福州	234.18	4.78	9.35	台北	89.60	1.79	0.63
厦门	511.80	10.44	36.39	香港	168.60	3.44	2.82
泉州	416.36	8.50	183.32	澳门	24.20	0.49	3.75
南昌	330.26	7.18	8.50				

说明：成都市因核实边界2014年及其以后数据有修正。台北市考虑到区域完整性，数据包括台北和新北等。

建成区实际扩展面积以上海市最大,承德市最小,极端相差72.34倍(见图7)。上海和北京,这两个最大也最重要城市的变化最为显著,建成区实际扩展面积超过1000平方千米;此外,成都建成区实际扩展面积也在近两年超过了1000平方千米,体现了西部重要城市快速发展的趋势。建成区面积扩展500~1000平方千米的城市有14个,包括改革开放以来发展最迅速的经济特区深圳,省会城市广州、合肥、郑州、杭州、武汉、南京、西安、长春、长沙、乌鲁木齐以及直辖市天津和计划单列市青岛、厦门。以上城市是我国非常重要的大型城市,也是快速发展的一批城市,主要集中在华东、华北、华中、华南4个地理区域。建成区面积扩展200~500平方千米的城市有20个,占全部城市的26.67%,包括直辖市重庆,沈阳、昆明、南宁、石家庄和南昌等13个省会(首府)城市,以及6个其他城市。这一扩展规模城市数量较多,多是我国重要的大城市,空间上分布在除港澳台地区以外的各个地理区域,它们的发展对于我国区域协同发展具有特殊意义。扩展面积在100~200平方千米的城市有13个,占17.33%,包括西北地区省会(首府)城市兰州和西宁,特别行政区香港,以及保定、喀什和珠海等10个其他城市。扩展面积在50~100平方千米的城市有17个,占22.67%,包括拉萨和台北两个省会(首府)城市,其余为赤峰、廊坊、沧州、南充、张家口、宜昌、蚌埠和枣庄等15个其他城市。扩展面积不足50平方千米的城市共8个,占10.67%,包括特别行政区澳门以及齐齐哈尔、承德、丽江、日喀则、中卫、武威和霍尔果斯等分布在华北、东北、西北和西南地区的其他城市。

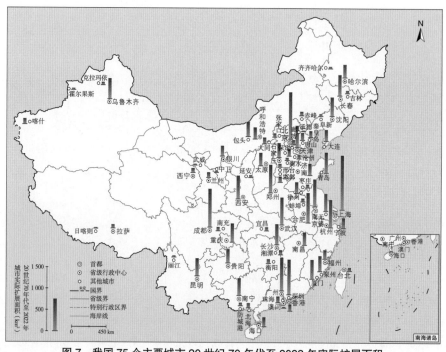

图7 我国75个主要城市20世纪70年代至2022年实际扩展面积

　　城市的年均扩展面积在不同城市之间的差异趋势基本与建成区实际扩展面积具有类似特点，多数城市在具有较大的实际扩展面积的同时也具有相对较大的年均扩展面积（见图8）。这在一定程度上表明，监测时段的长短差异对于城市变化特点的分析影响较小。年均扩展面积的比较表明，年均扩展面积超过20平方千米的城市有上海、北京和成都，上海和北京不仅实际扩展规模居前两位，而且扩展速度也显著超过其他城市，由此导致与其他城市的规模差异越来越大，成都市是近年来城市扩展加速的西部城市。年均扩展面积在10~20平方千米的城市包括广州、深圳、南京、武汉、合肥、郑州、杭州、天津、西安、长春、乌鲁木齐、重庆、青岛、沈阳、长沙和厦门等16个，均是区域性重要城市。年均扩展面积在1~10平方千米的占多数，包括昆明、无锡、南宁、石家庄、包头和泉州等共计49个，占全部城市的65.33%。特别行政区澳门以及丽江、霍尔果斯、武威、中卫、日喀则和承德等7个其他城市扩展速度相对最小，年均扩展面积不足1平方千米。

　　从各个城市监测前后的建成区面积对比看，采用建成区扩展面积与监测初期城市规模的比例，即扩展倍数，作为反映城市变化显著性的指标。泉州市的扩展最显著，实际扩展面积是监测初期的183.32倍，略高于扩展倍数第二位深圳的166.62倍。其他建成区扩展比较显著的城市还包括珠海、海口、防城港、贵阳、厦门、北海、杭州、无锡、喀什、中卫、延安、宁波、青岛和霍尔果斯等14个城市，其建成区扩展后面积均是监测初始年面积的20倍以上，这些规模变化显著的城市主要为沿海城市和部分西部城市。建成区扩展倍数在10~20倍的城市有15个，占20.00%。扩展倍数在1~10倍的城市数量较多，共计43个，占57.33%。这些城市情况相对复杂，地理分布也无明显的规律性，既有原来建成区规模较大而前后变化不显著的城市，也有原来建成区规模和扩展面积均较小而变化不太显著的城市。扩展倍数小于1倍而变化最不明显的城市仅有台北，主要因其已是比较发达的城市，基本上进入相对稳定的发展期。

　　总体而言，我国城市建成区面积变化显著，但城市之间存在明显差异，城市扩展量最多与最小极端相差73.34倍，进一步加剧了我国城市之间用地规模上的差异。扩展面积和扩展速度最快的城市仍然是上海和北京这两个最大也最重要的城市，也导致与其他城市的规模差异越来越大。扩展显著的城市主要为沿海城市，以泉州市49年扩展了183.32倍最为突出，部分"一带一路"沿线重要城市如喀什和霍尔果斯等扩展同样显著。相比之下，扩展倍数最小而变化最不明显的城市则主要是东北老工业基地城市，如齐齐哈尔市。扩展速度慢的城市仍然以特别行政区澳门和其他城市为主，如丽江、中卫、武威、承德和日喀则等。

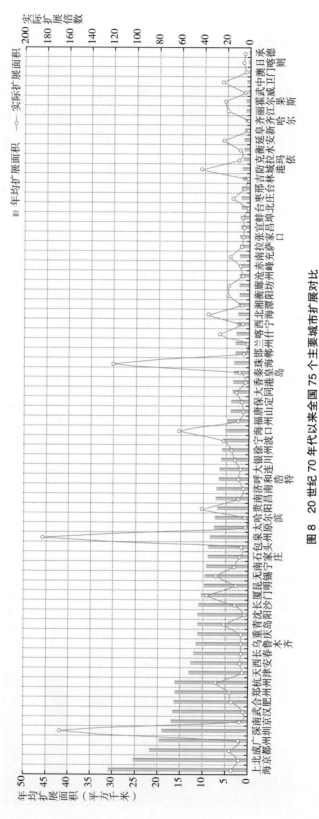

图 8 20 世纪 70 年代以来全国 75 个主要城市扩展对比

1.4　中国主要城市扩展时空特征

利用遥感技术完成了我国75个主要城市的扩展监测，恢复重建了改革开放前数年以及改革开放后近50年的城市建成区状况，比较系统完整地反映了中国城市建设用地的扩展特点。受遥感信息源等方面的影响，各个城市的遥感监测起始年、具体监测时间段等，均有比较明显的差异，75个城市的监测尚无法做到一致。为了能够实现全国城市相同时间段的对比及综合分析，研究中将各个城市在每一个时间段的建成区变化总量，平均分配到该时间段的每一年度，最终得出所有城市在相同年份的变化总量，进一步开展全国城市扩展过程研究。尽管这种方法存在较大局限性，无法真实表现每一年度的差异，但对于历史过程的遥感恢复，基本上能够反映变化过程的总体特点（张增祥等，2006）。在近50年的扩展与发展过程中，无论是城市扩展速率、扩展的空间方位、扩展变化时间、占用的其他土地利用类型等，均有差异。不同类型、不同规模的城市在扩展幅度和扩展时间先后等诸多方面均有各自的特点。同时，由于受到区域自然地理环境、社会经济发展水平等的影响，不同地区的城市扩展面积比例及其速率均存在比较显著的差异。

1.4.1　城市扩展阶段特征

城市扩展过程的主要表现是用地规模的不断增大，不同时期的扩展过程又有明显的速率区别。分不同时间段对全国范围75个主要城市的扩展速度进行对比分析表明，我国城市整体扩展显著且日益加快。在过程分析中，对全国城市变化划分的基本时间段包括20世纪70年代、80年代、90年代、21世纪前十年、10年代及20年代初期等6个，能够对我国实施改革开放前后进行对比，也能够进一步详细分析改革开放以后城市变化最快的近50年的过程差异。需要指出的是，因为各个城市监测起始年存在最大7年的时间差，造成20世纪70年代初期有监测结果的城市数量较少，难以代表我国城市变化的整体情况，实际分析当中主要使用1974~2022年的监测数据。城市作为人类经济活动的主要载体，其规模扩展推动着经济的发展，同时也取决于国民经济及社会发展水平及宏观政策的指引。因此，在上述十年时间尺度分析的基础上，进一步阐述了国民经济和社会发展五年计/规划的不同阶段我国75个主要城市扩展的时代性特点。遥感监测时段涵盖了国民经济和社会发展的第六个"五年计划"时期（简称"六五"时期，1981~1985年）、"七五"时期（1986~1990年）、"八五"时期（1991~1995年）、"九五"时期（1996~2000年）、"十五"时期（2001~2005年）、"十一五"时期（2006~2010年）、"十二五"时期（2011~2015年）、"十三五"时期（2016~2020年）和"十四五"初期（2021~2022年），此外还包括早期1980年之前的若干年。

采用全国75个城市建成区平均历年增加面积揭示中国城市扩展变化的年际特征（见图9），发现城市规模的增长趋势是非常明显的，全部监测城市平均每年增加面

积由原来的不足1平方千米增加到近年接近16平方千米,速度加快了15倍以上。同时发现,这一发展过程表现出显著的阶段性差异。

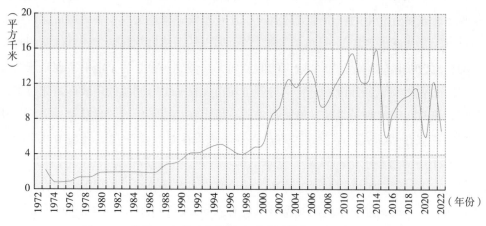

图9　20世纪70年代以来中国75个主要城市平均历年扩展面积

比较而言,在20世纪70年代的数年间,我国城市扩展尚不明显,大部分城市的建成区持续保持了多年相对稳定的缓慢发展状态。1979年及其以前,遥感监测到的全国75个城市实际扩展面积共计396.85平方千米,城市平均年增加面积变化在0.90~1.62平方千米,我国城市变化处于缓慢期。

20世纪80年代,全国75个城市建成区实际扩展面积1614.40平方千米,城市平均年增加2.15平方千米。这一扩展速度只是稍高于前一时期,速度变化不大,但扩大的面积总量已比较显著。在20世纪80年代,城市建成区扩展的阶段性差异很大,这在扩展规模和速度方面均有表现。在1987年及其以前基本延续了70年代末期的扩展速度和规模,全国实际年均扩展面积较前期的增加并不明显,城市扩展相对平稳缓慢。从1988年开始,这种情况发生了比较大的变化,扩展速度加快,每年实际扩展面积达到200平方千米上下,几乎是此前的1.5倍,城市平均年扩展面积达到了2.90平方千米。这一时间段,我国城市的发展首次表现出加速势头。

20世纪90年代,我国城市开始首轮快速扩展,全国75个城市建成区实际扩展面积3322.44平方千米,平均年增加4.43平方千米,扩大的面积总量和平均扩展速度都比前一时期翻了一倍。20世纪90年代,城市建成区扩展年际变化较大。90年代上半段延续了80年代末期开始出现的城市建成区快速扩展趋势,一直持续到90年代中期前后才有所减缓,累计持续时间在9年左右。1990~1996年,城市建成区面积总共增加2334.59平方千米,年均扩展达到333.51平方千米,城市平均年扩展4.45平方千米左右,是我国城市扩展的第一个高峰。从1997年开始,速度和扩展规模均有下降趋势。1997年到1999年,我国城市建成区面积增加了987.85平方千米,平均每年增加329.28平方千米,城市平均年增加4.39平方千米，较前一时期平均下降了1.35%，表现为小幅度减缓。

进入21世纪之后，我国城市建设进入大发展时期。21世纪前十年，全国75个城市建成区实际扩展面积7865.90平方千米，城市平均年增加10.49平方千米，扩大的面积总量和平均扩展速度比前一时期又翻了1.37倍左右。扩展速度加快的趋势在2000年前后已有所表现，到2001年后这种趋势更加明显，两年之后城市扩展达到顶峰，并持续了四年时间。在2000~2006年的短短七年内，全国75个城市建成区面积扩展了5483.82平方千米，过去近50年来我国城市建成区扩展总面积中有23.03%是在这七年时间完成的。从2007年开始，城市扩展速度放缓。2007~2009年，城市平均年扩展面积10.59平方千米，比前四年的扩展顶峰期降低了15.62%。在21世纪前十年城市建成区大规模扩展且速度日益加快的大趋势下，最后三年出现了一个小幅度的扩展缓慢期。

2010~2020年，全国75个城市的建成区实际扩展面积9189.36平方千米，城市平均年增加11.14平方千米，平均扩展速度比前一时期再次增加了6.20%，呈现多年连续变化中非常突出的一个扩展高峰期。11年实际扩展面积占近50年实际扩展面积的38.59%，成为监测期内扩展最快的时段，同时也是扩展速度起伏最大的时期。从2010年开始，城市扩展速度波动上升，在2014年达到峰值，该年城市平均增加了15.63平方千米，随后的2015年，城市平均年扩展速度大幅度降低至6.24平方千米，降低了60.08%。自2016年开始，城市平均年扩展面积再次逐年增加，直至2019年达到峰值11.28平方千米，之后回落至2020年的6.01平方千米。

2021~2022年，全国75个城市的建成区实际扩展面积为1418.04平方千米，城市平均年增加9.45平方千米，平均扩展速度较前一时期减少了15.17%，最高扩展速度与前十年的后半期较为接近。2021年平均扩展速度为12.25平方千米，2022年平均扩展速度降至6.66平方千米。

在国民经济和社会发展五年计/规划的不同阶段，中国75个主要城市扩展体现了不同的时代特点。在1980年及以前的若干年，我国处于由社会动荡向良性发展的过渡期，也包括了改革开放政策实施的最初两年时间。中国城市扩展速度仍处于缓慢期，75个主要城市在7年左右时间里实际扩展面积为552.96平方千米，城市平均年扩展面积约为1.44平方千米（见图10）。改革开放最初两年，中共中央、国务院先后批准广东、福建两省的对外经济活动自主权，设立深圳、珠海、汕头、厦门经济特区，以上改革开放政策推动了我国城市规模由缓慢扩展向加速扩展的过渡。

"六五"期间，改革开放政策进一步推进，我国城市用地规模扩展速度有所上升，75个主要城市实际扩展面积725.52平方千米，年均扩展面积较上一时段增加了46.24%。在此期间，我国确定开放从北至南包括大连、上海、北海等共计14个沿海开放城市；次年开辟珠三角、长三角、闽南三角洲为沿海经济开放区，大大推动了中国

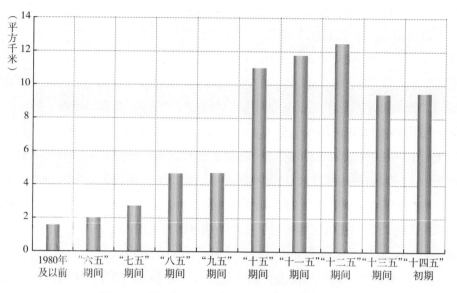

图10 不同五年计／规划期间的城市平均年扩展面积

城市经济及用地规模的发展壮大。

以上政策对城市发展的推动作用在"七五"期间已经有了较为明显的表现，不仅城市总规模持续增大，75个主要城市年均扩展速度比前一时期提升了37.07%。国家继而撤销广东省海南行政区，设立海南省，建立全国最大且唯一的省级经济特区——海南经济特区。"七五"末期，国家宣布开发开放上海浦东，上海经济在全国占有很重要的地位，上海市浦东新区作为中国首个副省级市辖区的诞生，是拉动中国经济和城市发展的重要标志。

"八五"期间，改革开放政策在全国范围内全面铺开，由沿海逐渐向沿边、沿江和所有内陆省会（首府）城市拓展，开发黑龙江省黑河市、绥芬河市、吉林省珲春市和内蒙古自治区满洲里市四个边境城市以及内陆地区11个省会（首府）城市。同期，国务院批准了武汉东湖、南京、西安、天津、长春、深圳等26个国家高新技术产业开发区。至此，国家的开发开放政策覆盖了遥感监测的75个主要城市的绝大多数，城市用地规模扩展再次加速。在此期间，城市平均年扩展面积4.60平方千米，年均扩展速度较上一时段再次增加了73.57%。

"九五"期间，我国城市继续稳步发展，城市规模的扩展速度平稳，维持了与前一阶段相当的水平，城市平均年扩展4.62平方千米，但城市用地规模仍在进一步扩大。该时期是我国经济和社会发展承上启下的重要时期，也是经济和社会发展遇到前所未有的挑战的时期。亚洲金融危机肆虐，给我国经济增长带来严重冲击。国务院继续推进各项改革，坚持以发展保稳定。持续了近十年的城市规模快速扩展阶段，在经济和社会得到全面发展的同时，城市无节制的扩张、滥用周边土地、耕地资源浪费现象等一系列问题均显现出来，城市实际经济发展水平甚至与其用地规模不符，土地资源利用集约度明显不足。国家对以上问题的反思和对发展策略的调整，也在一定程度上平抑了城市快速扩展的势头。以上社会、经济及政策因素，是"九五"期间我国城市趋于稳步发展的重要原因。

"十五"期间是我国经济社会发展取得巨大成就的五年。中国正式加入世界贸易组织（WTO），快速融入全球化的市场体系，形成外向型城镇体系空间格局。国家开始实施西部大开发战略，缩小国家经济发展地域差异，全国性地全面推进经济发展，城市用地规模也因此进入了第一个扩展高峰期。75个主要城市年均扩展速度较此前加快1.36倍，实际扩展面积合计4094.71平方千米。中国经济发展由单纯追逐GDP指标，逐步向经济—生态协调发展阶段过渡。耕地作为城市扩展的主要土地来源，在各种城市扩展土地来源中所占比例下降约1%，国家全面启动的退耕还林还草政策，并实施严格的耕地保护制度，对于平衡城市发展和耕地保护之间的矛盾发挥了重要作用。

"十一五"期间，国家继西部大开发战略之后，开始实施振兴东北老工业基地战略和中部崛起战略，力求进一步缩减区域发展不均衡。此外，在改革开放以来已经初具规模的一批特大城市的带领下，重点发展以特大城市为核心，辐射区域内大中城市的城市群，国家先后批准并实施了珠江三角洲地区改革发展规划、长江三角洲地区区域规划、京津冀都市圈区域规划，加快了中国城市在重点区域集群式发展的步伐，拉动了重点区域大中小城市的发展。75个主要城市实际扩展面积4399.61平方千米，年均扩展速度在前一阶段高位扩展速度基础上，仍有7.45%的增加量。在全球爆发经济危机的大背景下，中国保持了经济平稳较快发展的良好态势。

"十二五"时期是国际经济转型与中国经济社会转型的重叠期，也是中国经济社会转型的关键时期。"十二五"规划的主要目标是"加快转变经济发展方式"，扩大内需是转变经济发展方式的重要内容，而城镇化则是扩大内需的重要支点。促进大中小城市和小城镇协调发展，促进东部地区提升城镇化质量的同时，对中西部发展条件较好的地方，研究加快培育新的城市群，形成新的增长极，是城镇化发展方式的宏观指导。"十二五"期间中国城市用地规模扩展速度超越了此前时期，城市平均年扩展面积12.43平方千米，是整个监测时段城市扩展速度最快的时期，常住人口城镇化率达到了56.1%，超越了世界平均水平，中国整体进入城市型社会阶段。

"十三五"时期是我国全面建成小康社会决胜阶段，以经济保持中高速增长为目标，继续推进新型城镇化，严格限制新增建设用地规模。新型城镇化以人的城镇化为核心、以城市群为主体形态、以城市综合承载能力为支撑，努力缩小城乡发展差距，推进城乡发展一体化。监测结果显示，"十三五"期间，75个主要城市实际扩展

面积3520.87平方千米，城市年均扩展速度为9.35平方千米，比"十二五"期间下降了24.78%，初步体现了新型城镇化以优化城市空间结构、提高城市空间利用效率、严格规范新城新区建设等国家规划的实际效果。

"十四五"初期，"多规合一"的国土空间规划在各地相继出台，"城镇开发边界""永久基本农田保护红线""生态红线"随之确立。在生态文明建设和粮食安全保障的大背景下，严格限制新增建设用地规模的制度持续生效。监测结果显示，"十四五"初期，75个城市建成区实际扩展面积为1418.04平方千米，城市平均年增加9.45平方千米，与"十三五"期间基本持平，体现了国家严格控制新增建设用地规模的持续实施效果。

城市扩展的基本过程分析表明，中国城市在"六五"期间及以前处于一个相对稳定的缓慢发展期；"七五"期间有明显加速，年均扩展速度比前一时期增加了37.07%，这是中国城市首轮加速扩展，落在具体年份上是起于1988年、止于"九五"初期，持续了9年左右的时间。"九五"初期城市规模扩展速度减缓，总体扩展速度维持了与前一阶段相当水平。"十五"期间，城市用地规模进入扩展高峰期，年均扩展速度较此前加快1.36倍，持续了6年左右时间，至2007年明显减缓，直至2009年左右。"十一五"期间城市扩展速度呈首尾扩展速度快、中间阶段发展缓慢的态势。"十二五"期间是整个监测时段城市扩展速度最快的时期，再次出现突出的扩展高峰。但在"十二五"最后阶段，我国基本进入工业化中后期，经济结构出现了转折性变化，去产能、去杠杆、去库存任务艰巨，2015年我国经济增速是自1991年以来的最低点，城市用地扩展速度在2015年也出现了低点。"十三五"期间，我国开启供给侧结构性改革，中国经济发展进入新常态；新型城镇化以人的城镇化为核心，重视提高城市空间利用效率，遥感监测显示中国城市扩展速度在此期间稳步回升，但从整个五年来看，相比"十二五"期间扩展速度仍表现为回落，这一趋势延续到了"十四五"初期。中国75个主要城市扩展体现了国民经济和社会发展的时代特点，在"八五"、"十五"和"十二五"初期分别出现了三次扩展高峰期，充分体现了国家全面推进改革开放政策、中国加入世贸组织及加快转变经济发展方式等国家重大决策对城市发展的强大指引作用。同时，在1998年亚洲金融风暴、2008年全球经济危机以及2015年中国经济结构性改革期间，中国城市扩展速度也三次出现低点，印证了国民经济发展水平在城市发展中起着决定性作用。

1.4.2　城市扩展区域特征

近年来，城市的快速发展有目共睹，但中国疆域辽阔，不同地区的自然地理状况差异显著、经济发展水平不平衡等因素存在，导致不同地区城市在不同时期的扩展速度、扩展规模、对区域土地利用的影响等存在差异，形成各具特色的时空过程。同时，受国家宏观发展战略影响，从东部到西部不同地区城市的扩展也显著不同。

1.4.2.1 八大区域城市的扩展

不同区域的划分是基于中国行政大区区划和地理大区区划方法，将中国分为东北、华北、华中、华东、华南、西北、西南和港澳台地区等8个区。监测的75个城市中有18个城市属于华北地区，7个城市属于东北地区，15个城市属于华东地区，6个城市属于华中地区，有7个城市属于华南地区，有8个城市属于西南地区，属于西北地区的城市有11个，属于港澳台地区的城市有3个（见表5）。

表5 中国75个主要城市在八大区域中的分布

分区名称	城市名称
东北地区	沈阳、长春、哈尔滨、齐齐哈尔、大连、阜新、吉林
华北地区	北京、天津、太原、石家庄、呼和浩特、包头、唐山、大同、赤峰、保定、沧州、承德、邯郸、衡水、廊坊、秦皇岛、邢台、张家口
华中地区	郑州、武汉、长沙、衡阳、湘潭、宜昌
华东地区	上海、南京、合肥、杭州、福州、南昌、济南、青岛、枣庄、厦门、徐州、无锡、宁波、蚌埠、泉州
华南地区	广州、南宁、海口、深圳、珠海、防城港、北海
西北地区	西安、乌鲁木齐、银川、兰州、西宁、克拉玛依、武威、霍尔果斯、喀什、延安、中卫
西南地区	重庆、成都、昆明、贵阳、拉萨、南充、丽江、日喀则
港澳台地区	香港、澳门、台北

（1）东北地区

东北地区是中国的一个地理大区和经济大区，水绕山环、沃野千里是其地面结构的基本特征，土质以黑土为主，是形成大经济区的自然基础。行政区划上包括黑龙江、吉林和辽宁等三省。该地区四季分明，坐拥中国最大的平原东北平原，曾是资源丰富、文化繁荣、经济实力雄厚的区域。早在20世纪30年代东北地区就建成了较为完整的工业体系，一度占有我国98%的重工业生产。2003年9月29日，中共中央政治局讨论通过《关于实施东北地区等老工业基地振兴战略的若干意见》，开启了振兴东北的战略历程。

东北地区城市扩展遥感监测了7个城市，包括3个省会城市和4个其他城市。东北地区城市从20世纪70年代的630.75平方千米，扩展为2022年的2729.65平方千米，城市总面积增加了2098.90平方千米，东北地区城市总面积扩大了3.33倍。

从1975年至2022年的47年间，东北地区城市扩展的时间特征显著（见图11）。

从大的时间段看，分别经历了20世纪70年代的持续加速扩展时期、20世纪80年代年均1.97平方千米的低速平稳扩展时期、20世纪90年代前期和中期的低速平稳扩展合并末期急剧加速扩展时期、21世纪前十年的震荡加速扩展时期和2010年后的震荡减速扩展时期，从"十一五"时期年均13.10平方千米的扩展速度减少至"十二五"时期的9.83平方千米，"十三五"时期更是低至4.5平方千米，"十四五"初期的2021~2022年仍以年均2.94平方千米低速扩展。

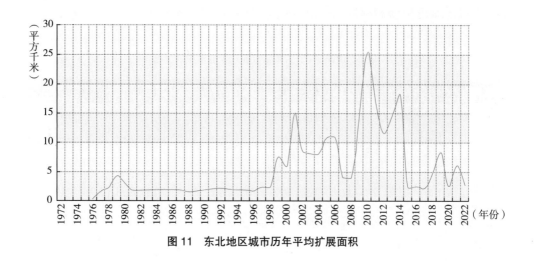

图11 东北地区城市历年平均扩展面积

自2003年国家"振兴东北"宏观战略实施以来，至2022年，19年时间，东北地区城市实际扩展了1202.07平方千米，是47年来东北地区遥感监测城市扩展总面积的一半多，该时期城市实际年均扩展面积为63.27平方千米，每个城市年均扩展面积为9.04平方千米，是近50年来年平均扩展面积的1.59倍。

东北地区一度为中国的重工业基地，此次遥感监测的沈阳、长春、哈尔滨、齐齐哈尔、大连、阜新、吉林等7个城市均为东北地区的主要工业城市。因此，东北地区城市扩展监测初期就呈现显著加速扩展特征，从1975年至1979年持续加速，由1975~1976年的年均0.49平方千米增加到1978~1979年的4.41平方千米。之后略有减速，并以年均2.02平方千米的扩展速度平稳发展了较长一段时间，直到20世纪90年代末才又一次呈现显著加速扩展特征，1998~1999年年均扩展速度达到7.61平方千米，扩展速度增长了2倍多。随着"振兴东北"战略的实施，城市扩展的面积和速度都有了明显提升。东北地区城市扩展在21世纪前十年呈现震荡式加速扩展，扩展速度在2009~2010年急剧加速到年均25.35平方千米，成为整个监测时段该地区的最大值，在此后的10年中，该地区城市呈震荡减速扩展，扩展速度在2013~2014年略呈增速（年均18.20平方千米），后又显著减速至2014~2015年的年均2.45平方千米和2015~2017年的年均2.45平方千米，在

2017~2019年以年均6.53平方千米小加速后至2022年又呈减速扩展势头。

（2）华北地区

华北的行政区划，包括北京市、天津市、山西省、河北省和内蒙古自治区（两市两省一区）。华北地区是我国传统的农业地区，重要的粮食生产基地，土地肥沃，聚居人口较多。华北地区由于包含两大中心城市——北京、天津，在区域中的集聚作用体现十分明显，人口向心性表现强烈，区域的等级结构呈现为复杂和多层次的区域城镇体系结构（刘晓勇，2007）。

华北地区城市扩展遥感监测选取了18个城市，包括2个直辖市、3个省会（首府）城市和13个其他城市，其中有10个其他城市隶属河北省，是此次城市扩展遥感监测的八大地区中其他城市样本个数最多的地区，主要基于我国在2014年提出并开始实施"京津冀协同发展"国家战略考虑，势必对华北地区的城市扩展产生影响。

1973年至2022年，华北地区遥感监测城市从856.24平方千米扩展到5929.87平方千米，增加了5.93倍，华北地区遥感监测城市总体呈现加速扩展态势（见图12），在1973~1979年为代表的20世纪70年代年均扩展面积为1.66平方千米，并成为20世纪70年代八大地区扩展最快的地区之一，20世纪80年代年均扩展面积保持在2.64平方千米，到20世纪90年代城市年均扩展面积增加到4.25平方千米，21世纪前10年迅速达到年均8.86平方千米的扩展速度，此后两年继续保持较高速扩展，但在2012~2020年呈现震荡减速扩展，年均扩展面积只有6.04平方千米。"十三五"期间，该地区的城市扩展年均速度只有5.47平方千米，到"十四五"初期更是减速到年均4.95平方千米。

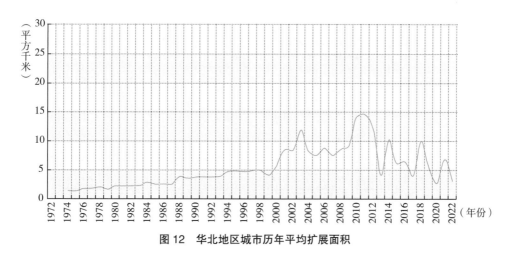

图12　华北地区城市历年平均扩展面积

华北地区城市扩展特征可以归纳为：①1973~2000年的平稳加速扩展，在1987~1988年以年均3.80平方千米出现一次小的扩展高潮；②21世纪前十年的快速扩展，2000~2003年以年均9.49平方千米显著加速扩展，并在2009~2011年以年均14.26平方千米的扩展速度迎来整个监测期间的第一峰值；③2010~2022年的震荡减速扩展，年均扩展速度由2010~2012年的13.21平方千米急剧减速至2012~2013年的年均4.01平方千米，之后经历了2013~2014年和2017~2018年两次短暂急剧增速（年均扩展速度分别达10.11平方千米和9.84平方千米）后，波动减速至2021~2022年的年均3.04平方千米。

（3）华中地区

华中地区，行政上包括河南、湖北和湖南三省，农业发达，轻重工业都有较好的基础，水陆交通便利，是全国经济比较发达的地区。

华中地区城市扩展遥感监测，共监测了6个城市，包括3个省会城市和3个其他城市。1973年至2022年，华中地区城市从345.17平方千米扩展到2880.67平方千米，面积增加了7.35倍。

华中地区遥感监测城市的扩展经历了20世纪70年代和20世纪80年代的低速扩展时期，年均扩展速度1.49平方千米，20世纪90年代的加速扩展时期（年均扩展速度增加到每年4.06平方千米），到21世纪前十年进入快速扩张时期（年均扩展速度达到12.79平方千米），在2010~2022年震荡加速扩展。在2012~2014年以年均扩展22.58平方千米成为整个监测时期该地区城市扩展速度最快的阶段（见图13）后，波动减速至"十三五"时期的14.32平方千米，2019~2020年的年均扩展面积更是低至7.41平方千米，成为21世纪以来该地区城市扩展速度最低值，又在"十四五"初期的2021~2022年以年均16.59平方千米显著加速扩展。

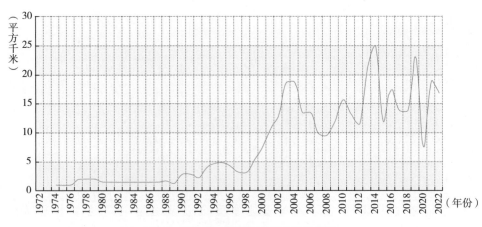

图13 华中地区城市历年平均扩展面积

华中地区城市中心建成区扩展在各监测时段略有波动。1973~1989年保持波澜不惊的低速平稳扩展，之后开始逐级加速扩展，1989~1990年年均扩展速度增加到2.71平方千米，1992~1994年年均扩展速度提高到4.21平方千米。1998~2004年为扩展急剧加速的6年，1998~1999年的年均扩展速度达到5.13平方千米，而到了2002~2004年扩展速度则急剧加速到年均16.67平方千米，成为整个监测时段的第一波扩展高潮。2004~2008年的4年间，华中地区城市中心建成区出现逐级减速扩展特征，2004~2006年的年均扩展面积为11.96平方千米，2006~2008年扩展减速为年均10.26平方千米。在短暂减速扩展后，华中地区又迎来了2008~2022年的震荡加速扩展，年均扩展了15.57平方千米，成就整个监测时段的第二波扩展高潮，并在2012~2013年扩展速度达到24.55平方千米，成为整个监测时段华中地区城市中心建成区扩展速度最快时期。

（4）华东地区

华东地区，或称"华东"，是中国东部地区的简称。1961年成立华东经济协作区时包括上海、江苏、浙江、安徽、福建、江西和山东等地，1978年后撤销。如今，华东仍被用作地区名，大致包括上述六省一市。

华东地区城市扩展遥感监测选取了15个城市，包括1个直辖市、6个省会城市、8个其他城市。1973年至2022年，华东地区城市从701.47平方千米扩展到10387.70平方千米，增加了13.81倍。

从1973年至2022年，华东地区城市扩展总体呈现持续加速态势（见图14），各监测时段略有波动。20世纪70年代，华东地区城市保持低速平稳扩展，年均扩展面积只有1.19平方千米，20世纪80年代年均扩展面积增加到3.25平方千米，并保持持续高速平稳扩展，到20世纪90年代，华东地区城市面积扩展速度提高到年均5.58平方千米，21世纪前10年城市扩展速度急剧增加到年均19.90平方千米，2011~2020年华东地区城市面积的扩展总体呈震荡减少，由"十二五"时期的年均扩展16.02平方千米减速至"十三五"时期的15.71平方千米，仍保持较高速度扩展，达到了年均15.89平方千米。"十四五"初期的2021~2022年，华东地区城市扩展以年均8.77平方千米呈显著减速趋势。

华东地区城市扩展呈现三级跳跃式加速的显著特征。①第一级跳跃式加速发展发生在20世纪70年代末至20世纪80年代初。遥感监测显示，1979~1980年华东地区城市扩展速度从20世纪70年代的年均0.96平方千米加速到1979~1980年的年均2.54平方千米。②第二级跳跃式加速发生在20世纪80年代末。1987~1989年，华东地区城市扩展速度从年均3.28平方千米加速到年均6.16平方千米。③第三级跳跃式加速发生在21世纪初期，2000~2003年，华东地区城市面积扩展速度从1999~2000年的年均4.04平方千米急剧增加为2002~2003年的年均21.66平方千米，并保持高速扩展。到2009~2010年出现一个明显的减速后，华东地区遥感监测城市扩展进入一个波动减速的扩展过程。

（5）华南地区

华南地区位于中国最南部，北与华中地区、华东地区相接，南面包括辽阔的南海

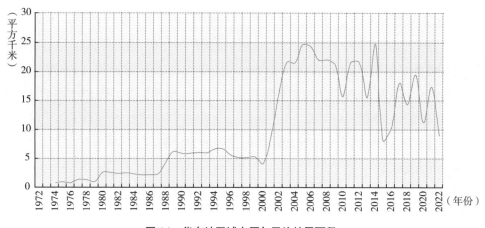

图 14　华东地区城市历年平均扩展面积

和南海诸岛，与菲律宾、马来西亚、印度尼西亚、文莱等国相望，行政区划上包括广西壮族自治区、广东省和海南省。

华南地区城市扩展遥感监测，共监测了7个城市，包括3个省会（首府）城市和4个其他城市。1973年至2022年，华南地区城市中心建成区面积由210.14平方千米扩展到3849.74平方千米，面积增加了17.32倍，是我国八大区域中城市面积扩展最为显著的地区。

华南地区城市扩展经历了4个差异明显的扩展时期（见图15）。20世纪70年代低速扩展，年均扩展1.04平方千米；20世纪80年代加速扩展，年均扩展3.50平方千米；20世纪90年代高速扩展，年均扩展10.65平方千米，成为该时期全国八大区域城市扩展速度最快的地区；21世纪以来仍保持年均11.87平方千米高速扩展，并伴有显著的波动特征，由"十二五"时期的年均扩展12.07平方千米增速至"十三五"时期的13.45平方千米。"十四五"初期的2021~2022年，华南地区城市扩展以年均3.38平方千米显著减速。

华南地区城市扩展过程中呈现阶段性的明显波动。20世纪70年代一直处于低速扩展时期，1973~1977年年均扩展速度只有0.51平方千米，1978~1979年以年均1.80平方千米的速度开始加速，并在20世纪80年代保持较平稳的速度扩展。第一次急剧加速扩展出现在1989~1991年，尤其是1990~1991年年均扩展速度达到13.30平方千米，并在20世纪90年代前6年保持这一较高速度扩展，在20世纪90年代后4年扩展速度有所降低，尤其是1996~1998年出现较为显著的减速扩展，年均扩展速度降为5.19平方千米，但20世纪90年代华南地区城市扩展仍可以达到年均10.65平方千米的较高速度。1998~2006年的8年间，华南地区城市出现第二次急剧加速扩展，从1996~1998年的年均5.19平方千米，急剧加速到1998~1999年的年均8.84平方千米、2002~2004年的年均15.73平方千米，2004~2006年更是加速到年均19.12平方千米。华南地区城市扩展在21世纪以来呈现显著的波动性，21世纪前6年持续增速扩展，2006年后扩展速度进入了震荡加速过程，2006~2007年年均扩展速度急减为8.46平方千米后持续保持震荡减速扩展，在2011~2012年减速触底后（年均3.07平方千米）又呈加速态势，并在2013~2014年以年均扩展24.55平方千米成为整个遥感监测时段速度最快时段，之后的2015~2022年又呈明显的波动加速扩展态势（年均扩展速度为12.44平方千米）。

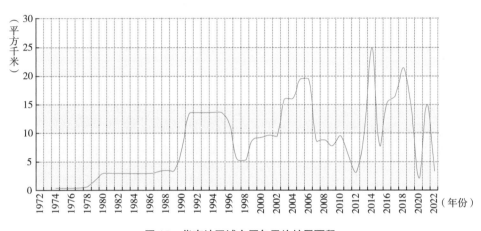

图15 华南地区城市历年平均扩展面积

（6）西北地区

西北地区，包括陕西、甘肃、宁夏、青海和新疆等5个省级行政区。遥感监测西北地区城市扩展，共包括了5个省会（首府）城市和6个其他城市。西北地区城市扩展相对平稳，从1973年的368.88平方千米扩展到2022年的2607.03平方千米，城市总面积扩大了6.07倍。

西北地区城市扩展过程具有其自身特点，时间特征明显，经历了20世纪70年代和20世纪80年代的低速扩展时期（年均扩展面积分别为0.34平方千米、0.62平方千米）；20世纪90年代起动加速扩展时期（年均扩展面积为2.29平方千米），并在20世纪90年代末加速明显；21世纪以来震荡式扩展， 2000~2006年显著增速扩展后，2006~2009年又呈显著减速扩展，2009~2010年以12.71平方千米的速度急剧增速扩展后保持这一高速态势至2013年，此后在2013~2014年又急剧减速至6.97平方千米，并持续至2020年。整个"十三五"时期，城市扩展速度缓慢平稳（见图16）。

西北地区深居内陆，属于我国经济欠发达地区，城市中心建成区扩展经历了较长的低速扩展期，直到20世纪90年代初的1990~1991年才出现较为明显的加速扩展，年均扩展速度从1989~1990年的0.98平方千米提高到1990~1991年的1.48平方千米，之后的6

年，西北地区城市扩展持续平缓加速。20世纪90年代后期开始出现了第二次显著加速扩展过程，1996~1997年年均扩展面积显著增加到3.54平方千米，扩展速度提高到了较高水平，并在21世纪进入震荡式较高速发展阶段，2004~2006年，扩展速度从之前的年均3.99平方千米加速到7.60平方千米、9.82平方千米，之后又显著减速，2006~2009年年均扩展面积只有4.42平方千米，2009~2013年震荡加速扩展，速度达到年均13.37平方千米，并在2012~2013年达到16.14平方千米，成为整个监测时段的最大值。之后，西北地区城市扩展出现急剧减速，并持续以较低的速度扩展至2020年。西部地区城市扩展在2020~2021年以年均14.63平方千米显著加速后，又呈减速扩展。

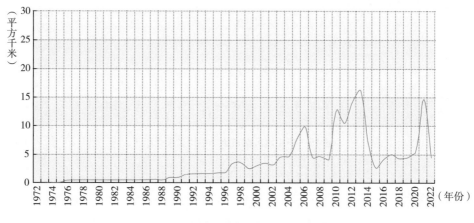

图16　西北地区城市历年平均扩展面积

（7）西南地区

西南地区，包括重庆、贵州、四川、云南和西藏等5个省级行政区。遥感监测西南地区城市扩展，共包括了1个直辖市、4个省会（首府）城市和3个其他城市。西南地区城市扩展显著，从1973年的259.13平方千米扩展到2022年的3354.44平方千米，面积扩大了11.95倍。

西南地区城市扩展的时间特征明显。20世纪70年代处于低速扩展时期，年均扩展速度为每年0.76平方千米；20世纪80年代，西南地区城市扩展总体也处于低速扩展阶段，这个时间段的扩展速度为1.19平方千米，在1986~1988年有一个短暂的加速扩展期，年均扩展速度提升到2.13平方千米，之后仍维持年均0.96平方千米的较低扩展速度；20世纪90年代，持续加速扩展特征明显，从1990~1991年的年均0.95平方千米加速到1995~1996年的4.92平方千米，并在此之后的90年代末保持年均大于4平方千米的速度扩展；21世纪是西南地区城市加速扩展时期并伴随显著的波动态势，21世纪以来达到年均扩展12.46平方千米的高速度，2008~2022年城市扩展速度波动变化显著，形成2008~2009年、2010~2011年、2012~2013年和2016~2017年城市扩展的四次高潮，年均扩展速度分别达到18.80平方千米、26.34平方千米、21.34平方千米和19.46平方千米（见图17）。

西南地区城市扩展的阶段性差异明显，经历了1973年至2008年的阶梯式平稳扩展，以及2008~2022年14年的剧烈波动式扩展。在1973年至2008年阶梯式平稳扩展时期，存在2个显著的加速拐点期，第一个加速拐点期出现在1992~1993年，年均扩展速度从之前的1.27平方千米增加到4.38平方千米，并保持到2000年均为较平稳的扩展；第二个加速拐点期出现在2000~2001年，年均扩展速度从之前的4.11平方千米显著增加到8.15平方千米，扩展速度提高了几乎一倍，并在此后的8年均保持这一较高速度扩展。2008~2022年14年间剧烈波动式扩展时期，经历了四次显著的高速扩展和三次明显的减速，在2010~2011年急剧加速扩展达到整个监测时期的最高值，2016~2020年的"十三五"时期也成为该地区城市扩展速度较快的阶段，年均扩展了14.68平方千米。"十四五"初期的2021~2022年，西南地区城市扩展持续呈年均14.81平方千米的高速扩展。

图17　西南地区城市历年平均扩展面积

（8）港澳台地区

港澳台地区是对我国香港特别行政区、澳门特别行政区和台湾的通称。港澳台地区面积不大，工矿资源很少，但地理位置优越，已经成为比较发达的区域。从20世纪60年代开始，香港和台湾重点发展劳动密集型加工产业，在短时间内实现了经济腾飞，一跃成为全亚洲最发达富裕的地区之一，成为"亚洲四小龙"的主要地区。

在城市扩展遥感监测中，港澳台地区的监测时段是从1972年至2022年，城市面积从234.48平方千米扩展到534.41平方千米，面积增大了1.28倍，是中国8个分区域城市扩展监测中扩展相对最少的区域。

港澳台地区的城市扩展有其显著的时间特征，总体呈减速扩展，显著区别于其他7个地区的城市扩展。20世纪70年代该地区的年均扩展速度为3.32平方千米，20世纪80年代的扩展速度减小为年均3.03平方千米，20世纪90年代的年均扩展速度继续减少至2.07平方千米，21世纪前10年年均扩展面积更是只有0.98平方千米，2010年以来的12年继续波动减速扩展（见图18），"十三五"时期的扩展速度只有0.62平方千米。港澳台地区的城市扩展，在2020~2021年以年均1.73平方千米略增速后，在"十四五"初期的2021~2022年又显著减速，年均扩展面积只有0.38平方千米。

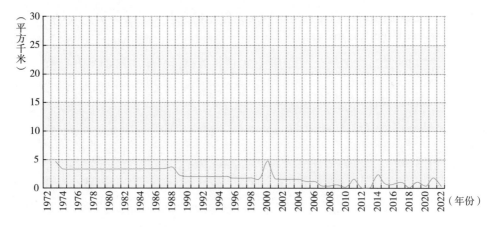

图18　港澳台地区城市历年平均扩展面积

港澳台地区城市扩展呈持续减速态势，但在局部也略有波动，1999~2000年以年均4.48平方千米的速度显著增速扩展，在2010~2011年也出现了一次逆势增速现象，从2009~2010年年均0.10平方千米的扩展速度增加至1.51平方千米。之后，在2013~2014年、2016~2017年、2018~2019年和2020~2021年也出现几次年均扩展速度大于1平方千米的增速。

（9）八大区域城市扩展特征

由于8个地区存在显著的自然地理差异，以及我国区域经济发展布局的部署和调整也存在阶段性和区域性，不同地区城市扩展的时空过程有明显差异。

20世纪70年代，中国大部分地区城市扩展处于低速扩展时期（见图19），只有港澳台地区和东北地区的城市扩展速度明显高于其他地区，尤其是港澳台地区城市扩展处于城市化后期，出现减速扩展特征；而东北地区城市扩展在1977~1980年还出现了显著增速扩展和减速扩展波动。以年均扩展速度排序，由快到慢依次为港澳台、东北、华北、华中、华东、华南、西南、西北。

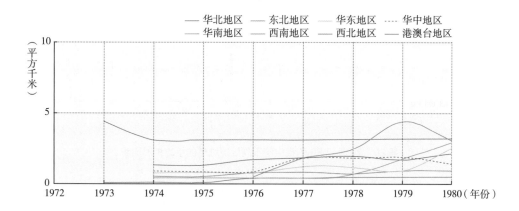

图 19　20 世纪 70 年代中国不同区域城市的平均扩展面积

20世纪70年代中后期，除了港澳台地区、西北地区和西南地区以外的中国其他地区城市扩展启动加速。从"四五"后期到"五五"初期，国家投资的地区重点逐步向东转移，大型成套设备项目在沿海地区落户等，受政策影响，东北地区、华南地区和华东地区城市扩展加速明显。

20世纪80年代，中国城市扩展均呈现匀速平稳扩展的特征，扩展速度均未出现较大的起伏。但区域之间还是差异明显，该时期的扩展速度由快到慢依次是华南、华东、港澳台、华北、东北、华中、西南、西北（见图20）。十一届三中全会后中国实行对外开放、对内搞活经济的重大方针政策，国民经济和社会发展"六五"计划、"七五"计划明确支持积极发展和加速发展东部沿海地带，华南地区城市扩展加速明显，扩展速度从20世纪70年代八大区的第6位跃居到80年代的第一位。华东地区城市扩展速度也超越了港澳台地区跃居第二位，西北地区和西南地区城市扩展速度仍排在最后两位。

20世纪90年代，中国城市扩展出现更大的区域差异，呈现5个不同阶梯，华南地区急剧加速扩展，华东地区和华北地区高速平稳扩展，华中地区和西南地区1992~1993年较为滞后地加速扩展，西北地区和东北地区平稳加速扩展，港澳台地区从20世纪80年代末开始减速扩展。该时期的扩展速度由快到慢依次是华南、华东、华北、华中、西南、东北、西北、港澳台。这一时期的另一显著特征是，华南地区城市保持较高速度扩展一段时间后，在20世纪90年代后期减速，达到全国城市扩展速度的平均水平（见图21）。该时期，大部分地区城市扩展加速显著，以华南和华东地区城市扩展急剧加速最为明显。总体呈减速扩展的港澳台地区城市也在这个时段出现了短暂的明显加速。

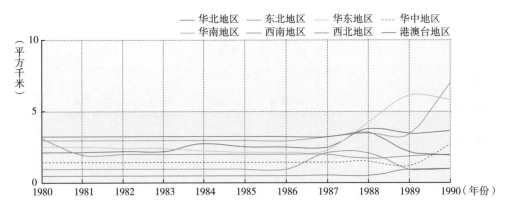

图20 20世纪80年代中国不同区域城市的平均扩展面积

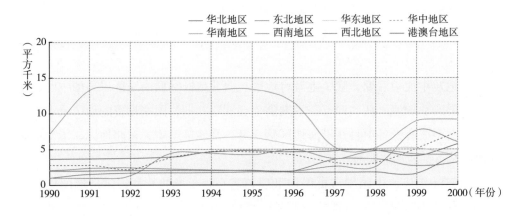

图21 20世纪90年代中国不同区域城市的平均扩展面积

　　21世纪前10年，中国城市保持高速扩展，但有显著波动。该时期城市年均扩展速度由快到慢依次为华东、华中、华南、东北、西南、华北、西北、港澳台地区。其中，华东地区城市扩展速度最快，在20世纪末至21世纪初，扩展速度从1999~2000年的年均4.04平方千米急剧加速到2000~2001年的8.47平方千米，并持续加速，在2004~2005年年均扩展速度达到24.66平方千米，相比20世纪90年代末，扩展速度增加了5倍多，成为该时段全国城市扩展最快的地区，在保持了较长时间的高速平稳扩展后的2009~2010年开始略有减速。这10年中，中国城市扩展的显著波动性特征体现在，除港澳台地区持续低速扩展外，其他7个地区的城市扩展速度均呈现多个波峰和波谷的全面高速扩展。其中，华北地区和华中地区城市扩展加速的第一个波峰出现在2003年，第二个波峰出现在2010年；华南地区城市扩展加速的第一个波峰出现在2005~2006年，第二个波峰出现在2010年；东北地区城市扩展加速出现3个波峰，分别在2001年、

2005~2006年和2010年；西北地区城市扩展速度在这一时期仍然低于全国平均水平，但也在该时期出现了两次波峰，分别是2006年和2010年；西南地区城市扩展与其他7个地区不同，在这一时期呈较平稳的加速扩展状态，只在2009年出现一个显著波峰；港澳台地区城市扩展在这一阶段呈持续减速扩展特征（见图22）。

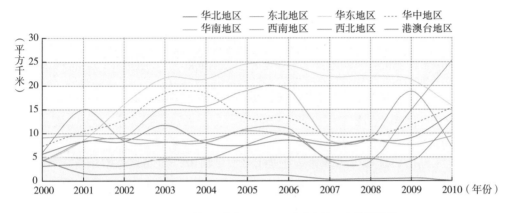

图22　21世纪前10年中国不同区域城市的平均扩展面积

2010~2022年，中国八大地区城市扩展特征迥异，呈现4种扩展风格（见图23）。①华中和华东地区均出现4个波峰式波动增速，在这12年年均城市扩展速度达到全国8个分区前两位，年均扩展速度分别达15.90平方千米和15.89平方千米；②西南地区该时段城市扩展速度跃升至全国八大区域的第三位，并在2010~2011年以年均26.34平方千米的速度成为全国城市扩展速度最快的地区，也是2018~2022年全国城市扩展唯一呈平稳增速扩展的地区；③2014~2015年和2019~2020年两个时段，全国八大区域城市扩展同时处于波谷时期；④港澳台地区城市先短暂增速后减速扩展，并在2011~2013年间呈现零扩展面积。比较该时期各地区城市年均扩展速度，由快到慢依次为华中、华东、西南、华南、东北、华北、西北、港澳台地区。

1.4.2.2　不同地区城市的扩展

根据西部大开发、振兴东北老工业基地和中部崛起等国家发展战略，以及《中共中央、国务院关于促进中部地区崛起的若干意见》《国务院发布关于西部大开发若干政策措施的实施意见》和党的十六大报告精神，国家于2011年6月13日又将我国的经济区域划分为"东部、中部、西部和东北"四大地区。依据以上政策驱动导向，为更好地分析城市发展与政策的契合度以及尽早发现城市扩展过程中的相关问题，将遥感监测的中国75个城市划分为4种类型，分别为东部城市、中部城市、西部城市和东北城市，其中东北城市如前所述。

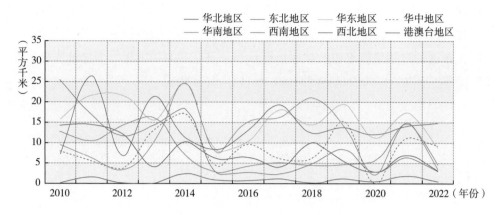

图23　2010~2022年中国不同区域城市平均扩展面积

（1）东部地区城市的扩展

东部地区包括北京市、天津市、上海市3个直辖市，河北省、山东省、江苏省、浙江省、福建省、广东省、海南省和台湾8个省份，以及香港和澳门两个特别行政区，涉及遥感监测的城市总计32个，分别为：北京市、天津市、上海市、石家庄市、廊坊市、保定市、沧州市、承德市、邯郸市、衡水市、邢台市、张家口市、唐山市、秦皇岛市、济南市、青岛市、枣庄市、南京市、无锡市、徐州市、杭州市、宁波市、福州市、厦门市、泉州市、广州市、深圳市、珠海市、海口市、台北市、香港和澳门，其中有11个为沿海开放和经济特区城市。鉴于台北市、香港和澳门与大陆城市分别处于不同的城市化阶段，扩展速度比较缓慢，为客观反映改革开放以来中国城市建成区的扩展速度变化，在计算东部地区城市建成区历年平均扩展速度时，未引入台北市、香港和澳门的城市建成区扩展数据（见图24）。

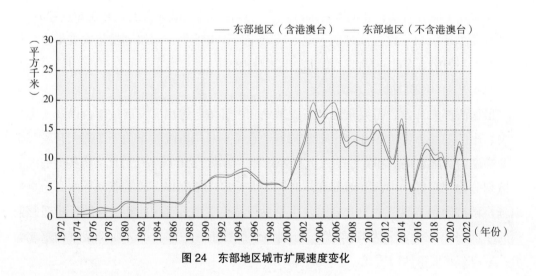

图24　东部地区城市扩展速度变化

东部地区1973~2022年城市建成区面积总计扩展了11590.57平方千米，年均扩展399.67平方千米，扩展总面积占同期全国75个监测城市建成区扩展总面积的48.68%。东部地区城市建成区平均扩展速度明显划分为6个阶段：改革开放前为第一个阶段，建成区扩展速度缓慢；20世纪80年代前期为第二个阶段，建成区低速扩展；20世纪80年代末至2000年为第三个阶段，建成区高速扩展，该时段持续时间最长；21世纪前6年为第四个阶段，建成区剧烈扩展；2006~2014年为第5个阶段，建成区扩展速度回落，但仍然保持了高速震荡态势，是东部地区建成区次剧烈扩展阶段；2014~2022年为第六个阶段，其间建成区扩展速度连续反弹和回落，并且反弹的峰值和回落后的低谷均比较接近，峰值与2006~2010年扩展速度接近，低谷与1999~2000年扩展速度接近。

改革开放前东部地区城市建成区扩展速度也相对缓慢，平均年扩展面积由1973~1974年的0.87平方千米演变至1978~1979年的1.47平方千米，总体表现为上升趋势。

20世纪80年代前期东部地区城市建成区扩展速度相对后期低速平稳，1979~1980年平均扩展2.73平方千米，1986~1987年平均扩展2.81平方千米，变化不大。该时期与"六五"计划在时间上吻合，国家提出要积极利用沿海地区的经济技术区位优势，充分发挥它们的特长，带动内地经济进一步发展，并开始采取一系列向沿海地区倾斜的政策。

20世纪80年代末至2000年，东部地区城市建成区高速扩展。1987~1988年平均扩展4.74平方千米；1994~1995年的扩展速度为该时段最高值，平均年扩展8.52平方千米。受1997年亚洲金融危机影响，东部地区城市建成区扩展速度在1997~2000年形成一个低谷期，其间平均年扩展面积6.00平方千米。

2000年以后，东部地区城市建成区扩展剧烈，特别是2000~2003年扩展速度直线上升，平均年扩展面积由1999~2000年的5.65平方千米上升至2002~2003年的19.65平方千米，增加了2.48倍，2002~2003年是东部地区城市建成区扩展速度的历史最高值。东部地区城市建成区剧烈扩展阶段止于2008年全球经济危机，经济危机对城市扩展速度影响在2006~2007年已初露端倪，2006~2007年东部地区城市建成区平均扩展13.48平方千米，较2005~2006年下降了29.82%。

2008~2014年东部地区城市建成区扩展维持高速震荡态势，2007~2008年平均扩展14.18平方千米，至2013~2014年变化为17.04平方千米，其间经历了2012~2013年的低谷期，平均年扩展10.30平方千米。2014年以后，东部地区建成区扩展速度总体下降并且波动较大，2014~2015年平均扩展5.43平方千米，为2000年以来东部地区城市建成区扩展速度的最低值，2015年后扩展速度又有所恢复，2016~2017年平均扩展12.85平方千米，是2014~2015年扩展速度的2.37倍。2017年后扩展速度再次回落，2019~2020年平均扩展6.08平方千米，为"十三五"期间最低。2020~2022年东部地区城市建成区扩展速

度再次经历了一个快速反弹和回落的波动阶段，其间2020~2021年平均扩展13.19平方千米，2021~2022年平均扩展5.50平方千米。

遥感监测的14个沿海开放和经济特区城市有11个分布在东部地区，因此东部城市与沿海开放和经济特区城市建成区扩展速度的变化规律基本相似，先后经历了20世纪70年代的起步缓慢期，20世纪80年代的低速发展期，20世纪90年代的高速发展期和21世纪初期的剧烈发展期，在时间上完整包含"六五""七五""八五""九五""十五"等五年计/规划。虽然受2008年经济危机影响，沿海开放和经济特区城市建成区"十一五"时期的扩展速度略高于"十五"时期，而东部地区城市建成区"十一五"时期的扩展速度略低于"十五"时期，说明2008年后的经济刺激计划对沿海开放和经济特区城市影响相对较大。"十二五"期间沿海开放和经济特区城市、东部地区城市建成区的扩展速度虽有所回落，但仍处于较快扩展阶段。沿海开放和经济特区城市、东部地区城市建成区扩展速度自"十三五"期间开始进入快速衰减阶段，并且"十三五"以来扩展速度变化步调完全一致。

（2）中部地区城市的扩展

中部崛起战略是2004年3月5日首先由时任国务院总理温家宝提出的，对于推动中部城市发展意义深远，是指促进中国中部经济区——河南、湖北、湖南、江西、安徽和山西6省共同崛起的一项中央政策。所谓的中部实际上包括华中地区3省、华东地区2省以及华北地区1省。中部崛起战略首次施行于"十一五"期间，这期间的发展重点为依托现有基础，提升产业层次，推进工业化和城镇化，在发挥承"东"启"西"和产业发展优势中崛起。中部崛起战略的目标为：争取到2015年，中部地区实现经济发展水平显著提高、发展活力进一步增强、可持续发展能力明显提升、和谐社会建设取得新进展。"十三五"期间，中部地区城市扩展呈现先逐渐提高后急剧下降趋势，整体扩展速度相比"十二五"期间有所下降。在2019~2020年的新冠疫情期间，中部城市扩展速度出现大幅回落。随着复工复产的稳步推进，在2020~2022年，扩展速度又逐渐回升至"十三五"期间平均水平。

遥感监测的中部城市包括太原、大同、合肥、蚌埠、南昌、郑州、武汉、长沙、衡阳、湘潭和宜昌共11个城市，其中6个省会城市和5个其他城市。

1974~2022年的近50年来，中部地区城市扩展总面积共4041.37平方千米，年均扩展总面积为82.48平方千米。自20世纪70年代至1998年，中部地区城市扩展一直处于相对缓慢阶段，1999年以来中部地区的城市扩展经历了两次明显的加速，逐渐以高速平稳态势发展（见图25）。中部地区城市年均扩展面积峰值出现在2013~2014年，是扩展最慢年份的30.66倍，扩展规模的急剧增速由此可见一斑。

自2004年国家提出中部崛起战略以来，至2022年中部城市扩展面积明显增加，城

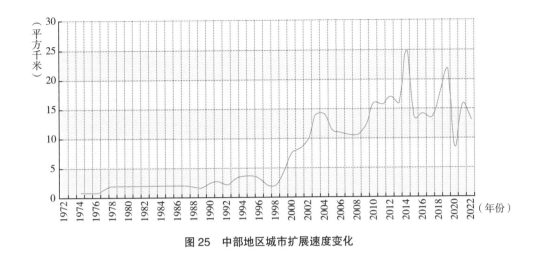

图25　中部地区城市扩展速度变化

市规模明显扩大。该时段中部城市实际扩展面积3009.37平方千米，短短19年时间的扩展面积占监测期间实际扩展面积的2/3以上，年均扩展面积相比之前增加了3.60倍，相比监测期间平均速度增加了0.92倍。

中部城市扩展的主要特点表现出显著的时间差异，1974~1998年，城市扩展一直缓慢进行，20世纪90年代末开始明显加速，并于2004年前后达到一个阶段扩展高峰，随后一直保持快速平稳扩展，2009年以后又出现加速趋势，增速明显，且在2014年达到监测以来的最高峰，年均扩展面积达24.66平方千米，是整个监测时段的3.27倍。在中部城市的扩展中，国家从"十一五"时期开始实施的中部崛起战略有明显的促进作用，城市扩展速度不断出现新的峰值。但是"十三五"期间呈现"倒V型"变化趋势，2018年扩展速度达到峰值后开始下降，2019~2020年平均扩展速度大幅回落，降至2004年以来的最低点以下，"十四五"初期速度又逐步回升至"十三五"期间平均水平。

（3）西部地区城市的扩展

西部地区主要城市包括重庆、成都、南充、丽江、昆明、丽江、贵阳、南宁、防城港、北海、西安、延安、兰州、武威、西宁、银川、中卫、拉萨、日喀则、乌鲁木齐、克拉玛依、喀什、霍尔果斯、呼和浩特、包头、赤峰等26个城市。其中，包括1个直辖市、11个省会城市和13个其他城市。

西部城市扩展遥感监测时间，始于1972年，终于2022年，历时50年，实际扩展总面积达到6041.82平方千米。总体呈现2000年前平稳低增速扩展、之后显著波动增速扩展特点（见图26）。这与我国的区域经济政策有很大关系，1978年前我国实行向西推进的平衡发展策略，"四五计划"时期（1971~1975年）全国逐步建立不同水平、各有特点、各自为战、大力协作的工业体系和国民经济体系；从"四五计划"后期到

"五五计划"（1976~1980年）初期，国家投资的地区重点开始逐步向东转移，进入向东倾斜的不平衡发展阶段，西部地区城市扩展速度缓慢。直到1999年我国开始提出实施西部大开发战略以及2015年我国推动"一带一路"建设，西部地区城市扩展进入快速扩张时期。

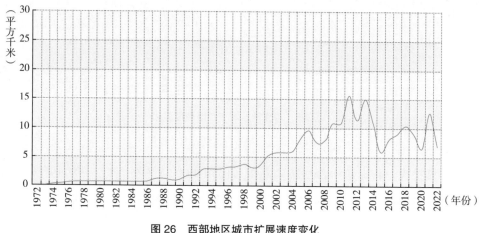

图26　西部地区城市扩展速度变化

西部地区城市在20世纪70年代和80年代扩展速度缓慢，年均扩展面积只有0.53平方千米和0.94平方千米，均不足1平方千米。在20世纪80年代末略有增速，年均扩展面积达到1.17平方千米，尤其在1986~1987年出现明显增速的拐点。这主要是因为，20世纪70年代末和80年代初开始实行国家扶贫开发政策，从1979年起国家确立了部分经济发达省市对口支援少数民族地区，在一定程度上促进了西部地区城市的发展，1978~1981年有一个较小的增速扩展势头，但之后并没有突出的扩展表现。

20世纪90年代，西部地区城市扩展速度上了一个新台阶，年均扩展面积提高近2倍，达到2.97平方千米，主要源于这期间我国出台了一些促进西部地区发展的利好政策支持。例如，在1991~1998年国家开始关注中西部区域协调发展，在"八五计划"中明确提出了促进地区经济合理分工、优势互补、协调发展的前进方向，并从"九五计划"开始逐步加大工作力度，积极朝着缩小差距的方向努力。1992年邓小平同志"南方谈话"以来，国家在进一步巩固沿海地区对外开放成果的基础上，逐步加快了中西部地区对外开放步伐，在中西部地区增设了一批国家级经济技术开发区，扩大内地省、自治区和计划单列市吸收外商直接投资项目的审批权限，鼓励东部地区外商投资企业到中西部地区再投资。1988年，国务院给予了新疆维吾尔自治区扩大对外开放方面的一系列优惠政策，1991年确定新疆维吾尔自治区边境贸易的方针和优惠政策等。

21世纪前10年和2010~2022年是西部城市高速扩展时期，年均扩展面积分别达到7.78平方千米和10.13平方千米，并伴随较为明显的波动特征，出现了4个波峰，第一个波峰出现在2004~2006年，西部地区城市扩展达到9.60平方千米的较高扩展速度，而后明显减速至2006~2007年的7.43平方千米；第二个波峰出现在2010~2011年，扩展速度达到15.58平方千米，成为西部地区城市整个监测时段扩展速度的最大值；第三个波峰出现在2012~2013年，年均扩展速度为14.98平方千米；第四个波峰出现在2020~2021年，年均扩展速度为12.59平方千米，之后又显著减速。这期间，西部地区城市扩展显著增速直接受益于1999年国家提出的实施西部大开发战略和2015年以来推动的"一带一路"建设。

1.4.2.3 沿海与内陆城市扩展比较

受地域差异、社会经济发展阶段及国家改革开放、优化国土空间布局等因素影响，我国沿海城市和内陆城市扩展特征虽存在共性，但更具有各自的特点。本报告选择北自大连、南至海口共计20个沿海城市，全国各地内陆城市共计55个为代表，对比分析近50年来我国沿海、内陆城市扩展特征与异同。

开展监测的沿海城市包括上海、天津、唐山、秦皇岛、沧州、大连、宁波、福州、厦门、泉州、青岛、广州、深圳、珠海、北海、防城港、海口、台北、香港和澳门。监测的内陆城市包括北京、重庆、石家庄、邯郸、邢台、保定、张家口、承德、廊坊、衡水、太原、大同、呼和浩特、包头、赤峰、沈阳、阜新、长春、吉林、哈尔滨、齐齐哈尔、南京、徐州、杭州、无锡、合肥、蚌埠、南昌、济南、枣庄、郑州、武汉、长沙、衡阳、湘潭、南宁、成都、南充、宜昌、贵阳、昆明、丽江、拉萨、日喀则、西安、延安、兰州、武威、西宁、银川、中卫、乌鲁木齐、克拉玛依、喀什和霍尔果斯。

20世纪70年代，20个沿海城市建成区面积共计952.38平方千米，平均单个城市的面积为47.62平方千米。55个内陆城市建成区面积共计2653.88平方千米，平均单个城市的面积为48.25平方千米。当时沿海和内陆城市规模相似且普遍较小，相比之下，内陆城市规模略大于沿海城市。2022年，20个沿海城市建成区面积共计10930.94平方千米，平均单个城市的面积为546.55平方千米。55个内陆城市建成区面积共计21342.57平方千米，平均单个城市的面积为388.05平方千米。沿海城市平均规模超过了内陆城市，前者是后者的1.41倍。沿海城市相比监测初期扩大了10.48倍，内陆城市相比监测初期扩大了7.04倍。沿海城市历年实际平均扩展面积是内陆城市的1.24倍。以上对比均表明，我国沿海城市的扩展幅度要远高于内陆城市，沿海城市在我国城镇化进程中发挥了主力军作用。沿海和内陆城市扩展过程均表现为用地规模的不断增大，同时，不同时期的扩展过程表现出明显的速率区别（见图27）。

图 27 20 世纪 70 年代至 2022 年沿海、内陆城市平均历年扩展面积对比

20世纪70年代，沿海与内陆城市扩展均不明显，大部分城市的建成区持续保持了多年相对稳定的缓慢发展状态。特别是1978年及以前，20个沿海城市实际扩展面积共计93.45平方千米，城市平均年增加面积1.16平方千米；55个内陆城市实际扩展面积共计188.58平方千米，城市平均年增加面积1.08平方千米，沿海城市与内陆城市基本相似，城市规模变化均很缓慢。自1978年实施改革开放以后，沿海城市扩展速度明显加快，1979年沿海城市平均扩展速度大幅度上升，比此前上升了87.93%；内陆城市则继续保持了前期的缓慢变化态势。实施于20世纪70年代末期的改革开放政策，首先为沿海城市发展提供了便利的政策支持，开始逐渐拉开了沿海和内陆城市发展的差距。

20世纪80年代，沿海城市持续了改革开放初期开始的快速发展趋势，平均年扩展面积3.50平方千米。内陆城市仍处于缓慢发展态势，平均年扩展面积1.66平方千米，不足沿海城市的一半。直至20世纪80年代末最后两年，内陆城市扩展速度有所加快，城市平均年扩展面积达到了2.36平方千米，接近沿海城市在改革开放初期的年均扩展速度。从时间看，内陆城市开始快速扩展比沿海城市约晚十年。

20世纪90年代，沿海城市继续加速扩展，城市平均年扩展面积6.89平方千米，比前一时期增加了近一倍。内陆城市虽然年均扩展面积仍低于沿海城市，但就其自身发展而言，平均年扩展面积也有所增加，增加至3.54平方千米，相比内陆城市此前十年的扩展速度增大了1.13倍。在20世纪90年代末期，沿海城市与内陆城市扩展速度均有小幅下降。虽然沿海城市与内陆城市的扩展规模不尽相同，但就扩展速度在时间上的变化趋势而言，二者表现出同步性，既体现了我国城市发展局部的区域差异，也反映了城市扩展受全国社会、经济和政策整体大环境的重要影响。

进入21世纪之后，我国城市进入全面快速发展时期。21世纪前十年，沿海城市扩展速度达到顶峰，沿海城市平均年扩展面积13.11平方千米。在此期间，城市平均年扩展面积持续上升，至2005年前后平均年扩展面积达到16.57平方千米，相当于一个普通中小城市的规模。2006年以后，沿海城市扩展速度开始波动下降。同期，内陆城市经历了与沿海城市时间完全同步的城市扩展速度升降变化过程，区别是内陆城市年均扩展速度为9.53平方千米，依然低于沿海城市。

2010年后，沿海城市和内陆城市建成区扩展速度波动均较大。2010~2014年，内陆城市扩展速度继续波动上升，迎来了内陆城市扩展的顶峰期，平均年扩展面积14.49平方千米，比此前时期继续上升了52.05%。对比发现，2010年可视为沿海与内陆城市扩展过程的转折年。一方面，2010年后沿海城市扩展速度下降，而内陆城市扩展速度上升，二者开始出现了扩展趋势上的逆向发展；另一方面，2010年后，内陆城市的年均扩展面积在监测期内首次超过了沿海城市，说明我国城市扩展的空间重心逐步由沿海城市向内陆城市转移。以上变化特点体现了我国宏观性区域发展策略在不同社会经济发展阶段发挥的作用。

2014年以后直至2022年，沿海城市与内陆城市建成区的扩展速度较之前有所放缓，两种区位城市的扩展速度波动情况基本相似，但内陆城市建成区扩展速度减缓趋势更明显，其间扩展速度的反弹高度不及沿海城市。

整体而言，沿海城市历年平均扩展面积是内陆城市的1.24倍，城市的扩展幅度远高于内陆城市，沿海城市在我国城镇化进程中发挥了主力军作用。相比之下，沿海城市在20世纪70年代末实施改革开放后，率先开始了较快扩展，内陆城市开始快速扩展时间比沿海城市晚约十年。"六五"期间，沿海和内陆城市年均扩展面积都处于较低水平，直至"七五"期间开始缓慢上升；在"八五"期间沿海城市发展迅速，城市扩展面积逐年上升，到"九五"期间有所回落。与此形成对比的是，在"八五"和"九五"期间，内陆城市扩展相对缓慢，但扩展面积整体处于不断上升趋势。"十五"期间我国城市扩展水平达到巅峰，城镇发展迎来黄金期；"十一五"和"十二五"期间，城镇扩展速度剧烈且波动较大。"十三五"期间及"十四五"初期两年，我国城市扩展水平是2000年以来相对较低的阶段，城镇化步伐开始放缓，进入深度调整期。

沿海城市和内陆城市共同经历了始于"八五"直至"十一五"期间的快速扩展期，也同样经历了1998年前后、2008年前后、2015年前后、2020年前后四个城市扩展减速期，扩展速度在时间上的变化趋势具有良好的同步性，既体现了我国城市发展局部的区域差异，也反映了城市扩展受全国社会、经济、政策大环境整体的重要影响。2010年后，内陆城市达到城市扩展的顶峰期，年均扩展面积在监测期内首次超过了沿海城市。内陆城市在"十五"至"十二五"期间得以良好发展，体现了我国宏观区域发展策略在不同社会经济发展阶段发挥的作用。

1.4.3 城市扩展过程的基本模式

自20世纪70年代以来，中国城市扩展经历三个重要时期，20世纪80年代末至90年代中国城市扩展逐渐步入起步期，21世纪前10年中国城市进入持续扩展期，2010~2022年这一时期中国城市扩展呈现波动式变化。受自然地理环境、政府政策和社会经济发展水平等各种因素差异影响，中国城市的扩展速度具有明显的时空差异。根据城市扩展起步阶段不同，以2000年为分界，将监测的75个城市划分为早期起步、晚期起步和不明显变化3个系列。受城市规模和发展阶段的影响，早期起步城市年均扩展速度是全国75个主要城市年均扩展速度的1.56倍，而晚期起步城市年均扩展速度则比全国75个主要城市的年均扩展速度低48.47%。在早期起步和晚期起步两个系列内部，根据城市扩展速度变化特点，城市扩展过程又被划分为5种模式（见表6）。早期起步的城市，可以根据扩展顶峰期的不同划分为3种模式：以北京和上海为代表的城市在2010年前后达到扩展顶峰，在监测末期开始减速，为2010年前扩展顶峰—末期减速模式；以天津和广州为代表的城市在2010年之后才达到扩展顶峰期，在监测末期开始减速，为2010年后扩展顶峰—末期减速模式；以杭州和长沙为代表的城市则呈阶梯状上升趋势，为梯级加速模式。晚期起步的城市在2010~2015年的"十二五"时期经历了扩展速度的一个高峰期，但在2016~2020年，即"十三五"期间，以长春和沈阳为代表的一部分城市表现出减速趋势，这一减速趋势在"十四五"初期得以保持，而以石家庄和合肥为代表的一部分城市则仍处于梯级加速阶段；据此，晚期起步城市划分为末期减速和梯级加速两种模式。此外，香港、澳门和台北由于早于大陆经历了城市化进程，在监测期间城市规模基本稳定，单独划分为无明显变化系列。

表6　20世纪70年代以来中国城市扩展过程模式

起步时期	扩展变化趋势	包含城市	城市个数（个）
早期起步（2000年之前）	2010年前扩展顶峰—末期减速	北京、上海、大连、南京、无锡、宁波、厦门、济南、青岛和深圳	10
	2010年后扩展顶峰—末期减速	天津、重庆、保定、衡水、武汉、太原、福州、郑州、广州、成都和昆明	11
	梯级加速	杭州、秦皇岛、邯郸、廊坊、长沙、哈尔滨、珠海、泉州、南宁、西安、海口和乌鲁木齐	12
晚期起步（2000年之后）	梯级加速	石家庄、邢台、沧州、赤峰、合肥、枣庄、宜昌、南充、日喀则、兰州、武威、中卫、唐山、湘潭和克拉玛依	15
	末期减速	张家口、承德、呼和浩特、包头、沈阳、阜新、长春、吉林、齐齐哈尔、徐州、蚌埠、南昌、大同、衡阳、北海、防城港、贵阳、丽江、拉萨、延安、西宁、银川、喀什和霍尔果斯	24
无明显变化		澳门、台北和香港	3

在中国城市扩展中，早期起步的城市共计33个，占监测城市总数的44.00%，晚期起步的城市39个，占监测城市总数的52%。在5种基本过程模式中，以晚期起步末期减

速模式的城市数量最多，占监测城市总数的32%；其次是晚期起步的梯级加速模式，占监测城市总数的20%；无明显变化系列的城市数量最少（见图28）。

早期起步的城市在20世纪90年代经历了一个平稳扩展期。其中，2010年前扩展顶峰—末期减速模式的城市，在2000~2010年进入城市高速扩展期，尤其在2003年达到扩展顶峰，城市年均扩展面积达45.87平方千米；这一高速扩展期后，城市扩展速度开始呈现波动下降趋势；在"十三五"期间，城市年均扩展面积降至8.86平方千米，比这一模式的年均扩展面积低约11.95%，与"十三五"时期相比，这一模式的城市扩展速度在"十四五"初期有小幅回升，尤其是2021年，城市年均扩展面积达到16.58平方千米；属于该过程模式的10个城市中，北京、上海、南京、无锡、宁波、深圳、济南和大连等城市的城市化进程基本稳定，开始进入成熟稳定期；青岛则属于在近年刚刚出现稳定端倪的城市，厦门仍然处于波动增长状态。

2010年后扩展顶峰—末期减速这一过程模式的城市，在2000~2010年这一时期进入城市的快速扩张期，2010年后达到了城市扩展速度顶峰，2014年的年均城市扩展面积达到28.26平方千米；"十三五"期间，城市扩展速度呈现波动下降趋势，而在"十四五"初期，这一模式的城市扩展速度呈现明显的回升；属于该过程模式的城市表现复杂，有发展强势的城市如天津、广州、昆明、成都、郑州、重庆和武汉等，这些城市的年均扩展面积比该模式的年均扩展面积高36.12%，其中天津、昆明和郑州的扩展在"十三五"以及"十四五"初期趋于平稳；福州和太原在"十二五"期间扩展明显，在"十三五"期间和"十四五"初期发展趋于平稳.；衡水则属于早期起步发展平稳城市，保定的年均城市扩展面积在2010年以来呈明显的波动变化，且在"十四五"初期的2022年达到新的峰值，城市发展仍处于扩张趋势。

处于早期起步梯级加速模式的城市自2000年以来分别在2005年、2010年、2014年、2018年和2021年出现扩展波峰，且扩张波峰呈阶梯状增加，在2021年的年均城市扩展峰值面积最大，达22.13平方千米。西安、秦皇岛和泉州等原本处于2010年后扩展顶峰—末期减速模式的城市在2021年出现城市扩张的新峰值，使得城市扩展曲线呈现梯级加速态势，因此，早期起步梯级加速模式的城市数量增多。除了新增城市，早期起步梯级加速模式城市还包括省会（首府）城市杭州、长沙、南宁、海口、哈尔滨、乌鲁木齐以及其他城市邯郸、珠海和廊坊等，共12个城市。

城市扩展中，晚期起步城市的建成区规模在20世纪80~90年代始终保持平稳，在2000年后扩展速度才开始逐渐上升，但是，晚期起步城市的年均扩展面积始终低于全国城市平均水平。其中，晚期起步梯级加速模式的城市扩展速度在2018年达到峰值，年均城市扩展面积为11.35平方千米；且在2018~2020年这一模式的城市扩展速度与全国城市平均扩展速度持平，但在"十四五"初期，这一模式的城市平均扩展速度下降，

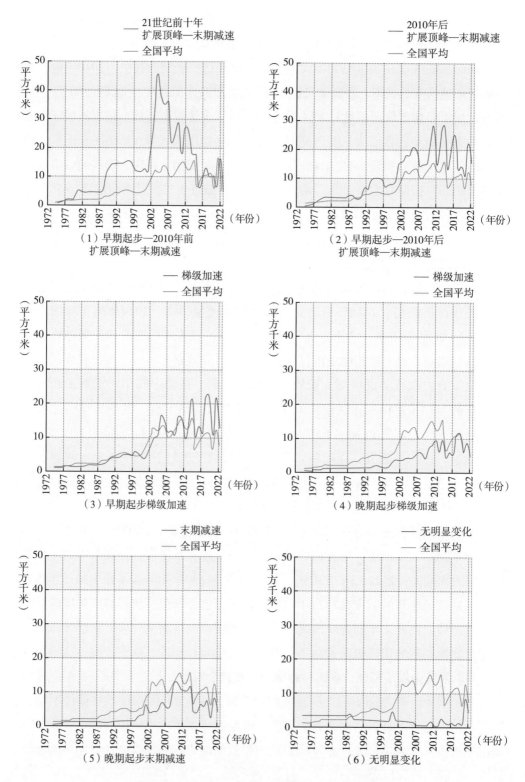

图28 20世纪70年代以来中国城市扩展过程模式

继续低于全国城市平均扩展速度。属于该模式的城市有15个，包括省会城市合肥、石家庄和兰州，以及邢台、沧州、唐山、赤峰、枣庄、宜昌、南充、湘潭、日喀则、中卫、武威和克拉玛依等12个其他城市。

处于晚期起步末期减速模式的城市，继2010年达到城市扩展速度的最高峰值12.77平方千米以后，在"十二五""十三五"期间呈现波动式减慢，并且2020年的城市扩展速度是2000年以来的最低值，但在"十四五"初期，这一模式的城市扩展速度出现小幅度回升；属于该模式的城市最多，共计24个，包括华东地区和华北地区的省会（首府）城市南昌和呼和浩特、东北地区的省会城市沈阳和长春，以及西部地区的省会（首府）城市贵阳、银川、西宁和拉萨等，以及16个其他类型的大中小城市，包括张家口、承德、包头、大同、阜新、吉林、齐齐哈尔、徐州、蚌埠、衡阳、北海、防城港、丽江、延安、喀什和霍尔果斯，这些城市均发挥着重要的区域性作用。

无明显变化的城市主要有澳门、香港和台北，该类城市早在20世纪70、80年代及其之前，已经开始并完成了快速城市化进程，监测初期已经处于高度城市化水平，监测期间建成区规模基本保持稳定，表现为缓慢扩展，但是在"十四五"初期的2021年，出现一个扩展顶峰，是该模式历年城市平均扩展面积的3.94倍。

整体而言，我国城市扩展早期起步城市数量略少于晚期起步城市。早期起步城市绝大多数在2000~2010年以及2010年之后经历了扩展顶峰期，基本完成了快速城市化进程，以北京、上海、天津、南京、深圳等超大型、特大型城市为典型代表；早期起步的城市在经历了"十二五"和"十三五"相对缓慢的发展期后，在"十四五"初期城市扩展速度又有小幅回升。晚期起步的城市，相比早期起步城市发展过程晚10年左右，该模式城市在2010年之后陆续步入快速扩展的顶峰期。"十四五"初期，早期起步和晚期起步的部分城市达到了不同规模的扩展顶峰，这一变化使得梯级加速模式的城市数量增加，占城市监测总数的36.00%，以中小城市为主；无明显变化模式的城市也在"十四五"初期达到一个扩展顶峰。

1.4.4　不同类型城市的扩展

城市经济具有典型的规模收益递增和聚集经济的特点，大城市有比中小城市更多的就业机会、更高的公共服务水平和更完善的投资与创新环境，因而往往成为人口迁移和流动的优先选择。城市规模或级别不同，吸纳劳动力和资金等社会资源的能力存在差异，由人口和经济支撑的城市建成区在空间上的扩展速度也因城市规模或级别不同而存在差异。直辖市、省会（首府）城市、计划单列市和其他城市等4种不同类型城市的中心建成区在20世纪70年代初至2022年的年均扩展面积随时间的变化显著不同，人均城市用地面积的变化也存在明显差异。此外，考虑到经济特区和沿海开放城市的

特殊性，对其也进行了专门分析。

1.4.4.1 直辖市建成区扩展特征

中国共有四个直辖市，分别是北京市、上海市、天津市和重庆市。直辖市城市是中国所有城市的重中之重，其发展过程必然代表中国城市化进程和经济发展最绚丽精彩的一面。20世纪70年代初4个直辖市城市建成区面积合计542.27平方千米，至2022年增长为5145.81平方千米，实际扩展面积3759.81平方千米，是监测初期建成区面积的6.93倍，占同期遥感监测的75个城市建成区实际扩展总面积的15.79%。20世纪70年代初至2022年，上海市建成区扩展面积最多，为1450.12平方千米，是20世纪70年代初建成区面积的9.99倍；其次为北京市，扩展面积为1245.23平方千米，增加了7.69倍；天津市和重庆市建成区扩展面积相对较少，分别为572.53平方千米、491.93平方千米，增加了4.54倍和5.63倍。北京市和上海市建成区扩展面积合计占直辖市城市建成区扩展面积的七成以上，为同期全国75个城市建成区实际扩展总面积的11.32%。

直辖市城市建成区扩展速度明显划分为4个阶段，第一阶段为20世纪70年代初至20世纪80年代中后期，这一阶段直辖市城市建成区低速平稳扩展；第二阶段为20世纪80年代末至2000年，直辖市城市建成区进入快速扩展阶段；第三阶段为2000~2012年，直辖市城市建成区剧烈扩展，其间2000~2003年建成区扩展速度直线上升，2003~2012年扩展速度维持高位震荡；第四阶段为2013~2022年，直辖市城市建成区扩展速度较2012年有较大回落，至2020年扩展速度接近20世纪80年代前半期扩展速度的平均值，2020~2022年扩展速度虽略有回升，但增幅非常有限（见图29）。

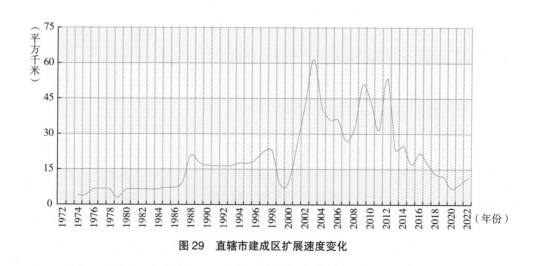

图29 直辖市建成区扩展速度变化

在改革开放前的一个时期内（1973~1978年），直辖市城市建成区扩展已经有了一定苗头，4个城市平均年扩展面积由1973~1974年的4.27平方千米上升到1977~1978年的6.75平方千米。

改革开放初期（1978~1987年），直辖市城市建成区保持低速平稳发展。在此阶段的前期城市扩展速度相对较低，甚至低于改革开放前的城市扩展速度，特别是1978~1979年建成区平均扩展3.02平方千米，是监测时期直辖市城市建成区扩展速度的最低水平。这或许与改革开放起步阶段，国家将有限的财力物力优先投放到东部沿海地区有关。1978年全国引进的22个大型成套设备项目，有10个放到沿海地区。另外，1979年4月中央提出的"调整、巩固、整顿、提高"方针对此阶段的城市扩展速度亦有影响。此阶段后期，城市扩展速度逐步恢复，至1986~1987年直辖市城市建成区平均扩展面积达到9.65平方千米。

20世纪80年代末至20世纪90年代末（1987~1998年）是直辖市城市建成区的快速扩展阶段。这个时期直辖市城市建成区扩展速度呈两头高中间低的鞍形特点，与国家宏观经济调控政策紧密相关。20世纪80年代末期中国经济持续过热，1989年，中央政府提出"治理经济环境，整顿经济秩序"，并采取强硬的宏观调控政策抑制总需求：严格项目审批等，压缩投资规模；对重要生产资料实行最高限价；坚持执行紧缩信贷方针，中央银行严控信贷规模，一度停止对乡镇企业贷款，并提高存款准备金率和利率；坚持执行紧缩财政，解决好国民收入超额分配的问题；大力调整产业结构，增加有效供给，增强经济发展后劲。坚决压缩总需求的宏观调控迅速抑制了增长和通货膨胀，经济实现了"硬着陆"：1990年经济增长率迅速下降到3.8%，当年商品零售价格指数增长率急剧下降到2.1%。从城市扩展速度对宏观调控的响应来看，1987~1988年4个直辖市城市建成区平均扩展面积为21.13平方千米，1989~1990年平均扩展面积为16.67平方千米，较1987~1988年下降了21.11%。1993年后直辖市城市建成区扩展速度逐步回升，1997~1998年建成区平均扩展面积为22.95平方千米，与20世纪80年代末的扩展速度基本持平。

1998~2000年是直辖市城市建成区扩展速度的低谷期，时间上较1997年亚洲金融危机爆发有所滞后。其间4个直辖市城市建成区在1998~1999年的平均扩展面积为8.36平方千米，在1999~2000年的平均扩展面积为9.78平方千米。

2000~2003年直辖市城市建成区扩展速度直线上升，进入高速扩展阶段；2003~2012年扩展速度维持高位振荡，并且变化幅度较大；2012~2016年扩展速度快速下降。2002~2003年是直辖市城市扩展速度最高峰时期，2003年后扩展速度总体呈下降趋势。2000年之后直辖市城市建成区扩展速度出现了三个上升期（2000~2003年、2008~2009年和2011~2012年）和三个下降期（2003~2008年、2009~2011年和2012~2022年），总体来看，扩展速度下降时期持续时间要多于扩展速度上升时期。

2000~2003年是直辖市城市建成区扩展速度的直线上升期。为缓解亚洲金融危机对国家经济增长造成的压力，国家实施了"激励或扩张"式宏观调控，1998年至2002年国家累计发行长期建设国债6600亿元，加之银行配套资金和企业资金，用于基础设施和基础产业建设的资金较为充裕，有效地促进了投资快速增长。2000~2001年4个直辖市城市建成区平均扩展面积为25.32平方千米，至2002~2003年变为61.78平方千米，是2000~2001年扩展速度的2.44倍，同时也是整个监测期内直辖市城市建成区扩展速度的最高值。

从2003年底到2004年4月，针对宏观经济运行中出现的粮食供求关系趋紧、固定资产投资过猛、货币信贷投放过多、煤电油运供求紧张等不稳定、不健康问题，党中央、国务院及时采取了相应措施，加强和完善宏观调控，在调控力度的掌握上遵循"适度从紧"原则。2003~2004年直辖市城市建成区仍然以41.96平方千米的平均扩展速度保持高速扩展，至2006~2007年滑落到年扩展27.13平方千米。

2008年爆发全球金融危机，中央政府采取从紧的货币政策和稳健的财政政策，以保持经济平稳较快发展，为拉动经济增长出台了4万亿经济刺激计划，并且大部分用于基础设施建设投资。遥感监测到2007~2008年4个直辖市城市建成区平均扩展面积为32.34平方千米，2008~2009年则剧烈上升到50.85平方千米。

2009~2011年直辖市城市建成区扩展速度稍有放缓，其中2009~2010年4个直辖市城市建成区平均扩展面积为43.60平方千米，2010~2011年为31.81平方千米，但紧接着2011~2012年立即回升为54.00平方千米，并且该扩展速度是直辖市城市建成区监测期内的第二高值。

2012年以后直辖市城市建成区扩展速度进入快速下降阶段。2012~2013年平均扩展面积为23.75平方千米，不及2011~2012年扩展速度的一半，落差较大。2019~2020年平均年扩展面积进一步下降至6.90平方千米，是2000年后直辖市扩展速度的最低谷，与20世纪80年代前半期扩展速度的平均水平持平。

房地产热也是近十几年加快城市扩展速度的重要原因之一。1998年7月，国家颁布的《关于进一步深化城镇住房制度改革、加快住房建设的通知》（23号文）明确提出，"促使住宅业成为新的经济增长点"，并拉开了以取消福利分房为特征的中国住房制度改革。2003年8月出台的《关于促进房地产市场持续健康发展的通知》（18号文）首次明确指出，"房地产业关联度高，带动力强，已经成为国民经济的支柱产业"，并提出促进房地产市场持续健康发展是保持国民经济持续快速健康发展的有力措施，对符合条件的房地产开发企业和房地产项目要继续加大信贷支持力度。尽管2003年底后国家采取了"适度从紧"的宏观调控政策，但房地产业高涨势头不减，因此直辖市城市建成区扩展速度在2002~2003年达到历史最高点后依然保持高位振荡趋势，乃至2008年全球金融危机对其影响也十分有限。2009年后房地产业出现了"量价齐涨"的局面，为遏制房价过快上涨和防止房地产泡沫影响国民经济的良性发展，政府相继出台了一系列调控政策，2016年9月颁布了最严厉的"9•30"新政，2017年10月党的十九大将"房住不炒"定为房地产市场发展的基调，有效打击了房地产投机。从城市扩展速度的反应来看，2013年后直辖市城市扩展速度确实下降很快。

按国民经济和社会发展五年计/规划时段来统计与分析直辖市城市建成区扩展的过程特点，遥感监测期间年均扩展面积情况见图30。1980年及以前直辖市城市建成区扩展速度最低，平均年扩展5.50平方千米，"十五"期间城市扩展速度最高，平均年扩展41.70平方千米，是1980年及以前扩展速度的7.58倍。直辖市城市建成区扩展速度在"十五"之前阶梯式上升特征明显，"六五"及以前扩展速度相对较慢，"七五"至"九五"时期是直辖市城市建成区的快速扩展阶段，"十五"时期较"九五"时期建成区扩展速度骤升，实现了扩展速度的翻番。"十五"之后，直辖市建成区扩展速度逐渐降低，"十五"、"十一五"和"十二五"是直辖市城市建成区扩展速度最快的三个时期；"十三五"时期直辖市城市建成区扩展速度较"十二五"时期回落较大，甚至略低于"七五"时期；"十四五"初期扩展速度继续回落，略低于"十三五"时期。

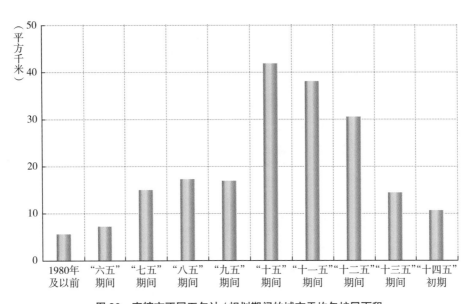

图 30　直辖市不同五年计 / 规划期间的城市平均年扩展面积

"六五"期间及以前直辖市城市扩展速度较慢。1980年及以前面积扩展总量为87.84平方千米，"六五"期间扩展了137.37平方千米。1980年之前我国结束了"文化大革命"，国家经济逐步恢复，并制定了改革开放政策，此阶段直辖市城市扩展

速度较低。1980年12月，国务院批转的《全国城市规划工作会议纪要》指出："控制大城市规模，合理发展中等城市，积极发展小城市，是我国城市发展的基本方针。""六五"期间直辖市城市平均年扩展6.87平方千米，高于1980年及以前，但城市规划政策在一定程度上束缚了直辖市城市在"六五"期间的扩展速度。

"七五"、"八五"和"九五"是中国改革开放深入发展时期。"七五"期间，直辖市城市扩展了293.16平方千米，"八五"期间扩展了342.46平方千米，"九五"期间扩展了332.80平方千米，对应的平均年扩展面积依次为14.66平方千米、17.12平方千米、16.64平方千米，"八五"时期扩展速度略快。

"十五"期间中国正式加入WTO，并确立了房地产业作为国家支柱产业的地位，促进了社会经济蓬勃发展，对城乡建设用地扩展起到了极大推动作用。"十五""十一五""十三五"是直辖市城市建成区扩展速度最快的三个时期，但扩展速度逐渐降低。"十五"期间扩展了833.99平方千米，"十一五"期间扩展了759.79平方千米，"十二五"期间扩展了607.08平方千米，对应的平均年扩展面积依次为41.70平方千米、37.99平方千米和30.35平方千米，扩展速度持续衰减。

"十三五"时期，直辖市城市建成区扩展速度比"十二五"时期有较大回落，建成区扩展总面积283.52平方千米，平均年扩展14.18平方千米。"十四五"初期两年建成区扩展总面积81.80平方千米，平均年扩展10.22平方千米，扩展速度进一步降低。"十五"时期后直辖市城市建成区扩展速度逐渐降低与国家经济结构调整、重点城市经济增长对土地投入需求降低、政府房地产调控政策、经济换挡升级乃至疫情密切相关。

1.4.4.2 省会（首府）城市建成区扩展特征

在28个省会（首府）城市中，台北市比较特殊，其与大陆的27个省会（首府）城市存在截然不同的发展轨迹，已处于后城市化阶段，在监测时期台北市的建成区扩展基本处于停滞状态，因此与大陆城市的建成区扩展速度相比具有本质区别。为客观反映改革开放以来中国城市建成区的扩展速度变化，在计算全国省会（首府）城市建成区的扩展速度时，未引入台北市城市扩展数据（见图31）。中国27个省会（首府）城市具体包括：长春市、长沙市、成都市、福州市、广州市、贵阳市、哈尔滨市、海口市、杭州市、合肥市、呼和浩特市、济南市、昆明市、拉萨市、兰州市、南昌市、南京市、南宁市、沈阳市、石家庄市、太原市、乌鲁木齐市、武汉市、西安市、西宁市、银川市、郑州市。

20世纪70年代初，27个省会（首府）城市建成区面积合计2040.11平方千米，至2022年增长为17084.15平方千米，实际扩展面积合计12730.56平方千米，是监测初期建成区面积的6.24倍，占同期遥感监测的全国75个城市建成区实际扩展总面积的53.46%。在27个省会（首府）城市中，成都市建成区扩展面积最多，为1019.09平方千米，拉

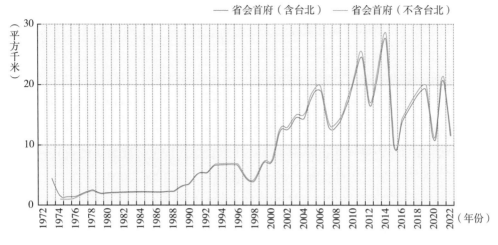

图31 省会（首府）城市建成区扩展速度变化

萨市建成区扩展面积最少，为91.05平方千米。扩展面积排名前10位的城市依次为成都市、广州市、合肥市、郑州市、杭州市、武汉市、南京市、西安市、长春市和长沙市，扩展面积排名后10位的城市依次为拉萨市、西宁市、兰州市、福州市、海口市、银川市、呼和浩特市、济南市、南昌市和太原市。总体来看，建成区扩展面积靠前的城市以东部和中部城市为主，排名靠后的多为西部地区城市。但是，从建成区面积的扩展倍数来看，省会（首府）城市中海口市建成区面积增加了57.94倍，兰州市最低，为1.33倍。海口市、贵阳市、杭州市、郑州市、合肥市、成都市、南宁市、长沙市和银川市的建成区面积扩展了10倍以上，说明这些城市建设比较活跃。

省会（首府）城市扩展速度变化过程可以划分为4个阶段，即1974~1987年的低速平稳期、1987~1997年的快速扩展期、1997~2014年的加速扩展期和2014~2022年的扩展速度回落期。总体来看，省会（首府）城市建成区扩展速度在2014年以前表现为波浪式上升，至2014年达到历史最高点，平均年扩展面积达28.11平方千米。2014~2015年建成区扩展速度较2013~2014年衰减了六成，2015年后扩展速度波动较大，反复反弹和回落且反弹的幅度有限。

低速平稳期分改革开放前和改革开放初期两个阶段。1973~1978年省会（首府）城市建成区平均扩展速度开始缓慢上升，由1973~1974年的平均1.11平方千米上升到1977~1978年的2.34平方千米。1978~1979年受国家优先发展东南沿海地区以及中央提出"调整、巩固、整顿、提高"方针的影响，省会（首府）城市建成区扩展速度下降为年均1.96平方千米，并在1979~1987年长时段低于1977~1978年的扩展速度。

1988年起省会（首府）城市建成区进入快速扩展阶段，此阶段止于1997年亚洲金融危机。在快速扩展阶段，省会（首府）城市建成区扩展速度由1987~1988年的

平均2.42平方千米上升到1994~1995年的6.97平方千米，翻了1.88倍。1995~1996年、1996~1997年省会（首府）城市建成区扩展速度逐步下降，平均扩展面积分别为6.59平方千米、4.29平方千米。

1997~2014年是省会（首府）城市建成区加速扩展阶段，扩展速度在2014年达到历史最高点。此阶段省会（首府）城市建成区的扩展速度具有鲜明的波浪式上升特点，第一波上升期为1997~2006年，持续时间较长，平均年扩展12.65平方千米；第二波上升期为2008~2011年，平均年扩展20.96平方千米；第三波上升期为2012~2014年，平均年扩展25.29平方千米。其间经历了两个低谷期，分别为2006~2008年和2011~2012年，尽管在这两个阶段省会（首府）城市建成区平均年扩展面积分别下降为13.59平方千米和17.12平方千米，但较整个20世纪90年代及以前的扩展速度均要高出许多。省会（首府）城市建成区在2008后经历的两波扩展高潮与全球金融危机后国家制定的经济刺激计划，以及房地产市场在二线、三线城市的火热发展不无关系。

受国家经济转型和房地产去库存的影响，2014年后，省会（首府）城市建成区扩展速度经历短暂急速衰减，然后恢复至21世纪前5年的最高水平，但之后又很快回落，至2019~2020年平均年扩展11.11平方千米。2020~2021年扩展速度再次反弹，平均年扩展21.45平方千米；2021~2022年扩展速度再次回落，平均年扩展12.01平方千米。因此，虽然2015~2022年省会（首府）城市建成区扩展速度有微弱的波动上升趋势，但反弹幅度有限，总体上延续了2014年后扩展速度的回落态势。

从国民经济和社会发展五年计/规划时段划分来看，省会（首府）城市在1980年及以前扩展速度最低，平均年扩展1.70平方千米，"十二五"时期扩展速度最高，平均年扩展20.62平方千米，是1980年及以前扩展速度的12.10倍。"十二五"时期及之前，除"九五"时期较"八五"时期扩展速度稍有回落外，城市扩展速度持续上升，"十五"时期建成区扩展速度开始有了质的跨越，至"十二五"时期达到历史最高值。"十三五"时期建成区扩展速度较"十二五"时期有所回落，并且扩展速度略低于"十一五"时期平均水平。"十四五"初期扩展速度与"十三五"时期基本持平（见图32）。

省会（首府）城市在"七五"期间及以前扩展速度缓慢提升，平均年扩展面积由1980年及以前的1.70平方千米缓慢增加为"七五"期间的2.79平方千米，城市面积合计增加了881.93平方千米。

"八五"开始省会（首府）城市扩展速度出现跃升，"八五"期间和"九五"期间平均年扩展面积分别为6.38平方千米、6.09平方千米，对应城市扩展总面积分别为861.01平方千米、821.91平方千米。"九五"期间扩展速度较"八五"期间有所回落，与1997年亚洲金融危机影响有关。

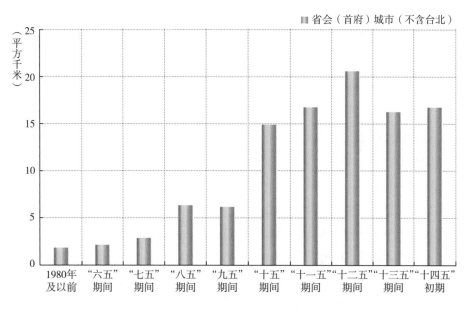

图32　省会（首府）城市不同五年计/规划期间平均年扩展面积

　　"十五"之后省会（首府）城市扩展速度再次跃升，且上升幅度较"八五"和"九五"时期更加强烈。"十五"、"十一五"和"十二五"时期平均年扩展面积依次为14.95平方千米、16.84平方千米、20.62平方千米，对应的扩展总面积依次为2017.690平方千米、2274.02平方千米、2783.25平方千米。"十三五"时期建成区扩展速度与"十一五"时期基本持平，扩展总面积为2187.30平方千米，平均年扩展16.20平方千米。"十四五"初期两年建成区扩展总面积903.41平方千米，平均年扩展16.73平方千米。

　　与直辖市城市建成区扩展速度变化过程相比，省会（首府）城市建成区扩展速度变化规律与直辖市城市在2003年之前相似，2003年之后差异明显。与直辖市城市建成区扩展速度变化比较一致的特征有四点：①20世纪80年代末以前，二者均处于低速扩展阶段，至1987~1988年同时进入快速扩展阶段；②2000年后直辖市城市和省会（首府）城市建成区均进入高速扩展阶段；③2006~2008年、2014~2015年是两类城市扩展的重要波谷期；④2008年后扩展速度急速回升。与直辖市城市扩展速度变化差异比较明显的特征有四点：①直辖市城市建成区扩展速度在1998~1999年出现波谷，省会（首府）城市出现在1996~1997年；②直辖市城市建成区扩展速度在2000年后直线上升，并在2002~2003年达到峰值，省会（首府）城市建成区扩展速度在2000年后呈波浪式上升，并在2013~2014年达到峰值，即省会（首府）城市建成区扩展速度出现历史最高值较直辖市城市晚了近10年时间；③省会（首府）城市建成区扩展速度2008年后直线上升，并很快在2010~2011年达到新的历史高点，但直辖市城市建成区扩展速度在2008年后远低于其在2002~2003年的历史最高点；④经历2014~2015年建成区扩展速度低

谷后，省会（首府）城市建成区扩展速度开始超越直辖市城市建成区扩展速度，并且"十三五"期间及"十四五"初期两年，扩展速度有较大波动，但直辖市城市建成区扩展速度变化较弱。

1.4.4.3 计划单列市建成区扩展特征

国家社会与经济发展计划单列市，简称"计划单列市"，是在行政建制不变的情况下，省辖市在国家计划中列入户头并赋予这些城市相当于省一级的经济管理权限。中国现有计划单列市5个，分别为大连市、青岛市、宁波市、厦门市和深圳市。

20世纪70年代初5个计划单列市建成区面积合计仅146.67平方千米，至2022年增长为3546.22平方千米，实际扩展面积合计2558.62平方千米，是监测初期建成区面积的17.44倍，占同期遥感监测的全国75个城市建成区实际扩展总面积的10.75%。在5个计划单列市中，深圳市建成区扩展面积最多，达934.08平方千米，仅深圳市的建成区扩展面积就占5个计划单列市的36.51%，建成区面积扩展倍数最高，高达135.89倍。其他4个单列市，依建成区扩展面积从多到少依次为青岛市、厦门市、大连市和宁波市，依建成区面积扩展倍数由高到低依次为厦门市、宁波市、青岛市和大连市。因此，5个计划单列市的城市建成区发展由北向南趋于活跃。

计划单列市建成区扩展过程划分为五个阶段，第一个阶段为改革开放前（1973~1978年），建成区停滞扩展，5个城市平均年扩展0.42平方千米；第二个阶段为1978~1989年，建成区低速扩展，平均年扩展4.07平方千米；第三个阶段为1989~1998年，建成区快速扩展，平均年扩展9.68平方千米；第四个阶段为1998~2004年，建成区扩展速度急速攀升，平均年扩展21.47平方千米；第五个阶段为2004~2022年，建成区扩展速度震荡下行，持续时间较久，平均年扩展13.84平方千米，其间2020~2021年建成区扩展速度反弹较强，但在2021~2022年又快速回落（见图33）。

区别于直辖市城市和省会（首府）城市，计划单列市建成区在改革开放后的扩展速度增加明显，建成区平均年扩展面积在1977~1978年为0.54平方千米，在1979~1980年上升为4.04平方千米，1979~1980年平均扩展面积进一步上升为5.33平方千米，分别较1977~1978年增加了6.50倍和8.89倍。1980~1988年计划单列市建成区扩展速度缓慢下滑，平均年扩展面积不及1978~1979年和1979~1980年这两个时段，至1988~1989年才恢复为5.26平方千米。

1989年后，计划单列市建成区扩展速度加快，但变化相对平稳，平均年扩展面积由1989~1990年的9.60平方千米变化为1994~1995年的11.72平方千米，扩展速度增加了22.08%。在1997年亚洲金融危机爆发前一年，计划单列市建成区的扩展速度已开始下滑，在1995~1998年的扩展速度低谷期，平均年扩展8.06平方千米，较1994~1995年的扩展速度下降了31.23%。

图33 计划单列市建成区扩展速度变化

1998~2004年，建成区扩展速度急速攀升，平均年扩展面积由1998~1999年的13.83平方千米上升到2003~2004年的30.85平方千米，扩展速度增加了1.23倍并达到历史最高值。2004年后计划单列市建成区的扩展速度变化趋势发生转变，呈持续波动下行态势，2014~2015年平均年扩展5.26平方千米，较2003~2004年下降了82.95%。2015年后建成区扩展速度反弹有限，基本延续波动下行态势，2019~2020年平均年扩展5.15平方千米，与2014~2015年扩展速度持平。2020~2021年建成区扩展速度虽有所反弹，平均年扩展17.96平方千米，但在2021~2022年很快回落为平均年扩展4.60平方千米，是20世纪90年代以来计划单列市建成区扩展速度的历史最低。

计划单列市建成区在1980年及以前扩展速度最低，平均年扩展1.64平方千米，"十五"期间扩展速度最高，平均年扩展25.03平方千米，是1980年及以前扩展速度的15.26倍。监测期间计划单列市建成区扩展速度从"十一五"时期开始缓慢回落，至"十三五"时期扩展速度低于"八五"和"九五"时期。"十四五"初期两年扩展速度较"十三五"时期出现回升，并略高于"八五"和"九五"时期（见图34）。

"八五"之前，计划单列市建成区扩展速度缓慢爬升，平均年扩展面积由1980年及之前的1.64平方千米上升到"七五"时期的5.28平方千米，三个时期扩展总面积合计281.24平方千米。"八五"时期建成区扩展总面积为625.76平方千米，平均年扩展10.67平方千米，扩展速度增速明显，较"七五"时期增加了1.02倍。"九五"时期建成区扩展速度与"八五"时期基本持平，平均年扩展10.37平方千米，扩展总面积为259.22平方千米。"十五"时期建成区扩展速度剧烈攀升，平均年扩展25.03平方千米，该时期总计扩展了625.76平方千米。"十五"之后，建成区扩展速度逐渐降低，但在"十一五"期间和"十二五"期间建成区扩展速度仍较快，平均年扩展面积分别

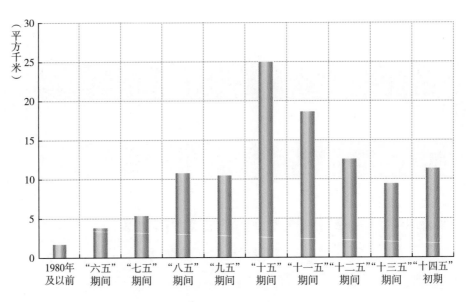

图34 计划单列市不同五年计/规划期间平均年扩展面积

为18.51平方千米和12.63平方千米，扩展总面积分别为462.77平方千米和315.74平方千米。"十三五"时期建成区扩展总面积234.32平方千米，平均年扩展9.37平方千米，扩展速度回落明显，低于"八五"时期和"九五"时期的平均水平。"十四五"初期两年建成区扩展总面积112.79平方千米，平均年扩展11.28平方千米，扩展速度较"十三五"时期有所反弹。

1.4.4.4 其他城市建成区扩展特征

遥感监测的其他城市共计41个，包括保定、北海、蚌埠、包头、沧州、承德、赤峰、大连、大同、防城港、阜新、邯郸、衡水、衡阳、霍尔果斯、吉林、克拉玛依、喀什、廊坊、丽江、南充、宁波、齐齐哈尔、秦皇岛、青岛、泉州、日喀则、深圳、唐山、无锡、武威、厦门、湘潭、邢台、徐州、延安、宜昌、枣庄、张家口、中卫和珠海等。

20世纪70年代初，遥感监测的其他41个城市建成区面积合计789.38平方千米，至2022年增长为9509.14平方千米，实际扩展面积合计7038.74平方千米，是监测初期建成区面积的8.92倍，占同期遥感监测的全国75个城市建成区实际扩展总面积的29.56%。其他41个城市中，20世纪70年代初至2022年建成区面积扩展倍数较大的10个城市依次为深圳市、泉州市、珠海市、防城港市、北海市、厦门市、无锡市、喀什市、中卫市和延安市，南方沿海城市建成区扩展相对活跃。

1997年亚洲金融危机以前，其他城市建成区扩展速度台阶式缓慢爬升，第一阶段为改革开放前，第二阶段为改革开放后至20世纪80年代末，第三阶段为20世纪80年代末至1997年亚洲金融危机；亚洲金融危机后至2006年，建成区扩展速度剧烈攀升，此后维持高速震荡态势至2014年；经历了2014~2015年的快速衰减期之后，2015~2022年建成区扩展速度连续反弹与回落（见图35）。监测期间41个其他城市建成区平均年扩展3.45平方千米，远低于直辖市城市的19.52平方千米和省会（首府）城市的9.70平方千米。

图35 其他城市建成区扩展速度变化

其他城市建成区在改革开放前这一段时间平均扩展速度非常低，年均扩展面积最高为1977~1978年的0.58平方千米，基本处于停滞状态。改革开放后，其他城市建成区扩展速度有了显著加快，改革开放刚起步的1978~1979年和1979~1980年两个时段，其他城市建成区平均扩展面积分别为1.15平方千米、1.41平方千米，改革开放前其他城市建成区扩展速度远低于这两个时段。改革开放初期其他城市建成区扩展速度缓慢下滑，也不及1978~1979年和1979~1980年这两个时段，至1987~1988年其他城市建成区平均扩展面积为1.17平方千米。1980年国务院批转的全国城市规划工作纪要提出："控制大城市规模，合理发展中等城市，积极发展小城市的方针。"因此，与直辖市城市和省会（首府）城市相比，其他城市在改革开放初期的发展要活跃得多。

紧随时代步伐，其他城市在1988年后也进入快速扩展阶段，亦同样止于1997年亚洲金融危机。其他城市建成区在1988~1989年的平均扩展面积为1.38平方千米，至1994~1995年上升为2.80平方千米，扩展速度达到该时段的峰值。1995年后城市建成区扩展速度开始回落，至1996~1997年平均扩展面积下降为2.32平方千米。

1998年后，其他城市建成区扩展速度进入加速扩展阶段，此阶段止于2008年全球金融危机。与省会（首府）城市扩展情况相似，其他城市建成区扩展速度在此阶段前期也表现为台阶式上升趋势，年扩展面积由1997~1998年的年均2.33平方千米上升到2002~2003年的6.75平方千米，增加了1.90倍。此后的2003~2006年仍然维持高速扩展，其中2003~2004年平均扩展7.02平方千米，2004~2005年平均扩展7.52平方千米，2005~2006年平均扩展7.78平方千米。

2008年世界经济危机前后其他城市建成区扩展速度经历了一段低谷时期，其中2006~2007年和2007~2008年平均扩展面积均为6.11平方千米；2008~2009年低至6.24平方千米。

受2008年全球金融危机后国家的经济刺激计划影响，2009年后其他城市再次经历了一波高速扩展，遥感监测到41个其他城市建成区在2009~2010年平均扩展面积为6.91平方千米，紧接着的2010~2011年上升为8.16平方千米，达到历史最高值。2011年后其他城市建成区扩展速度震荡下行，2011~2012年平均扩展面积回落至5.90平方千米，2014~2015年进一步回落至3.17平方千米。2015年后有一个连续反弹和回落过程，2017~2018年平均扩展面积回升至5.68平方千米，2019~2020年回落至2.99平方千米；2020~2021年平均扩展面积回升至7.27平方千米，但很快在2021~2022年回落至3.13平方千米。

其他城市在1980年及以前扩展速度最低，平均年扩展0.62平方千米，"十一五"期间扩展速度最高，平均年扩展6.63平方千米，是1980年及以前扩展速度的10.69倍。监测期间其他城市建成区扩展速度在"十一五"后开始缓慢回落，"十三五"时期扩展速度较"十一五"时期下降了24.40%，"十四五"初期两年扩展速度较"十三五"时期略有回升（见图36）。

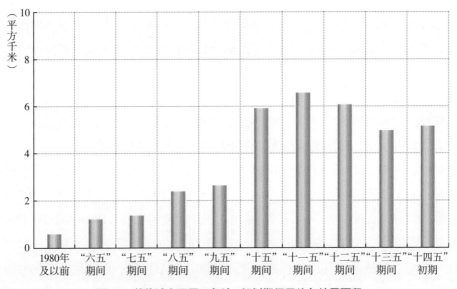

图36　其他城市不同五年计/规划期间平均年扩展面积

受积极发展小城市方针的影响，其他城市扩展速度在"六五"期间较直辖市和省会（首府）城市活跃，"六五"时期平均年扩展1.23平方千米，是1980年及以前的1.98倍。"七五"时期其他城市扩展速度比"六五"时期略高，为1.38平方千米。其他城市在"六五"与"七五"时期的扩展总面积分别为251.89平方千米、282.07平方千米。

"八五"和"九五"期间其他城市扩展速再上新台阶，两个时期平均年扩展面积分别为2.41平方千米、2.66平方千米，扩展总面积分别为493.58平方千米、544.68平方千米。

"十五"之后其他城市扩展速度较"八五"和"九五"时期有了质的跨越。"十五"、"十一五"和"十二五"期间平均年扩展面积依次为5.96平方千米、6.63平方千米和6.13平方千米，较之"九五"时期扩展速度均翻番，但自"十一五"后其他城市建成区扩展速度持续缓慢回落。"十五"、"十一五"和"十二五"期间其他城市建成区扩展总面积依次为1220.86平方千米、1359.01平方千米和1255.95平方千米。"十三五"时期其他城市建成区扩展总面积1027.37平方千米，平均年扩展5.01平方千米，扩展速度较"十二五"时期虽进一步下滑，但仍然远高于"九五"时期及之前。"十四五"初期两年其他城市建成区扩展总面积426.50平方千米，平均年扩展5.20平方千米，扩展速度较"十三五"时期略有回升。

1.4.4.5 沿海开放和经济特区城市建成区扩展特征

中国政府在1978年决定进行经济体制改革的同时，即有计划、有步骤地实行对外开放政策，从1980年起先后批准了5个经济特区，1984年又进一步开放了14个沿海城市。本次基于遥感技术监测了其中的4个经济特区城市和10个沿海开放城市，4个经济特区城市分别为深圳市、珠海市、厦门市、海口市，10个沿海开放城市分别为大连市、秦皇岛市、天津市、青岛市、上海市、宁波市、福州市、广州市、防城港市和北海市。

20世纪70年代初，沿海开放和经济特区城市建成区面积合计643.52平方千米，至2022年增长为9282.01平方千米，实际扩展面积合计6460.96平方千米，是监测初期建成区面积的10.04倍，占同期遥感监测的全国75个城市建成区实际扩展总面积的27.13%。上海市、深圳市、广州市、天津市、青岛市和厦门市等6个城市的建成区扩展面积相对较多，扩展面积都超过了400平方千米，扩展面积合计4890.57平方千米，占遥感监测的14个沿海开放和经济特区城市建成区面积的75.69%，是同期遥感监测的全国75个城市建成区实际扩展总面积的20.54%。从建成区面积扩展倍数来看，深圳市、珠海市、海口市、防城港市、北海市、厦门市、宁波市和青岛市等8个城市建成区面积的增加倍数相对较大，都超过了10倍，说明南方沿海城市建成区扩展强度相对较大。

纵观沿海开放和经济特区城市建成区面积的总体变化历程，先后经历了改革开放前的停滞扩展期、20世纪80年代的低速扩展期、20世纪90年代的高速扩展期、

2000~2009年的剧烈扩展期、2009~2022年的扩展速度衰减期5个阶段。2008~2009年，建成区平均年扩展21.62平方千米，是沿海开放和经济特区城市建成区扩展速度的历史最高值。2009~2022年沿海开放和经济特区城市建成区扩展速度总体表现为波动降低趋势，其中2009~2014年建成区扩展速度缓慢衰减，但仍较剧烈，2015~2022年扩展速度连续波动的幅度较大（见图37）。

图37 沿海开放和经济特区城市平均历年扩展面积

改革开放前的一个时期内，各沿海开放和经济特区城市还未批准，城市扩展速度极其缓慢，该时期14个城市建成区平均扩展速度最高水平为1977~1978年的0.75平方千米。十一届三中全会后，全国各项基础设施建设加快进程，改革开放对城市扩展速度的影响立竿见影，14个城市建成区在1978~1979年、1979~1980年平均扩展面积分别为2.34平方千米、4.14平方千米。

20世纪80年代前期沿海开放和经济特区城市建成区的扩展速度相对缓慢，14个城市建成区的平均年扩展面积由1980~1981年的3.57平方千米缓慢过渡到1986~1987年的3.72平方千米。1988年后，沿海开放和经济特区城市建成区拉开了高速扩展的帷幕，在1987~1988年、1988~1989年、1989~1990年三个时段的平均年扩展面积分别为5.43平方千米、5.53平方千米、7.20平方千米，扩展速度逐年上升。

沿海开放和经济特区城市建成区的扩展速度在20世纪90年代前期较后期要快。1991~1996年沿海开放和经济特区城市建成区高速扩展，平均年扩展面积大于10.00平方千米，其间1994~1995年平均扩展面积为10.78平方千米，是整个20世纪90年代的最高值。受1997年亚洲金融危机影响，沿海开放和经济特区城市的扩展速度出现了低谷，1996~2000年平均年扩展面积为7.34平方千米，但仍远高于20世纪80年代平均水平。

2000年以后，沿海开放和经济特区城市建成区再启扩展高潮，平均年扩展面积由1999~2000年的7.28平方千米跃升到2002~2003年的20.41平方千米，翻了1.80倍。21世纪前10年，沿海开放和经济特区城市建成区在2002~2006年和2008~2009年两个时段扩展速度相对较高。前一个峰值期持续了4年，其中在2002~2003年、2003~2004年的平均扩展面积均为20.41平方千米，在2004~2005年、2005~2006年的平均扩展面积分别为20.48平方千米、20.03平方千米；后一个峰值期持续时间较短，2008~2009年的平均扩展面积为21.62平方千米，建成区扩展速度在前后两个峰值期基本持平。在处于波谷期的2006~2007年和2007~2008年两个时段建成区平均年扩展面积分别为16.36平方千米、16.64平方千米，仍高于2003年以前的扩展速度。

2009~2017年沿海开放和经济特区城市建成区的扩展速度虽然没有21世纪前10年那么剧烈，但总体上维持了高速发展态势，2009~2013年建成区平均年扩展15.01平方千米，2013~2014年扩展速度稍有反弹，平均年扩展17.59平方千米。2014~2015年沿海开放和经济特区城市建成区的扩展速度快速衰减，平均年扩展5.79平方千米，接近20世纪80年代末的扩展速度，此后建成区扩展速度有所反弹，2016~2017年平均扩展面积恢复至16.07平方千米，扩展速度是2014~2015年的2.78倍，但扩展速度低于2008~2009年和2013~2014年的两个峰值，总体表现为下降趋势。

2017~2020年再次快速衰减，2019~2020年建成区平均年扩展3.49平方千米，是21世纪以来沿海开放和经济特区城市建成区扩展速度的历史最低值，甚至低于20世纪80年代前期水平。2020~2021年建成区平均年扩展虽然回升至15.23平方千米，但2021~2022年很快回落至4.56平方千米。

沿海开放和经济特区城市在1980年及以前扩展速度最低，平均年扩展1.38平方千米。"十一五"时期及之前，沿海开放和经济特区城市建成区除"九五"较"八五"时期的扩展速度稍有回落外，其他时期建成区扩展速度节节攀升。"十五"和"十一五"期间，沿海开放和经济特区城市建成区扩展速度相对较快且基本持平。"十二五"时期扩展速度开始回落，"十三五"时期和"十四五"初期两年沿海开放和经济特区城市建成区扩展速度与"八五"时期持平（见图38）。

受改革开放政策推动，"六五"时期扩展总面积256.12平方千米，平均年扩展3.66平方千米，扩展速度是1980年及以前的2.66倍。"七五"和"八五"时期扩展速度持续上升，其中"七五"时期扩展总面积357.17平方千米，平均年扩展5.10平方千米；"八五"时期扩展总面积717.70平方千米，平均年扩展10.25平方千米，扩展速度是"七五"时期的2.01倍。"九五"时期因亚洲金融危机等因素影响，城市扩展速度较"八五"时期下降了24.20%，平均年扩展7.77平方千米，扩展总面积为543.64平方千米。

与直辖市、省会（首府）城市和其他城市相仿，"十五"时期之后沿海开放和经

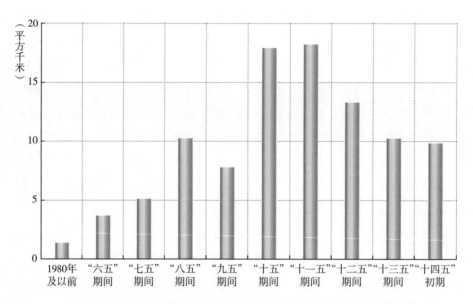

图38 沿海开放和经济特区城市不同五年计/规划期间平均年扩展面积

济特区城市建成区扩展速度有了质的跨越。"十五""十一五"时期平均年扩展面积依次为17.94平方千米、18.28平方千米，分别是"八五"时期的1.75倍、1.78倍，建成区扩展总面积依次为1256.09平方千米、1279.51平方千米。"十二五"时期建成区扩展总面积930.88平方千米，平均年扩展13.30平方千米，扩展速度较"十一五"时期下降了27.24%。"十三五"时期，建成区扩展总面积716.46平方千米，平均年扩展9.46平方千米，"十四五"初期两年建成区扩展总面积277.07平方千米，平均年扩展9.90平方千米，与"八五"时期的扩展速度相当。

1.4.4.6　人均城市用地面积变化

西方城市发展有两种模式：一种是以欧洲为代表的紧凑型模式，在有限的城市空间布置较高密度的产业和人口，节约城市建设用地，提高土地的配置效率；另一种是以美国为代表的松散型模式，人口密度偏低，但消耗的能源要比紧凑型模式多。紧凑型城市首先由乔治·B.丹齐格（George B. Dantzig）和托马斯·萨蒂（Thomas I. Saaty）于1973年在其出版的专著《紧凑型城市——适于居住的城市环境与计划》中提出。欧共体委员会（CEC）1990年发布《城市环境绿皮书》，再次提出"紧凑城市"这一概念，并将其作为"一种解决居住和环境问题的途径"，认为它是符合可持续发展要求的。中国人口众多、国土资源有限，这决定了中国只能走紧凑型城市化道路。因此，分析人均城市用地面积变化对于科学控制城市规模具有重要参考价值。

为分析城市扩展过程中的人均城市用地面积变化，本报告收集了《中国城市统计年鉴》关于1989~2020年中国主要城市市辖区总人口数据。比较1990年和2020年两个时间点中国不同类型城市人均城市用地面积的变化，如果某个城市在1990年无遥感监测数据，则用该城市1990年相邻年份的建成区面积数代替，2020年全部使用当年建成区面积数据。另外，由于防城港市、丽江市、中卫市、霍尔果斯市和喀什市等5个城市没有1990年市辖区人口统计数据，本报告只对遥感监测的大陆72个城市中的67个进行人均城市用地面积变化分析。

与1990年相比，遥感监测的2020年67个主要城市中有44个人均城市用地面积为增加变化，有23个城市的人均城市用地面积为减少变化。首先，深圳市人均城市用地面积减少最多，减少了2.37平方千米/万人；其次为日喀则市，人均城市用地面积减少了1.94平方千米/万人；再次为衡水市，人均城市用地面积减少了1.43平方千米/万人。人均城市用地面积增加较多的前十个城市从高到低依次为：泉州市、包头市、克拉玛依市、青岛市、无锡市、湘潭市、大同市、贵阳市、衡阳市和银川市，泉州市人均城市用地面积增加了2.99平方千米/万人，其他城市介于0.49~1.01平方千米/万人。

将不同类型城市建成区的面积和人口分别相加，然后计算其人均城市用地面积。从67个城市总体来看，1990年的人均城市用地面积为0.73平方千米/万人，2020年为0.81平方千米/万人，增加了0.08平方千米/万人。从不同类型城市来看：直辖市城市1990年的人均城市用地面积为0.61平方千米/万人，2020年为0.59平方千米/万人，减少了0.03平方千米/万人；省会（首府）城市1990年的人均城市用地面积为0.77平方千米/万人，2020年为0.89平方千米/万人，增加了0.12平方千米/万人；其他城市1990年的人均城市用地面积为0.75平方千米/万人，2020年为0.86平方千米/万人，增加了0.11平方千米/万人；沿海开放和经济特区城市1990年的人均城市用地面积为0.62平方千米/万人，2020年为0.78平方千米/万人，增加了0.16平方千米/万人，其中的5个计划单列市1990年人均城市用地面积为0.83平方千米/万人，2020年为0.84平方千米/万人，增加了0.01平方千米/万人。对比以上数据发现，不同类型城市内部，人均城市用地面积差异也比较明显，如5个计划单列市的人均城市用地面积相对沿海开放和经济特区城市整体水平就比较高。总体来看，中小城市扩展对土地资源相对铺张浪费，大型城市相对集约，按照2020年的人均城市用地水平不变计算，每增加万人直辖市要比省会（首府）节约0.30平方千米的建成区面积，比其他城市节约0.27平方千米的建成区面积。

2020年香港的人均城市用地面积为0.31平方千米/万人，澳门为0.45平方千米/万人，台北市为1.05平方千米/万人。与香港、澳门的人均城市用地面积比较，内地城市无论直辖市城市，还是省会（首府）城市和其他城市的人均城市用地面积都相对偏大。城市土地集约利用是城市发展的必然趋势，需要在以后的城市土地利用过程中，变外延扩展为外延扩展和内涵挖潜相结合的土地利用方式，合理提高土地利用的集约度与综合效益，走集约化发展道路。

1.4.4.7 不同类型城市扩展的一般特点

20世纪70年代初至2022年中国不同类型城市的变化特征差异比较明显。

20世纪80年代末期中国的直辖市、省会（首府）城市以及其他城市建成区均先后进入快速扩展阶段，20世纪90年代前期、21世纪前10年分别经历了快速扩展期和高速扩展期两个高峰期。

2002~2003年直辖市城市建成区扩展速度达到了历史最高值，之后虽然扩展速度有所下降，但扩展速度仍比较高；省会（首府）城市建成区扩展速度在1997年以后一路高歌猛进，先后在2005~2006年、2010~2011年和2013~2014年出现了三个峰值，并且2013~2014年的扩展速度远高于前两次；计划单列市建成区扩展速度在2003~2004年达到了历史最高值，之后扩展速度一路下滑；其他城市建成区扩展速度先后在2005~2006年和2010~2011年出现了峰值，2010~2011年的扩展速度略高。沿海开放和经济特区城市建成区扩展速度先后在2004~2005年和2008~2009年出现了峰值，2008~2009年的扩展速度略高。

受国家积极发展小城市方针和改革开放初期优先发展沿海的战略思想引导，其他城市、沿海开放和经济特区城市在"六五"时期的发展较直辖市和省会（首府）城市活跃。直辖市城市和计划单列市建成区扩展高峰均出现在"十五"时期，省会（首府）城市建成区扩展高峰主要出现在"十二五"时期，其他城市建成区扩展高峰主要出现在"十一五"时期，沿海开放和经济特区城市建成区扩展高峰主要出现在"十一五"时期（沿海开放和经济特区城市建成区扩展速度在"十五"期间和"十一五"期间基本持平）。总体来看，"八五"时期中国各类城市逐渐开启扩展高潮但幅度不大，"十五"时期及之后建成区扩展速度剧烈攀升，实现了跨越式增长。

金融危机和国家宏观调控政策是形成城市扩展速度波动的重要原因。1997年亚洲金融危机和2008年全球金融危机爆发前后的两个时期是不同类型城市建成区扩展速度的低谷期，但在两次危机爆发后国家出台的经济刺激计划使城市扩展速度急剧拉升。"十三五"期间及"十四五"初期，直辖市城市建成区扩展速度持续衰减，省会（首府）城市、计划单列市、其他城市以及沿海开放和经济特区城市的建成区扩展速度先后经历了两波短暂反弹和快速回落的变化过程，扩展速度较"十二五"时期均有较大回落，可能与国家经济换挡及新冠疫情影响有关。

房地产热是城市扩展速度保持高位的重要原因之一。省会（首府）城市建成区在2008后经历的两波扩展高潮与全球金融危机后国家制定的经济刺激计划，以及房地产市场在二线、三线城市的火热发展不无关系。受国家经济转型、房地产去库存和限购政策的影响，2014~2015年所有类型城市建成区扩展速度都经历了短期急速衰减。

与1990年相比，中国大陆主要城市的人均城市用地面积多数表现为增加，总体来说中小城市扩展对土地资源相对铺张浪费，大型城市相对集约。与香港、澳门的人均城市用地面积比较，内地城市无论直辖市城市，还是省会（首府）城市和其他城市，人均城市用地面积要大很多。

1.4.5 不同规模城市的扩展

2010年，由中国中小城市科学发展高峰论坛组委会、中小城市经济发展委员会与社会科学文献出版社共同出版的"中小城市绿皮书"依据市区常住人口将城市规模划分为小城市（<50万）、中等城市（50万~100万）、大城市（100万~300万）、特大城市（300万~500万）和巨大城市（>1000万）5类，引起了相关领域学者的广泛关注。参照"中小城市绿皮书"和《中国可持续发展遥感监测报告2021》，考虑人口数据口径一致性与可获取性以及规模划分的可延续性，按照2018年底市辖区人口将75个城市划分为小城市、中等城市、大城市、特大城市和巨大城市5个等级。大城市与特大城市的数量较多且不同人口规模城市的扩展规律存在明显差异，依据人口规模将大城市划分为市辖区人口100万~200万和200万~300万两类，将特大城市划分为市区总人口300万~500万和500万~1000万两类（见表7）。

表7　中国75个主要城市的人口规模

城市等级	人口规模	城市名称
小城市	<50万	霍尔果斯、克拉玛依、拉萨、丽江、日喀则、中卫
中等城市	50万~100万	澳门、北海、沧州、承德、防城港、阜新、衡水、喀什、廊坊、湘潭、邢台、延安
大城市	100万~200万	蚌埠、包头、赤峰、大同、海口、衡阳、呼和浩特、吉林、南充、齐齐哈尔、秦皇岛、泉州、武威、宜昌、银川、张家口、珠海、西宁
大城市	200万~300万	保定、福州、贵阳、合肥、兰州、宁波、台北、太原、乌鲁木齐、无锡、厦门、枣庄
特大城市	300万~500万	长春、长沙、大连、邯郸、南昌、南宁、深圳、石家庄、唐山、徐州、郑州、昆明
特大城市	500万~1000万	成都、广州、哈尔滨、杭州、南京、沈阳、武汉、西安、香港、济南、青岛
巨大城市	>1000万	北京、上海、天津、重庆

1.4.5.1 不同规模城市扩展过程

20世纪70年代以来，受社会经济发展以及政策导向等多重因素影响，中国不同人口规模的城市扩展特色各异。

中小城市的健康发展是促进区域经济社会发展、保障人民健康和国家走向持续发展的重要环节。改革开放伊始，我国在规避"大城市病"、推动区域发展的理论基础上，选择"控制大城市规模、积极发展小城镇"的城市化发展思路，于1989年明确了我国城市发展战略方针为"严格控制大城市规模，合理发展中等城市与小城市"。在这一方针的具体实施过程中，大城市规模并未得到有效控制，大部分地区的中小城市发展也并未发挥有效作用。中小城市扩展在进入21世纪后才较为明显。尤其是2000年以后，相关方案、方针制订在国家层面对中小城市发展有了进一步的表述，开始"有重点地发展小城镇，积极发展中、小城市，引导城镇密集区有序发展"。我国"十一五"规划、"十二五"规划和"十三五"规划先后提出，要"坚持大中小城市和小城镇协调发展，积极稳妥地推进城镇化""促进大中小城市和小城镇协调发展、有重点地发展小城镇""加快城市群建设发展，增强中心城市辐射带动功能，加快发展中小城市和特色镇"。继"十三五"规划之后，国家发展改革委印发的"十四五"实施方案明确指出，大中小城市发展存在协调性不足、超大城市规模扩张过快、部分中小城市及小城镇面临经济和人口规模缩减等现象。在各种政策导向下，中小城市发展势必成为我国城市化建设的重点之一，对应的城市扩展速度不断加快，中小城市扩展在本次监测之后有望继续加速。我国中小城市特色不一，城市扩展特点存在一定差异。

小城市的城镇化成本低、投入相对较少，对应的城镇化过程平稳，更符合一般人口城镇化由农村到小城市、小城市到中等城市、中等城市再到大城市的一般规律。因此，大力发展小城市有利于城乡统筹发展。但小城市就业机会少、基础设施相对落后，不利于吸引人口迁入，难以解决我国长期存在的就业问题，导致小城市发展及空间扩展相对滞后。20世纪70年代以来，我国小城市扩展速度明显慢于中等城市、大城市、特大城市以及巨大城市，对我国城市扩展的影响微弱。20世纪70年代至2022年，霍尔果斯、克拉玛依、拉萨、丽江、日喀则和中卫6个小城市以平均每年扩展0.96平方千米的速度缓慢扩展，城市实际扩展总面积仅有282.40平方千米（见图39），平均每个城市扩展不足50平方千米。小城市扩展速度远低于其他人口规模城市，但扩展速度涨幅最大，由监测初期的平均每年扩展0.08平方千米增至2022年的2.34平方千米，增加了28.25倍。

小城市扩展速度以2002年为时间节点，呈现明显的时间差异性：20世纪70年代至2002年，小城市扩展速度缓慢（平均每年扩展0.34平方千米）；之后的20年，小城市扩展速度（平均每年扩展1.92平方千米）明显高于2002年之前，且波动频繁，总体呈现先增后减态势。尤其是在2010年之后，是小城市显著扩展与"积极稳妥地推进城镇化，促进大中小城市和小城镇协调发展"政策深入实施博弈最剧烈的时段，扩展速度于2013年和2018年先后出现两个明显的波峰，城市平均每年扩展分别达到4.58平方千米和4.07平方千米（见图40），在2019年一度跌至0.68平方千米。2020年之后，城市扩展速度出现一路回升现象。

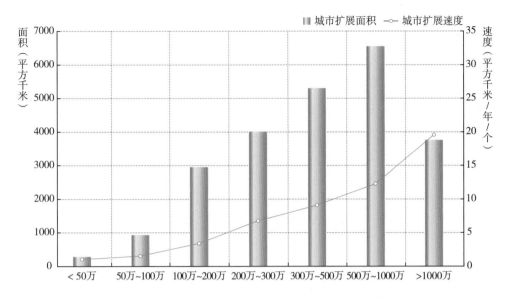

图 39 不同人口规模城市 20 世纪 70 年代以来的扩展总面积与扩展速度

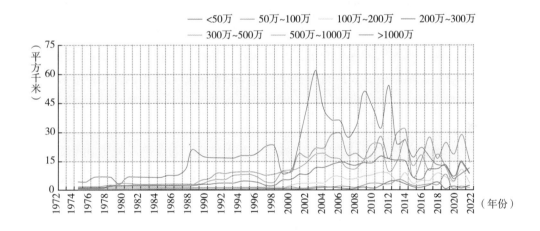

图 40 不同人口规模城市 20 世纪 70 年代以来的平均历年扩展面积

中等城市的发展既能避免大城市的"膨胀病",又能克服小城市的发展滞后问题,但我国中等城市对大城市和小城市都有一定依赖性,难以形成自身发展特色,进而阻碍了中等城市空间扩展进程。20世纪70年代以来,我国中等城市扩展的进程快于小城市,但明显滞后于大城市、特大城市和巨大城市;澳门、北海、沧州、承德、防城港、阜新、衡水、喀什、廊坊、湘潭、邢台和延安等12个中等城市平均以每年1.58平方千米的速度扩展,略高于小城市,远小于其他规模的城市。12个中等城市实际扩展总面积为938.82平方千米,平均每个城市扩展了78.24平方千米。中等城市于2000年出现明显的扩展增速现象，较小城市早两年。2000年之前，中等城市的扩展速度平稳缓慢，实际扩展总面积为246.24平方千米；之后的22年，实际扩展总面积为693.58平方千米，扩展速度呈现波动增长，于2019年达到巅峰（平均每年扩展7.98平方千米）后迅速回落至2020年的0.64平方千米，甚至低于同期小城市的扩展速度。随着国家对中小城市发展的日益重视，中等城市扩展速度在2020年之后出现反弹，但反弹力度不大，城市平均每年扩展在2022年为1.17平方千米，仍低于2000年后的平均值。

大城市及城市规模更大的特大城市和巨大城市是我国社会经济等的重要载体，能容纳更多人口、产生更高的经济效益，在国家经济发展中具有举足轻重的作用。"大城市及以上城市超先发展"是许多国家走的一条共同道路，中国也不例外，我国多数大城市尤其是特大城市和巨大城市成为改革开放春风的第一批"受益者"。但大城市、特大城市、巨大城市的发展容易诱发"膨胀病"，城市发展、扩展到一定阶段就不利于城镇化的顺利、健康推进。因此，我国多次从区域、国家层面强调大城市、特大城市、巨大城市扩展要重质非重量，各种政策层见叠出，旨在引导大中小城市和小城镇协调发展。"新型城镇化"明确了我国城市的未来发展方向是"以大带小，把大中城市和小城镇连接起来共同发展"，"十四五"规划更是指出大城市存在的问题，未来城市发展将向中小城市倾斜。目前，我国大城市、特大城市和巨大城市的发展正在从单纯扩张城市规模向规模和质量同步增长并举推进、城市空间形态从大城市单体发展向城市群体发展转变、发展目标从单一经济目标向以人为本的全面发展和综合功能转变。我国大城市、特大城市、巨大城市的发展超前于中小城市，城市扩展呈现不一样的特色。

75个主要城市中有30个城市属于大城市，其中蚌埠、包头和赤峰等18个城市的市辖区人口规模介于100万~200万，保定、福州和贵阳等12个城市的市辖区人口规模介于200万~300万。近50年来，30个大城市实际扩展总面积6954.80平方千米，平均每个城市扩展了231.83平方千米。两种规模的大城市实际扩展总面积均多于中小城市，但它们的扩展进程和扩展速度存在显著差异。市辖区人口介于100万~200万的大城市以平均每年3.36平方千米的速度扩展，且在2000年之后才出现显著扩展；市辖区人口介于200万~300万的大城市扩展速度为6.79平方千米/年/个，且早在20世纪90年代初期已出现较为明显的扩展。受"十一五"规划、"十二五"规划提出的城市发展战略影响，两种规模的大城市扩展速度均在2011年达到峰值，之后呈现剧烈的波动变化，彰显了大城市扩展逐渐适应国家宏观政策的过程。两种人口规模的大城市扩展均在2021年出现了一个明显波峰后迅速得到抑制，其中市辖区人口介于100万~200万的大城市的波峰（平均每年扩展10.61平方千米）甚至超过了2011年的峰值（平均每年扩展9.21平方千米）。

特大城市和巨大城市多为改革开放初期先行发展的城市，它们的空间扩展区位优势明显，扩展进程远提前于大中小城市，扩展速度早在20世纪80年代末期就出现了较为明显的增长趋势。75个主要城市中有23个城市属于特大城市，其中长春、长沙和大连等12个城市市辖区人口介于300万~500万，成都、广州和哈尔滨等11个城市市辖区人口介于500万~1000万。特大城市在我国城市扩展中的贡献巨大，实际扩展总面积11874.68平方千米，占75个监测城市实际扩展总面积的49.87%，平均每个城市扩展了516.29平方千米。两种规模的特大城市实际扩展总面积均多于其他规模城市，扩展速度均明显快于其他规模城市，其中市辖区人口介于300万~500万和500万~1000万的特大城市实际扩展总面积分别为5311.09平方千米和6563.59平方千米，扩展速度分别为平均每年扩展9.07平方千米和12.03平方千米。随着我国"促进大中小城市和小城镇协调发展、有重点地发展小城镇"等战略和方案的实施，特大城市扩展在2014年以后总体呈现减少趋势，但减少幅度不大，尤其是市辖区人口介于500万~1000万的特大城市。

监测的巨大城市包括北京、上海、天津和重庆4个直辖市，它们的社会和经济地位在全国领先。改革开放伊始，我国巨大城市扩展就如火如荼地进行，城市扩展进程明显优先于其他人口规模的城市。近50年来，4个巨大城市实际扩展总面积3759.81平方千米，平均每个城市扩展面积高达939.95平方千米。我国巨大城市扩展速度最快，平均历年扩展面积高达19.52平方千米，分别是小城市、中等城市、大城市和特大城市的20.27倍、12.39倍、4.11倍和1.84倍。巨大城市的扩展速度先后经历了20世纪70年代初期至80年代末期的低速扩展期、20世纪80年代末期至2000年的稳速扩展期以及2000年以后的剧烈波动期，城市扩展速度在2003年达到峰值，之后波动降低，尤其是在2010年之后扩展速度得到有效遏制，扩展速度降幅远大于小、中、大和特大城市。近两年，巨大城市以平均每年每个城市10.22平方千米的速度扩展，远低于巨大城市50年来的扩展速度均值。

综上所述，按照城市扩展速度和平均每个城市扩展面积排序由大到小依次为巨大城市、特大城市、大城市、中等城市和小城市，可见巨大城市在我国城市扩展过程中起到了"领头羊"作用。人口规模越大的城市建成区扩展过程中出现明显增速的现象越早。早在20世纪80年代末期，巨大城市的建成区扩展已出现较为显著的增速，而小城市的建成区扩展在21世纪初期才出现明显的增速现象。基于"新型城镇化"战略的引导，在未来相当长的时期内，促进大中小城市和小城镇协调发展、重点发展中小城市、支持城市群发展将成为我国城市发展的一种必然趋势。我国中小城市的扩展速度有望稳定不变或增长。随着国家城市发展战略的深入实施，大城市、特大城市与巨大城市的扩展速度将得到有效控制，但受城市面积基数大的影响，未来这三类城市尤其是特大城市与巨大城市的扩展面积总量依然可观，仍将是我国城市扩展的重要贡献者。

1.4.5.2 五年计/规划期间的不同规模城市扩展

在国民经济和社会发展五年计/规划的不同阶段，中国各种人口规模城市的空间扩展存在明显的阶段性差异。20世纪70年代和80年代，政治、经济地位领先的北京、上海等大城市以及沿海省市是我国城市发展的重点，这些城市经过近50年的成长，陆续成为现今的大城市、特大城市和巨大城市。相比之下，参与本次监测的小城市与中等城市多数设市时间相对较晚，加之对应的城市建成区面积基数较小，虽然早在改革开放初期国家就制定了一系列积极发展中小城市的战略和方针，但城市发展和扩展见效慢。中小城市扩展在各五年计/规划阶段对我国城市扩展的贡献较小，扩展速度均远滞后于大城市、特大城市和巨大城市。

相较于其他规模的城市，小城市是城市扩展最为滞后的一种城市类型，其对全国城市扩展的贡献最小（见图41）。"十五"计划实施之前，小城市扩展速度缓慢。监测初期至"十五"计划实施之前，6个小城市实际扩展了47.90平方千米，仅占"十五"计划实施之后小城市实际扩展面积的20.42%。直至"十五"期间，国家层面制定"严格控制大城市规模，合理发展中等城市与小城市"发展战略方针对小城市扩展方显成效。"十五"计划伊始，小城市的空间扩展出现明显提速，扩展速度由1980年及以前的年均每个城市0.18平方千米迅速增至"十五"期间的0.79平方千米，扩展速度增加近4倍。"十五"期间，国家层面对中小城市发展也有了进一步的表述，明确"有重点地发展小城镇，积极发展中小城市，引导城镇密集区有序发展"的方向，对小城市扩展的刺激效果显著。"十一五"期间，小城市扩展增速明显。"十二五"期间，小城市在政策引导下快速发展，城市扩展速度达到巅峰期（城市平均每年扩展3.19平方千米）。小城市在"十三五"规划实施后扩展大幅减速，在"十三五"期间减幅尤为显著，进入"十四五"初期减速幅度较"十三五"期间有所降低，扩展速度甚至在2022年出现反弹。在"新型城镇化"政策的引导下，发展中小城市仍是我国城市建设的重点之一，未来小城市的扩展速度有望稳定不变或者有所增加。

中等城市的扩展进程虽超前于小城市，但明显滞后于大城市、特大城市和巨大城市。虽然中等城市与小城市扩展在扩展速度、实际扩展面积上均存在明显差异，但这两种规模的城市在"八五"实施之前，城市扩展速度趋势保持一致，即平稳、缓慢进行，"八五"之后，小城市的扩展趋势明显滞后于中等城市。中等城市在进入"八五"时期之前扩展速度保持匀速增长，监测初期至"八五"计划实施之前，12个中等城市共扩展了89.94平方千米，仅占"八五"实施之后中等城市实际扩展面积的10.58%。"八五"期间，中等城市的空间扩展出现明显提速，扩展速度由1980年及以前的平均每年扩展0.35平方千米迅速增至"八五"期间的1.22平方千米，扩展速度增加了2.49倍。在"有重点地发展小城镇，积极发展中小城市，引导城镇密集区有序发展"

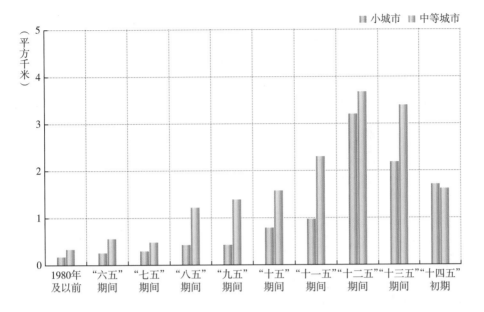

图41　不同五年计/规划期间的中小城市平均年扩展面积

等城市发展思想的引导下，中等城市在"九五"期间的扩展速度较"八五"期间略有增长。进入"十五"期间，中等城市的扩展速度升至平均每年扩展1.57平方千米，之后城市扩展不断加速，于"十二五"期间达到巅峰（城市平均每年扩展3.68平方千米）。中等城市的扩展速度在"十三五"规划实施后出现回落，在"十四五"初期扩展速度甚至略低于小城市。在"坚持大中小城市和小城镇协调发展，积极稳妥地推进城镇化""促进大中小城市和小城镇协调发展、有重点地发展小城镇"等城市发展思想的引导下，特别是在"新型城镇化"形势下，中等城市的扩展有望反弹。

相比上述中小城市，大城市的扩展对全国城市扩展的贡献明显增大，城市扩展进程有所提前，城市扩展速度明显加快，市辖区人口介于200万~300万的大城市扩展速度在各阶段均快于市辖区人口介于100万~200万的大城市（见图42）。监测的30个大城市多是由改革开放初期的中小城市发展起来的，相应的城镇用地基数小，但在改革开放初期较早开放的城市，如宁波、厦门和珠海等，以及原本经济、社会条件相对较好的省会城市福州、太原和合肥等城市扩展的带动下，大城市扩展面积在各阶段不断增加，扩展速度在"八五"计划实施之前缓慢增速，且市辖区人口介于200万~300万的大城市在"八五"计划实施之前的扩展速度与市辖区人口介于100万~200万的大城市差距较小。"八五"期间，大城市扩展明显增速，由1980年及以前的平均每年扩展1.51平方千米增至2.49平方千米。进入"八五"时期之后，两种人口规模的大城市在扩展速度上的差距不断拉大，于"十二五"期间达到最大值（平均每年扩展7.18平方千米），"十三五"期间差距缩小（平均每年扩展3.25平方千米），进入"十四五"初期呈增加态势（平均每年扩展4.51平方千米）。"九五"期间，大城市扩展相对稳定，直到"十五"期间，大城市扩展速度出现飞跃式增长，5年间共扩展998.87平方千米，扩展速度相比"九五"期间增长了1.49倍。"发展沿海城市""西部大开发""振兴东北老工业基地""中部崛起"等战略和政策的相继实施，为我国大城市的扩展提供了动力，"十一五"和"十二五"期间，大城市继续增速扩展。随着"新型城镇化"政策的提出以及该政策的不断深入实施，大城市在"十三五"期间扩展减速，但在"十四五"初期出现增速趋势。

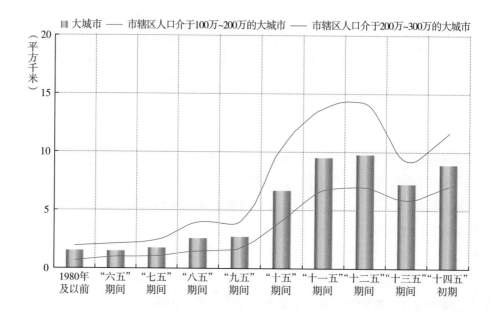

图42　不同五年计／规划期间的大城市平均年扩展面积

　　特大城市与巨大城市多属改革开放初期的大城市，它们对全国城市扩展的贡献最大。国务院1978年在北京召开的第三次全国城市工作会议制定的《关于加强城市建设工作的意见》首次提出，我国城市规模发展的指导方针是"控制大城市规模，多搞小城镇""大城市的规模一定要控制""中等城市要避免发展成大城市"。"七五"期间还颁布了《城市规划法》，对城市规模提出新的要求：国家实行严格控制大城市规模、合理发展中等城市和小城市的方针，促进生产力和人口的合理布局。但特大城市和巨大城市先天的城市发展区位优势仍"助长"它们继续扩展。在"十五"之前，特大城市与巨大城市的扩展速度持续快速增长，于"十五"期间分别达到平均每年扩展18.64平方千米和41.70平方千米，其中巨大城市扩展速度出现20世纪70年代以来的峰值，特大城市达到次高值（略低于"十二五"期间的速度）（见图43、图44）。市辖区人口介于500万~1000万的特大城市扩展速度在各阶段均大于市辖区人口介于300万~500万的特大城市，且两种人口规模的特大城市随着城市扩展进程的不断推进，扩展速度差距呈持续增加趋势，速度差于"十四五"初期达到最大（平均年扩展面积相差10.29平方千米）。受国家城市发展政策的影响，"十五"时期后，特大城市扩展减速但减少幅度不大；而巨大城市的扩展出现较明显的减速，在"十三五"规划实施之后尤为显著，进入"十四五"初期，巨大城市扩展速度（平均每年扩展10.22平方千米）甚至低于"七五"期间的均值（平均每年扩展14.66平方千米）。

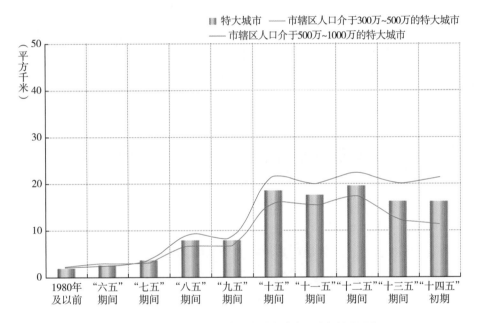

图43　不同五年计/规划期间的特大城市平均年扩展面积

通过分析我国不同人口规模城市在不同五年计/规划期间的扩展特点发现：小城市、中等城市和大城市在进入"八五"期间之前，城市扩展速度趋势基本保持一致，即相对平稳缓慢，"八五"之后出现明显差异。特大城市和巨大城市在"十五"时期之前的扩展速度持续快速增长；之后，扩展速度减速，且巨大城市扩展速度减少幅度大于特大城市。"十三五"期间，各种人口规模的城市均出现扩展减速现象，但进入"十四五"初期，大城市扩展速度出现反弹，其他城市扩展速度呈现不同程度的下行趋势。受"坚持大中小城市和小城镇协调发展，积极稳妥地推进城镇化""促进大中小城市和小城镇协调发展、有重点地发展小城镇"等战略思想的影响，在"新型城镇化"政策和《全国国土空间规划纲要（2020~2035）》引导下，未来小城市、中等城市的扩展速度有望反弹，大城市、特大城市和巨大城市的扩展则可能进入减速期。

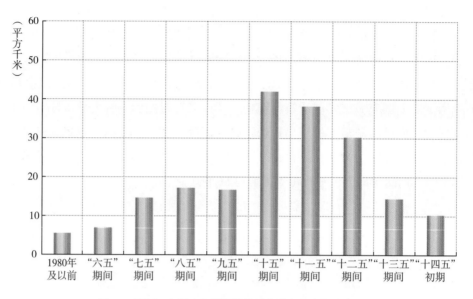

图44 不同五年计/规划期间的巨大城市平均年扩展面积

1.5 中国主要城市扩展占用土地特点

城市扩展影响的土地利用类型包括耕地、草地、林地、水域、建设用地和未利用土地等全部六个一级类型,在次一级土地利用类型中,包括水田、旱地等全部耕地类型,有林地、灌木林地、疏林地和其他林地等全部林地类型,高覆盖度草地、中覆盖度草地和低覆盖度草地等全部草地类型,河流、湖泊、水库与坑塘、海涂和滩地等多数水域类型,城镇、农村居民点、工交建设用地等全部建设用地类型,以及未利用土地的部分类型。除此以外,因为沿海城市向海洋方向的发展,还有部分海域成为建设用地的一部分。这在一定程度上反映了城市扩展所产生的土地利用影响的广泛性。

在城市增加的面积中,对于城市周边耕地的占用和城市对邻近的农村居民点、工交建设用地等的吸纳并联结为一体,是我国城市扩展最主要的土地来源。同时,在我国南方和西部地区的城市扩展中,对于草地、林地、水域以及其他土地类型的占用较东部地区的城市相对比例稍高,但因为城市自身规模较小和扩展的显著性不及东部,整体数量及其比例较小,表现了我国城市周边区域土地利用类型的地域性差异,并导致不同地域的城市扩展过程对土地利用影响复杂性的差异。

在我国主要城市扩展过程中,占用土地的类型可以归为三种。第一种是耕地,包括旱地和水田;第二种是其他建设用地,包括农村居民点和工交建设用地;第三种是除上述外的土地利用类型,涉及林地、草地、水域和未利用土地等类型。

近50年来,75个城市扩展过程中,占用的耕地面积达13127.53平方千米,占城市实际扩展面积的55.13%，包括水田和旱地；其次是占用城市周边原来独立的农村居民点、工交建设用地，面积达7755.04平方千米，占城市实际扩展面积的32.57%；以草地、林地、水域等为主的其他土地，虽然类型比较多，但实际占用面积量一般比较小，合计2929.89平方千米，占城市实际扩展面积的12.30%。城市扩展中所使用的上述三类土地面积比例在各个城市之间存在很大差异（见图45）。

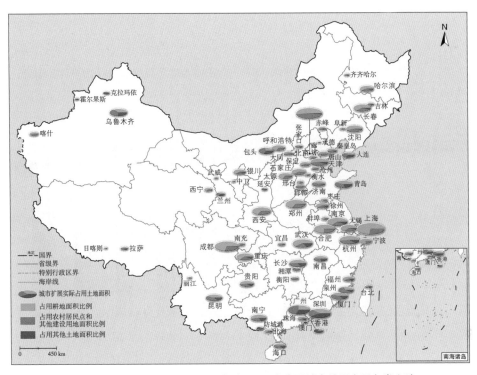

图45　20世纪70年代至2022年我国75个主要城市扩展占用各类土地
面积比例

不同五年计/规划期间，以"十五"到"十二五"期间的城市扩展最显著，占用的耕地面积也最大，"六五"至"十二五"期间城市扩展对耕地的占用持续增加，"十三五"期间有所减少，"十四五"初期持续减少（见图46）；"十二五"期间城市扩展占用耕地的面积是"六五"期间的4.99倍，"十三五"期间城市扩展占用耕地的面积是"六五"期间的3.80倍，"十四五"初期城市扩展占用耕地的面积是"六五"期间的1.55倍。"六五"至"十二五"期间城市扩展对建设用地的占用持续增加，"十三五"期间有所减少，"十四五"初期持续减少；"十二五"期间城市扩展占用建设用地的面积是"六五"期间的11.48倍，"十三五"期间城市扩展占用建设用地的面积是"六五"期间的8.34倍，"十四五"初期城市扩展占用建设用地的面积是"六五"期间的3.40倍。"六五"至"十四五"初期，城市扩展对其他土地的占用除"九五"期间较"八五"期间、"十三五"较"十二五"期间和"十四五"初期较"十三五"期间有所下降外，"六五"至"八五"期间和"九五"至"十二五"期间均呈持续增加态势；"十二五"期间城市扩展占用其他土地的面积是"六五"期间的6.41倍，"十三五"期间城市扩展占用其他土地的面积是"六五"期间的5.08倍，"十四五"初期城市扩展占用其他土地的面积是"六五"期间的1.92倍。

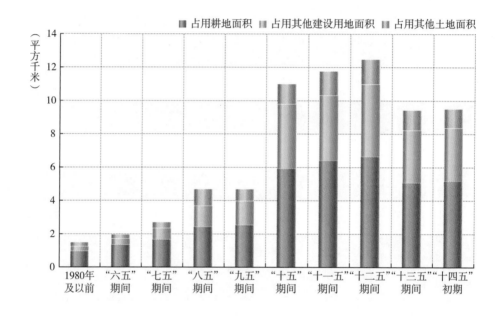

图46　不同五年计／规划期间城市平均年扩展占用各类土地面积

不同人口规模城市的扩展对土地利用类型的占用异同共存（见图47）。市辖区人口介于300万~1000万的特大城市在扩展过程中对土地利用的影响面积最多，近50年来，特大城市扩展中占用的耕地、其他建设用地和其他土地面积分别为6318.87平方千米、3788.21平方千米和1767.92平方千米，成为该类城市扩展用地的第一、第二和第三土地来源。人口规模介于300万~500万和500万~1000万的两种特大城市对土地利用的影响面积和类型比例构成类似。大城市对土地利用的影响仅次于特大城市，且市辖区人口介于200万~300万的大城市对各类土地利用类型的影响远大于市辖区人口介于100万~200万的大城市，但新增建成区的第一、第二和第三土地来源均与特大城市相同。巨大城市对土地利用的影响面积远小于特大城市和大城市，分别有2311.45平方千米、1318.99平方千米和129.37平方千米的耕地、其他建设用地和其他土地在巨大城市扩展过程中被占用，但平均每个巨大城市对土地利用的影响远大于其他人口规模的城市。相较于大城市、特大城市和巨大城市，中小城市扩展对土地利用的影响甚微，其中耕地资源也是中小城市新增面积的第一土地来源，但林地、水域等其他土地在小城市扩展过程中的贡献略高于其他建设用地。总体而言，市辖区人口规模越大，城市扩展对土地利用的影响越大；耕地是各种人口规模城市扩展的第一土地来源；除小城市外，各种人口规模城市扩展占用其他建设用地均多于其他土地。

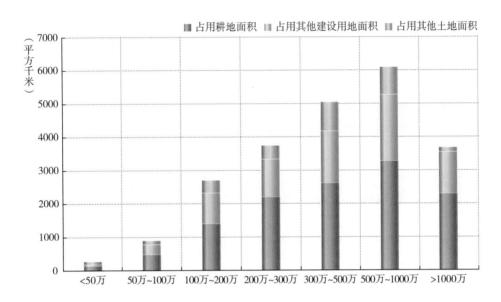

图47　不同人口规模城市扩展占用各类土地面积

1.5.1　城市扩展占用耕地特点

遥感监测表明，75个城市近50年的扩展过程中，耕地始终是被占用面积最多的土地类型。

1.5.1.1　不同时期城市扩展对耕地的占用

从城市的发展过程看，耕地在相当长的时期内都是城市扩展所直接并首先影响的土地类型，不但范围广，而且规模大。整个城市扩展过程中，被占用的耕地面积变化主要表现为一种不断增加的趋势。

20世纪70年代中期的1975年以前，每年城市扩展占用的耕地面积在20平方千米以下，1975~1979年在30~75平方千米，1979~1987年每年城市扩展占用的耕地面积稳定在99~108平方千米。这三个时段基本上和我国城市出现第一次快速扩展期以前的时间吻合，累计持续了15年左右，三个时段内耕地每年被占用面积大致保持在100平方千米以

内，趋势比较平稳。这一时期城市扩展占用的耕地面积比例在63.93%~71.53%。

1987年以后，随着我国城市发展进入快速期，占用的耕地面积也有了比较明显的增加，1987~2000年比较平稳，在130~222平方千米；这个时期与20世纪80年代中期以前相比，仍然属于比较平稳的增加期，但增加幅度超过以前。13年中，占用耕地面积占城市扩展面积的比例在50.40%~61.79%，较前一时期有所降低。

2000~2006年开始进入我国城市扩展速度最快的时期，同时也是占用耕地面积急剧增加的时期，每年城市扩展占用的耕地面积在340~520平方千米，这6年间城市扩展占用的耕地面积比例在49.91%~56.85%。之后在2007~2008年快速下降到440平方千米以内，又继续反弹到2011年的655.90平方千米，也达到了年均占用耕地面积的极值，这5年间城市扩展占用耕地面积的比例在50.59%~58.33%。之后经过2011~2012年和2014~2015年的两次快速下降,在2015年下降到250多平方千米，2016年有所回升，2017年又略有下降，2018~2019年回升明显，2020年又下降到310多平方千米，其间城市扩展占用耕地面积的比例为44.96%~69.43%，2020~2021年回升到515.30平方千米，2021~2022年又快速下降到258.85平方千米，其间城市扩展占用耕地面积的比例分别为56.10%和51.82%。

从中国主要城市平均每年每个城市扩展占用耕地面积的发展过程看，不同时期耕地被占用的速度不同（见图48）。

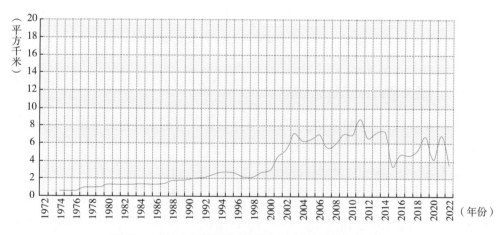

图48　中国75个主要城市扩展平均历年占用的耕地面积

20世纪70年代中国主要城市扩展占用耕地情况。比较而言，20世纪70年代的数年间是我国城市扩展最不明显的时期，大部分城市中心建成区持续保持了多年相对稳定的缓慢发展状态。1974~1979年，每个城市年均占用耕地在0.62~1.06平方千米，5年间每个城市年均占用耕地平均值为0.86平方千米。在目前条件下，受客观因素的影响，单纯基于航天遥感数据尚难以准确、全面地恢复20世纪70年代以来我国城市变化每个年度的具体情况，部分城市由于具有一定时段的多时相遥感数据，完成了监测，更多的城市只是为开展之后的扩展过程监测奠定了遥感趋势基础、作为比较标准。

20世纪80年代中国主要城市扩展占用耕地情况。1980年以后，各个城市都获取了相对20世纪70年代的变化结果，能够实现与70年代城市中心建成区状况及占用耕地的对比，因而，对20世纪80年代的城市扩展遥感监测是在获得一致、全面和比较系统的过程信息基础上进行的。1980~1989年，每个城市年均占用耕地在1.31~1.82平方千米，9年间每个城市年均占用耕地的平均值为1.44平方千米。这一扩展速度只是稍高于前一时期，速度变化不大。其中，在1987年以前每个城市年均占用耕地面积的速度和规模变化不大，在1.31~1.43平方千米，相对比较平稳缓慢扩展是这个时段的主要特点。但从1988年开始，这种情况发生了比较大的变化，耕地被占用速度加快，为1.74~1.82平方千米。这一时间段，我国城市发展对耕地的占用首次表现出明显加速势头。20世纪80年代是我国城市扩展过程中各个城市逐步向快速发展转变的一个时期，越来越多的城市在80年代末期进入快速扩展时期。

20世纪90年代中国主要城市扩展占用耕地情况。自20世纪80年代末期开始出现城市中心建成区的快速扩展时期，一直持续到90年代中期才有所减缓，累计持续时间在8年左右。1990~1995年，每个城市年均占用耕地在2.08~2.74平方千米，5年间每个城市年均占用耕地平均值为2.42平方千米。20世纪90年代中期以前是我国城市扩展较快期，多数城市在这一时期的发展速度都比较快，对耕地的占用也比较显著，出现第一个高峰。1995~1999年，每个城市年均占用耕地在2.11~2.68平方千米，4年间每个城市年均占用耕地平均值为2.39平方千米，其间年均占用耕地出现一种起伏波动现象。

21世纪中国主要城市扩展占用耕地情况。每个城市年均占用耕地到2000年超过此前的扩展水平，且出现了扩展加速的势头。2000~2003年，每个城市年均占用耕地在4.53~7.08平方千米，3年间每个城市年均占用耕地的平均值为5.64平方千米，年均占用耕地面积呈现多年连续变化中非常突出的一个扩展高峰，成为监测期内扩展非常快的时期。2003~2011年，每个城市年均占用耕地在5.50~8.75平方千米，8年间每个城市年均占用耕地的平均值为6.70平方千米。年均占用耕地面积出现先放缓再加速扩展的最高峰，成为监测期内占用耕地的峰值。2011~2020年，每个城市年均占用耕地在3.39~7.37平方千米，9年间每个城市年均占用耕地出现起伏波动现象，且平均值为5.53平方千米。2020~2022年，每个城市年均占用耕地在3.45~6.87平方千米，2年间每个城市年均占用耕地为5.16平方千米。

对20世纪70年代以来不同时段中国城市扩展占用耕地基本过程特点的分析表明，

1987年以前处于相对稳定的缓慢发展期，此后出现了比较明显的加快，成为发展速度较快的时期，持续了10年左右时间，至1997年出现比较明显的减缓，直至2000年左右，从2001年开始，我国城市的扩展速度再次加快，2003~2011年有波动，但又创新高，2011~2015年增速呈波动下降趋势，2015~2019年增速呈波动上升趋势，2020~2022年呈波动下降趋势。

就全国而言，包括水田、旱地在内的耕地是我国城市扩展过程中占用最多的一类土地，大部分城市扩展以占用周边的耕地为主。

占用耕地面积最多的是上海市，为1046.13平方千米，占城市数量的1.33%；占用耕地面积超过500平方千米的是成都、北京和合肥市，分别为734.09平方千米、650.82平方千米和586.45平方千米，占城市数量的4.00%；占用耕地面积在200~500平方千米的有23个城市，包括郑州、南京、武汉、西安、杭州、深圳、长春、重庆、天津、无锡、沈阳、长沙、南宁、青岛、厦门、太原、石家庄、广州、宁波、昆明、呼和浩特、哈尔滨和乌鲁木齐市，占城市数量的30.67%；占用耕地面积在100~200平方千米的有11个城市，包括贵阳、徐州、银川、南昌、济南、福州、泉州、大连、海口、保定和包头市，占城市数量的14.67%；唯一没有占用耕地的城市是澳门，占城市数量的1.33%；防城港和克拉玛依2市占用耕地面积小于8平方千米，占城市数量的2.67%；其余34个城市占用耕地面积小于100平方千米，占城市数量的45.33%。

75个城市中占用耕地面积比例在70%~85%的有11个城市，占城市数量的14.67%，包括中卫、宁波、丽江、日喀则、合肥、邢台、上海、阜新、成都、衡水和武威市。占用耕地面积比例在60%~70%的有18个城市，占城市数量的24.00%，包括枣庄、蚌埠、呼和浩特、太原、西宁、郑州、西安、廊坊、无锡、承德、南京、重庆、南充、银川、北海、珠海、长春和霍尔果斯市。没有占用耕地的城市是澳门，占城市数量的1.33%。克拉玛依市占用耕地面积比例小于10%，占城市数量的1.33%。占用耕地面积比例10%~40%的有9个城市，分别为深圳、乌鲁木齐、湘潭、泉州、延安、包头、广州、香港和防城港市，占城市数量的12.00%。占用耕地面积比例在40%~50%的有12个城市，占城市数量的16.00%，包括邯郸、南昌、衡阳、拉萨、海口、济南、厦门、昆明、张家口、青岛、兰州和大连市。占用耕地面积比例在50%~60%的有23个城市，占城市数量的30.67%。

综上可见，城市扩展占用耕地是一种普遍状况，且城市间差异比较明显。

不同五年计/规划期间（见图49），城市扩展占用耕地的比例一直较高而且稳定，"六五"期间至"十二五"期间城市扩展占用耕地面积呈持续增加态势，但在城市扩展面积中的比例从"八五"开始降低后持续稳定。

"六五"时期，城市扩展占用耕地面积499.33平方千米，占城市扩展总面积的

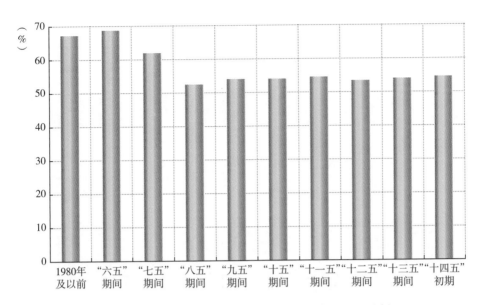

图49　不同五年计/规划期间城市扩展占用耕地的面积比例

68.82%。"七五"时期，城市扩展占用耕地面积616.15平方千米，占城市扩展总面积的61.96%。"八五"时期，城市扩展占用耕地面积906.36平方千米，占城市扩展总面积的52.51%。"九五"时期，城市扩展占用耕地面积937.17平方千米，占城市扩展面积的54.09%。"十五"时期，城市扩展占用耕地面积2221.49平方千米，占城市扩展面积的54.25%。"十一五"时期，城市扩展占用耕地面积2411.83平方千米，占城市扩展面积的54.81%。"十二五"时期，城市扩展占用耕地面积2490.05平方千米，占城市扩展面积的53.48%。"十三五"时期，城市扩展占用耕地面积1897.37平方千米，占城市扩展面积的54.10%。"十四五"初期，城市扩展占用耕地面积774.16平方千米，占城市扩展面积的54.59%。比较而言，"六五"到"十二五"时期，城市扩展占用耕地面积呈持续增加趋势，"十三五"时期有所下降，"十四五"初期呈持续下降趋势。

1.5.1.2　不同类型城市扩展占用耕地对比

随着城市化进程的不断加快，城市扩展对耕地的占用是一个普遍现象。本报告将城市按直辖市、省会（首府）城市和其他城市分类型进行统计，另外，考虑到港澳台的特殊性，未归入以上三种类型。不同类型城市扩展对于耕地的占用状况，整体上表现为逐渐增加趋势。20世纪70年代以来，直辖市在城市扩展过程中对耕地的占用速度最快且波动性最大，其他城市在城市扩展过程中对耕地的占用速度最慢且波动性最小，省会（首府）城市介于二者之间。不同类型城市扩展占用耕地速度表现出不同特点（见图50）。

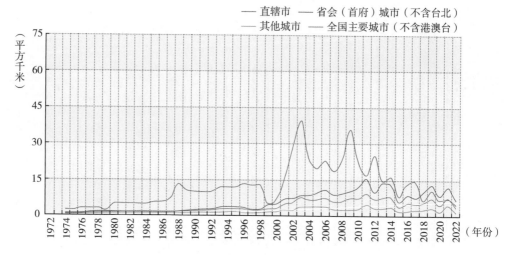

图50　中国不同类别城市扩展平均历年占用的耕地面积

直辖市扩展累计占用耕地2311.45平方千米，占被占用耕地面积（不含港澳台）的17.73%，占用速度最快且波动性大。1987年及其以前是低速平稳期，20世纪80年代末期至20世纪90年代末城市扩展对耕地的占用速度进入平稳增长期，1998~2000年有所回落，21世纪初至2003年对耕地的占用速度进入快速增长期，2003~2007年是波动回落期，2007~2009年是快速增长期，2009~2022年是波动回落期。1973~1974年直辖市扩展占用的耕地面积2.21平方千米，2021~2022年为18.68平方千米，2021~2022年直辖市扩展占用耕地面积是1973~1974年的8.45倍。1987年之前，有198.16平方千米的耕地以每个城市年均4.10平方千米的速度被占用，该时段耕地占新增城镇用地的67.33%。1988~1998年，有454.58平方千米的耕地以每个城市年均11.36平方千米的速度被占用，速度较前一时段有所上升，该时段耕地占新增城镇用地的61.25%。2000~2003年，有335.81平方千米的耕地以每个城市年均27.98平方千米的速度被占用，速度明显较前一时段上升，该时段耕地占新增城镇用地的64.48%。2003~2007年，有337.34平方千米的耕地以每个城市年均21.08平方千米的速度被占用，该时段耕地占新增城镇用地的59.62%。2007~2009年，有232.79平方千米的耕地以每个城市年均29.10平方千米的速度被占用，该时段耕地占新增城镇用地的69.96%。2009~2022年，有655.66平方千米的耕地以每个城市年均12.61平方千米的速度被占用，该时段耕地占新增城镇用地的57.17%。

省会（首府）城市扩展累计占用耕地7237.57平方千米，占被占用耕地面积（不含港澳台）的55.51%，以较快速度持续增加。1988年及其以前是低速平稳期，20世纪80年代末期至20世纪90年代末城市扩展对耕地的占用速度进入平稳增长期，1998~2011

年对耕地的占用速度进入波动快速增长期，2011~2015年波动回落，2015~2019年对耕地的占用速度进入波动增长期，2019~2022年波动回落。1973~1974年省会（首府）城市扩展占用耕地面积5.92平方千米，2021~2022年为178.49平方千米，2021~2022年省会（首府）城市扩展占用耕地面积是1973~1974年的30.15倍。1988年之前，有489.79平方千米的耕地以每个城市年均1.41平方千米的速度被占用，该时段耕地占新增城镇用地的71.00%。1988~1998年，有778.74平方千米的耕地以每个城市年均2.88平方千米的速度被占用，速度较前一时段有所上升，该时段耕地占新增城镇用地的52.91%。1998~2011年，有3104.42平方千米的耕地以每个城市年均8.84平方千米的速度被占用，该时段耕地占新增城镇用地的57.68%。2011~2015年，有1130.83平方千米的耕地以每个城市年均10.47平方千米的速度被占用，该时段耕地占新增城镇用地的53.94%。2015~2019年，有1030.25平方千米的耕地以每个城市年均9.54平方千米的速度被占用，该时段耕地占新增城镇用地的54.21%。2019~2022年，有712.46平方千米的耕地以每个城市年均8.80平方千米的速度被占用，该时段耕地占新增城镇用地的59.21%。

其他城市扩展累计占用耕地3489.59平方千米，占被占用耕地面积（不含港澳台）的26.76%，速度慢且波动性小。1998年及其以前是低速平稳期，1998~2004年进入快速增长期，2004~2008年是平稳回落期，2008~2010年进入平稳增长期，2010~2011年增速明显，达到峰值。2011~2022年是波动回落期。1973~1974年其他城市扩展占用耕地面积6.01平方千米，2021~2022年为61.22平方千米，2021~2022年其他城市扩展占用耕地面积是1973~1974年的10.19倍。1998年之前，有860.01平方千米的耕地以每个城市年均0.83平方千米的速度被占用，该时段耕地占新增城镇用地的57.85%。1998~2004年，有595.55平方千米的耕地以每个城市年均2.42平方千米的速度被占用，速度明显较前一时段上升，该时段耕地占新增城镇用地的50.70%。2004~2008年，有497.50平方千米的耕地以每个城市年均3.03平方千米的速度被占用，该时段耕地占新增城镇用地的44.08%。2008~2010年，有218.62平方千米的耕地以每个城市年均2.67平方千米的速度被占用，该时段耕地占新增城镇用地的40.57%。2010~2011年，有178.96平方千米的耕地以每个城市年均4.36平方千米的速度被占用，该时段耕地占新增城镇用地的53.49%。2011~2022年，有1138.95平方千米的耕地以每个城市年均2.53平方千米的速度被占用，该时段耕地占新增城镇用地的47.95%。

虽然三种类型的城市扩展过程中对耕地的占用速度等存在一定差异，但总体趋势基本一致，即三类城市对耕地的占用速度在1987年及其以前相对缓慢；在20世纪80年代中后期至90年代中期城市扩展对耕地的占用速度呈稳步增长态势；在20世纪90年代末期至2003年对耕地的占用速度呈快速增长态势，而省会（首府）城市该态势持续到2006年。20世纪70年代初期至80年代中后期，三种类型城市在扩展过程中对耕地的占用速度差异相对于其他时段来说最小。在20世纪80年代中后期至90年代中期三种类型城市的扩展对耕地的占用速度稳步增长，均高于前一时段的速度。20世纪90年代末期至2003年，三种类型城市的扩展对耕地的占用进入快速增长期。2003~2009年直辖市呈先降后升态势。2009~2022年直辖市呈波动回落态势。而省会（首府）城市扩展对耕地的占用速度在2006~2007年才呈下降趋势，2007~2011年又呈增长态势，2011~2015年呈波动回落态势，2015~2019年呈波动上升态势，2019~2022年呈回落态势。2004~2011年其他城市的扩展对耕地的占用速度呈先降后升态势，2011~2022年呈波动回落态势。

不同人口规模城市扩展对耕地的占用既有普遍性，又有特殊性。按人口规模划分为小城市、中等城市、大城市、特大城市、巨大城市五个城市等级。分析不同规模城市扩展对耕地的占用状况，整体上表现为逐渐增加趋势。20世纪70年代以来，巨大城市（>1000万）在城市扩展过程中对耕地的占用速度最快，且波动性最大；其次是特大城市（500万~1000万、300万~500万），在城市扩展过程中对耕地的占用速度较快且波动性较大；大城市（200万~300万、100万~200万）在城市扩展过程中对耕地的占用速度较慢且波动性较小；小城市（<50万）和中等城市（50万~100万）在城市扩展过程中对耕地的占用速度慢且波动性小。从不同人口规模城市看，城市扩展占用耕地速度表现出各自的特点（见图51）。

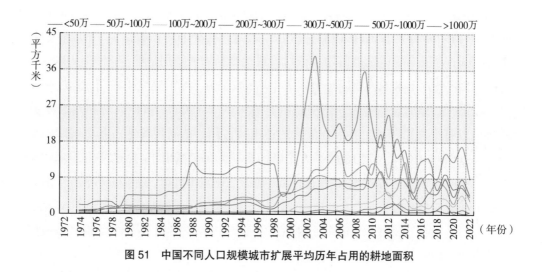

图51　中国不同人口规模城市扩展平均历年占用的耕地面积

20世纪70年代至2022年中国小于50万、50万~100万、100万~200万、200万~300万、300万~500万、500万~1000万和大于1000万等不同人口规模城市扩展占用的耕地面积及其占实际扩展面积的比例分别为：134.16平方千米和47.51%、495.20平方千米和52.69%、1497.50平方千米和50.82%、2370.34平方千米和59.14%、2770.76平方千米和

52.17%、3548.11平方千米和54.06%、2311.45平方千米和61.48%。除小城市（市区人口小于50万）外，其余不同人口规模城市扩展占用的耕地面积比例均大于50.00%，占用耕地面积比例最大的是市区总人口大于1000万的巨大城市（见图52）。

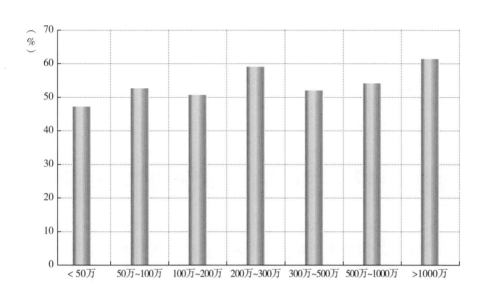

图 52　20 世纪 70 年代至 2022 年中国不同人口规模城市扩展占用的耕地面积比例

对比不同五年计/规划期间城市扩展占用耕地面积的速度，发现全国平均占用耕地速度在"十二五"期间最快，平均每年占用耕地6.65平方千米。"十三五"期间平均每年占用耕地5.06平方千米，较"十二五"期间下降明显。"十四五"初期平均每年占用耕地5.16平方千米，较"十三五"期间变化不大。不同类型的城市占用耕地面积的速度，除直辖市城市占用耕地的速度在"十五"期间最快外，省会（首府）城市（不含港澳台）和其他城市占用耕地的速度均在"十二五"期间最快。不同人口规模城市中，巨大城市和特大城市（300万~500万）占用耕地的速度在"十五"期间最快，特大城市（500万~1000万）和大城市（200万~300万）占用耕地速度在"十一五"期间最快，大城市（100万~200万）、中等城市（50万~100万）和小城市（<50万）占用耕地速度均在"十二五"期间最快。不同类型和不同人口规模城市"十三五"期间占用耕地的速度均低于"十二五"时期；除小城市（<50万）外，不同类型和不同人口规模城市在"十三五"期间占用耕地的速度也均低于"十一五"时期。

1.5.1.3　不同区域城市扩展占用耕地对比

全国按区域划分为东北地区、华北地区、华中地区、华东地区、华南地区、西北

地区、西南地区和港澳台地区八大区，全国75个主要城市扩展占用的耕地比例八大区分别为7.94%、19.20%、10.33%、33.01%、8.54%、8.15%、12.15%、0.68%。可见，华东、华北两个地区的城市扩展对耕地的占用最突出，两区城市扩展对耕地的占用量占20世纪70年代至2022年被占用耕地总量的52.21%。华东地区每个城市年均扩展占用耕地的速度最快，高达5.92平方千米，其后是华中地区（4.63平方千米）、西南地区（4.09平方千米）、东北地区（3.20平方千米）、华南地区（3.27平方千米）、华北地区（2.90平方千米）、西北地区（1.95平方千米）、港澳台地区（仅有0.63平方千米）。八个区域城市扩展占用耕地的速度有较大差异，这和选取城市的规模有关，但与各区域城市扩展速度变化趋势基本一致。

自20世纪70年代以来，东北地区城市扩展中耕地对新增城市用地的贡献为56.20%。20世纪70年代中期至90年代末，平均每年每个城市扩展占用的耕地面积为1.29平方千米，呈平稳发展态势，该时段共占用耕地面积198.53平方千米，占新增城镇用地的59.05%。1998~2001年，107.81平方千米的耕地以每个城市年均5.13平方千米的速度快速被占用，该时段耕地占新增城镇用地的53.78%。2001~2008年，东北地区城市扩展占用耕地的速度以每个城市年均4.06平方千米的速度呈起伏波动态势，该时段占用的耕地面积198.92平方千米，占新增城镇用地的51.72%。2008~2010年两年的时间内，共占用耕地面积164.04平方千米，占新增城镇用地的58.20%，以每个城市年均11.72平方千米的速度呈快速上升态势。2010~2022年，新增城镇用地对耕地的占用速度进入波动回落期，速度为每个城市年均4.45平方千米，该时段共有373.48平方千米的耕地被占用，占新增城镇用地的57.27%（见图53）。

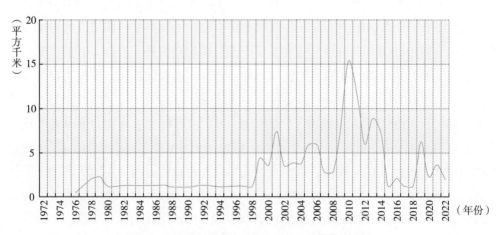

图53　东北地区城市扩展平均历年占用的耕地面积

自20世纪70年代以来，华北地区城市扩展占用耕地是除华东地区外较大的区域，耕地对新增城市用地的贡献为54.42%。先后经历了20世纪70年代初至90年代初的相对稳定期、1992~1995年的缓慢增长期、1995~1999年的缓慢下降期、1999~2003年的快速增长期、2003~2005年的迅猛回落期、2005~2011年的波动反弹增长期、2011~2022年的波动回落期。20世纪70年代初至90年代初，474.02平方千米的耕地以每个城市年均1.50平方千米的速度被占用，该时段耕地占新增城镇用地的60.32%。1992~1995年，141.02平方千米的耕地以每个城市年均2.61平方千米的速度被占用，速度较前一时段有所上升，该时段耕地占新增城镇用地的59.30%。1995~1999年，164.57平方千米的耕地以每个城市年均2.29平方千米的速度被占用，速度较前一时段有所下降，该时段耕地占新增城镇用地的50.21%。1999~2003年，359.52平方千米的耕地以每个城市年均4.99平方千米的速度被占用，速度较前一时段上升显著，该时段耕地占新增城镇用地的58.44%。2003~2005年，129.70平方千米的耕地以每个城市年均3.60平方千米的速度被占用，速度较前一时段有所下降，该时段耕地占新增城镇用地的46.28%。2005~2011年，529.507平方千米的耕地以每个城市年均4.90平方千米的速度被占用，速度较前一时段有所上升，该时段耕地占新增城镇用地的47.29%。2011~2022年，721.73平方千米的耕地以每个城市年均3.65平方千米的速度被占用，新增城镇用地对耕地的占用速度进入回落期，该时段耕地占新增城镇用地的57.10%（见图54）。

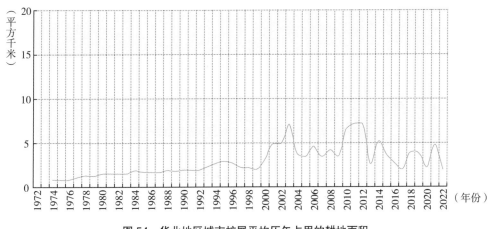

图54　华北地区城市扩展平均历年占用的耕地面积

自20世纪70年代以来，华中地区耕地对新增城市用地的贡献为58.31%。20世纪90年代初之前为稳定期、1992~1995年为较快增长期、1995~1998年为回落期、1998~2004年为快速上升期、2004~2008年为波动回落期、2008~2014年为波动上升期、2014~2020年为波动下降期、2020~2022年呈先升再降态势。20世纪90年代初之前，121.13平方千米的耕地以每个城市年均1.12平方千米的速度被占用，该时段耕地占新增城镇用地的70.39%。1992~1995年，48.50平方千米的耕地以每个城市年均2.69平方千米的速度被占用，速度较前一时段有所上升，该时段耕地占新增城镇用地的62.01%。1995~1998年，37.87平方千米的耕地以每个城市年均2.10平方千米的速度被占用，较前一时段以相近的速度回落，该时段耕地占新增城镇用地的61.92%。1998~2004年，254.81平方千米的耕地以每个城市年均7.08平方千米的速度被占用，速度较前一时段快速上升，达到一个峰值，该时段耕地占新增城镇用地的58.64%。2004~2008年，174.95平方千米的耕地以每个城市年均7.29平方千米的速度被占用，该时段耕地占新增城镇用地的64.30%。2008~2014年，346.12平方千米的耕地以每个城市年均9.61平方千米的速度被占用，该时段耕地占新增城镇用地的59.76%。2014~2020年，261.80平方千米的耕地以每个城市年均7.27平方千米的速度被占用，该时段耕地占新增城镇用地的50.62%。2020~2022年，110.92多平方千米的耕地以每个城市年均9.24平方千米的速度被占用，该时段耕地占新增城镇用地的52.48%（见图55）。

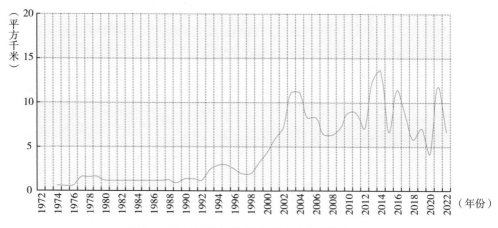

图55 华中地区城市扩展平均历年占用的耕地面积

自20世纪70年代以来，华东地区是占用耕地最多的区域，且呈阶梯状持续上升趋势，耕地对新增城市用地的贡献为59.78%。20世纪70年代末之前为低速期、1979~1987年为稳定期、1987~1989年为较快增长期、1989~1995年为稳定期、1995~2000年为回落期、2000~2003年为快速反弹期、2003~2009年为波动上升期、2009~2015年为波动回落期、2015~2019年为波动上升期、2019~2022年呈回落态势。20世纪70年代末之前，61.39平方千米的耕地以每个城市年均0.90平方千米的速度被占用，该时段耕地占新增城镇用地的93.34%。1979~1987年，239.61平方千米的耕地以每个城市年均2.00平方千米的速度被占用，速度较前一时段有所上升，该时段耕地占新增城镇用地的84.95%。

1987~1989年，112.67平方千米的耕地以每个城市年均3.76平方千米的速度被占用，速度明显较前一时段上升，该时段耕地占新增城镇用地的72.07%。1989~1995年，382.73平方千米的耕地以每个城市年均4.25平方千米的速度被占用，速度较前一时段明显上升，该时段耕地占新增城镇用地的69.65%。1995~2000年，238.17平方千米的耕地以每个城市年均3.18平方千米的速度被占用，速度明显较前一时段下降，该时段耕地占新增城镇用地的63.44%。2000~2003年，418.44平方千米的耕地以每个城市年均9.30平方千米的速度被占用，速度较前一时段快速上升，该时段耕地占新增城镇用地的60.32%。2003~2009年，1124.56平方千米的耕地以每个城市年均12.50平方千米的速度被占用，速度较前一时段明显上升，该时段耕地占新增城镇用地的55.39%。2009~2015年，855.16平方千米的耕地以每个城市年均9.50平方千米的速度被占用，速度较前一时段明显下降，该时段耕地占新增城镇用地的53.20%。2015~2019年，552.05平方千米的耕地以每个城市年均9.20平方千米的速度被占用，该时段耕地占新增城镇用地的59.34%。2019~2022年，348.53平方千米的耕地以每个城市年均7.75平方千米的速度被占用，该时段耕地占新增城镇用地的62.46%（见图56）。

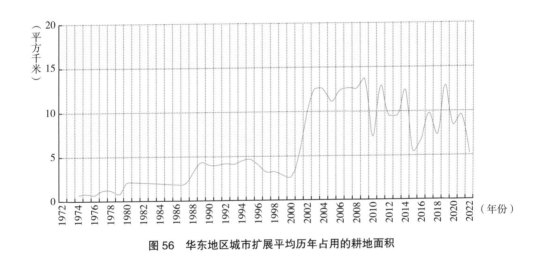

图56 华东地区城市扩展平均历年占用的耕地面积

自20世纪70年代以来，华南地区耕地对新增城市用地的贡献为39.08%。20世纪70年代末之前为低速期、1978~1989年为稳定期、1989~1991年为较快增长期、1991~1995年为稳定期、1995~1998年为回落期、1998~2006年为快速波动上升期、2006~2012年为波动回落期、2012~2014年为快速上升期、2014~2015年为回落期、2015~2018年为波动上升期且达到峰值、2018~2022年为波动回落期。20世纪70年代末之前，11.24平方千米的耕地以每个城市年均0.36平方千米的速度被占用，该时段耕地占新增城镇用地的70.76%。1978~1989年，123.16平方千米的耕地以每个城市年均1.60平方千米的速度被

107

占用，速度较前一时段有所上升，该时段耕地占新增城镇用地的53.86%。1989~1991年，47.56平方千米的耕地以每个城市年均3.40平方千米的速度被占用，速度明显较前一时段上升，该时段耕地占新增城镇用地的33.38%。1991~1995年，105.56平方千米的耕地以每个城市年均3.77平方千米的速度被占用，速度较前一时段明显上升，该时段耕地占新增城镇用地的28.24%。1995~1998年，40.74平方千米的耕地以每个城市年均1.94平方千米的速度被占用，速度明显较前一时段下降，该时段耕地占新增城镇用地的26.59%。1998~2006年，299.34平方千米的耕地以每个城市年均5.35平方千米的速度被占用，速度较前一时段快速上升，达到一个峰值，该时段耕地占新增城镇用地的40.17%。2006~2012年，146.85平方千米的耕地以每个城市年均3.50平方千米的速度被占用，速度较前一时段明显下降，该时段耕地占新增城镇用地的48.36%。2012~2014年，72.45平方千米的耕地以每个城市年均5.18平方千米的速度被占用，较前一时段呈上升态势，该时段耕地占新增城镇用地的30.05%。2014~2015年，14.46平方千米的耕地以每个城市年均2.07平方千米的速度被占用，该时段耕地占新增城镇用地的26.93%。2015~2018年，124.93平方千米的耕地以每个城市年均5.95平方千米的速度被占用，较前一时段呈快速上升态势，该时段耕地占新增城镇用地的34.02%。2018~2022年，134.19平方千米的耕地以每个城市年均4.79平方千米的速度被占用，该时段耕地占新增城镇用地的55.41%（见图57）。

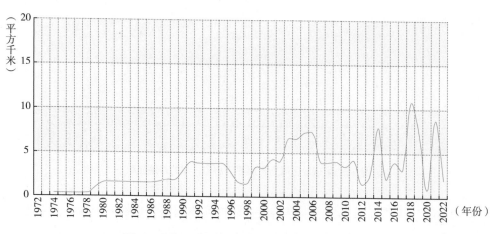

图57 华南地区城市扩展平均历年占用的耕地面积

自20世纪70年代以来，西北地区耕地对该区新增城市用地的贡献为52.98%，占用速度相对缓慢，且增速相对滞后。20世纪80年代末期之前相当长的时间内为低速稳定期、1988~2000年为缓慢增长期、2000~2004年为波动增长期、2004~2006年为快速上升期、2006~2009年为回落期、2009~2012年为快速上升期且达到最高值、2012~2017年为回落期、2017~2020年为缓慢增长期、2020~2022年呈先升再降态势。20世纪80年代末期之前，37.28平方千米的耕地以每个城市年均0.23平方千米的速度被占用，该时段耕地占新增城镇用地的52.45%。1988~2000年，159.14平方千米的耕地以每个城市年均1.21平方千米的速度被占用，速度较前一时段有所上升，该时段耕地占新增城镇用地的58.32%。2000~2004年，86.13平方千米的耕地以每个城市年均1.96平方千米的速度被占用，该时段耕地占新增城镇用地的49.10%。2004~2006年，107.33平方千米的耕地以每个城市年均4.88平方千米的速度被占用，速度较前一时段快速上升，该时段耕地占新增城镇用地的55.99%。2006~2009年，75.12平方千米的耕地以每个城市年均2.28平方千米的速度被占用，该时段耕地占新增城镇用地的51.54%。2009~2012年，239.07平方千米的耕地以每个城市年均7.24平方千米的速度被占用，该时段耕地占新增城镇用地的58.19%。2012~2017年，183.23平方千米的耕地以每个城市年均3.33平方千米的速度被占用，速度较前一时段明显下降，该时段耕地占新增城镇用地的47.69%。2017~2020年，74.52平方千米的耕地以每个城市年均2.26平方千米的速度被占用，该时段耕地占新增城镇用地的47.13%。2020~2022年，108.64多平方千米的耕地以每个城市年均4.94平方千米的速度被占用，该时段耕地占新增城镇用地的51.64%（见图58）。

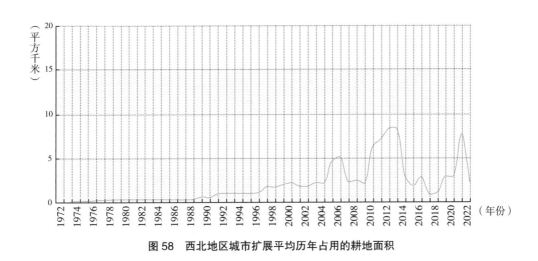

图58　西北地区城市扩展平均历年占用的耕地面积

自20世纪70年代以来，西南地区耕地对该区新增城市用地的贡献为61.80%，为八大区最高。20世纪90年代初之前为稳定期、1992~2005年为较快增长期、2005~2007年为平稳期、2007~2009年为快速上升期且达到最高值、2009~2012年为波动回落期、2012~2013年为快速增长期、2013~2015年为快速回落期、2015~2018年为较快增长期、2018~2020年呈缓慢回落态势、2020~2022年呈先降再升态势。20世纪90年代初之前，113.08平方千米的耕地以每个城市年均0.80平方千米的速度被占用，其间1986~1989年有所波动，该时段耕地占新增城镇用地的77.60%。1992~2005年，432.16平方千米的耕地以每个城市年均4.16平方千米的速度被占用，速度较前一时段上升显著，该时段耕地占新增城镇用地的68.27%。2005~2007年，104.32平方千米的耕地以每个城市年均6.52平方千米的速度被占用，速度较前一时段有所上升，该时段耕地占新增城镇用地的74.51%。2007~2009年，168.17平方千米的耕地以每个城市年均10.51平方千米的速度被占用，速度较前一时段快速上升，达到一个峰值，该时段耕地占新增城镇用地的75.76%。2009~2012年，160.57平方千米的耕地以每个城市年均6.69平方千米的速度呈波动态势被占用，该时段耕地占新增城镇用地的49.91%。2012~2013年，104.48平方千米的耕地以每个城市年均13.06平方千米的速度被占用，速度较前一时段上升显著，该时段耕地占新增城镇用地的61.19%。2013~2015年，78.07平方千米的耕地以每个城市年均4.88平方千米的速度被占用，速度较前一时段下降明显，该时段耕地占新增城镇用地的49.73%。2015~2018年，199.77平方千米的耕地以每个城市年均8.32平方千米的速度被占用，速度较前一时段上升明显，该时段耕地占新增城镇用地的55.99%。2018~2020年，139.94平方千米的耕地以每个城市年均8.75平方千米的速度被占用，该时段耕地占新增城镇用地的68.54%。2020~2022年，94.83平方千米的耕地以每个城市年均5.93平方千米的速度被占用，该时段耕地占新增城镇用地的41.18%（见图59）。

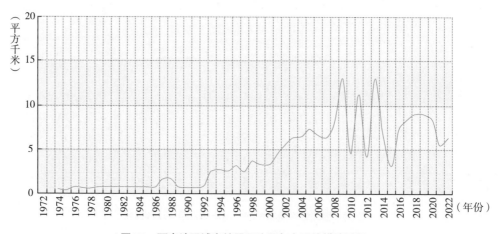

图59　西南地区城市扩展平均历年占用的耕地面积

港澳台地区城市扩展对耕地的占用和其他区域相比特点显著，且呈阶梯状持续下降趋势。近50年来城市扩展占用耕地面积小于其他土地类型，耕地对新增城镇用地的贡献为31.49%。耕地被城市扩展占用的速度先后经历了20世纪80年代末期之前的稳定期、1988~1990年的快速下降期、20世纪90年代的稳定期、1999~2005年的波动期、2005~2013年的稳定期、2013~2018年的波动期、2018~2020年的稳定期、2020~2022年的波动期。港澳台地区的城市化进程远早于内地，20世纪90年代以前已经完成快速城市化过程，城市建设日臻完善。20世纪80年代末期之前，共有64.24平方千米的耕地以每个城市年均1.43平方千米的速度被占用，该时段耕地占新增城镇用地的42.99%。1988~1990年，2.41平方千米的耕地以每个城市年均0.40平方千米的速度被占用，速度较前一时段下降明显，该时段耕地占新增城镇用地的19.45%。1990~1999年，6.43平方千米的耕地以每个城市年均0.24平方千米的速度被占用，速度明显较前一时段下降，该时段耕地占新增城镇用地的13.17%。1999~2005年，7.50平方千米的耕地以每个城市年均0.42平方千米的速度被占用，速度较前一时段有所上升，且2000年时有波动，该时段耕地占新增城镇用地的21.07%。2005~2013年，仅有0.65平方千米的耕地以每个城市年均0.03平方千米的速度被占用，该时段耕地占新增城镇用地的5.51%。2013~2018年，有3.58平方千米的耕地以每个城市年均0.24平方千米的速度被占用，该时段耕地占新增城镇用地的25.53%。2018~2020年，仅有0.09平方千米的耕地以每个城市年均0.02平方千米的速度被占用，该时段耕地占新增城镇用地的2.28%。2020~2022年，有1.26平方千米的耕地以每个城市年均0.21平方千米的速度被占用，该时段耕地占新增城镇用地的19.91%。进入20世纪90年代之后，港澳台地区城市扩展对耕地的占用持续减少，对其他土地类型占用比例持续增加，这也是有别于其他区域的（见图60）。

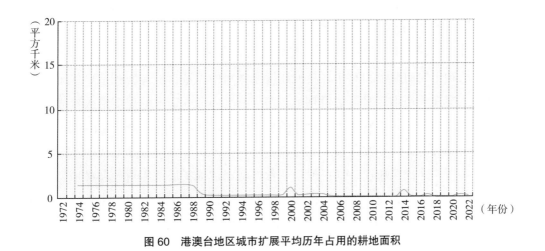

图60　港澳台地区城市扩展平均历年占用的耕地面积

综上所述，近50年来城市扩展对耕地的占用仍然是中国主要城市中心建成区增加最主要的土地来源，占总扩展面积的55.13%，包括水田和旱地。城市周边原来独立的农村居民点、工交建设用地逐步和原城市中心建成区连为一体，成为城市的一部分，这类土地面积占32.57%。以草地、林地、水域等为主的其他土地，虽然类型比

较多，但实际占用面积一般比较小，由此而转变的中心建成区面积只占总扩展面积的12.30%。城市扩展中所使用的上述三类土地的面积比例在各个城市之间存在很大差异。

城市扩展对耕地占用的基本过程特点：20世纪80年代中后期以前处于一个相对稳定的缓慢发展时期，此后出现了比较明显的加快，成为一个发展速度较快的时期，持续了十年左右，至1997年出现比较明显的减缓，直至2000年左右，从2001年开始，我国城市的扩展速度再次加快，2003~2011年有波动，但又创新高，2011~2022年增速呈波动下降趋势。"六五"期间至"十二五"期间城市扩展对耕地的占用持续增加，"十三五"期间有所减少，"十四五"初期呈持续下降趋势。不同类型、不同区域的城市扩展过程中对耕地的占用存在一定差异，但与各区域城市扩展速度变化趋势基本一致。除港澳台地区外，各区域近50年来城市扩展占用耕地的面积都最大，且对耕地的占用整体上表现为逐渐增加趋势。

1.5.2 中国城市扩展对其他建设用地的影响

城市扩展过程对其他建设用地的影响主要是指，在城市建成区不断外扩过程中，原来位于城市周边但与建成区相对隔离的农村居民点和工交建设用地不断与城市建成区合并，成为城市建成区的一部分这一现象。遥感监测表明，伴随着不断加快的城市化进程，其他建设用地对我国城市扩展的贡献举足轻重。20世纪70年代至2022年，其他建设用地是城市扩展的第二土地来源，在包头、广州、济南、泉州和湘潭等城市，甚至成为第一土地来源。

1.5.2.1 不同时期城市扩展对其他建设用地的占用

20世纪70年代初期至2020年，其他建设用地对中国城市扩展起到重要作用。农村居民点和工交建设用地等其他建设用地以每年155.10平方千米的速度融入建成区，累计有3596.09平方千米的农村居民点用地随着城市扩展与建成区融为一体，4158.95平方千米的工业园区、经济开发区等工交建设用地在城市扩展中随着交通线的不断延展、加密最终实现与建成区相连，这一现象通常伴随建成区扩展占用耕地和林地、草地、水域与未利用土地等其他土地过程出现。因此，农村居民点和工交建设用地等其他建设用地融入建成区的时间特征与耕地和其他土地转变为建成区的时间特征相似度极高。虽然其他建设用地对城市扩展的贡献率较大，但其对城市扩展的贡献量明显少于同期被占用的耕地数量，远多于被占用的林地、草地等其他土地面积总和。被城市扩展占用的其他建设用地是被占用其他土地面积的2.65倍，仅相当于被占用耕地面积的59.07%。

我国75个主要城市过去近50年的发展过程表明（见图61），城市扩展占用其他建设用地的速度存在明显的阶段性差异，对城市实际扩展面积的贡献率最高达44.61%，最低只有13.50%。这种阶段性差异与我国75个主要城市平均历年扩展面积变化趋势具有一致性。

图61　我国75个城市扩展平均历年占用的其他建设用地面积

20世纪70年代初期至80年代中后期的10余年内，全国75个城市建成区扩展在较长时期内比较缓慢，年均占用其他建设用地面积较小且变化幅度不大，对城市扩展的贡献率相对最小，介于13.50%~24.67%。其他建设用地城市平均年占用0.33平方千米，速度略高于同期占用的其他土地，远低于占用耕地的速度。1972~1987年，仅有312.74平方千米的其他建设用地融入建成区，对城市扩展的贡献率为19.78%，远低于耕地的贡献率，略高于其他土地贡献率。1980年前后，其他建设用地对城市扩展的贡献量及速度均出现明显差异：此前，城市扩展占用其他建设用地的速度时间波动性较大，且监测初期10余年中贡献率的最大值与最小值均出现在这个阶段；1980年以后，其他建设用地转变为建成区的速度相对平稳，对城市扩展的贡献率几乎是个常量，保持在19.15%~20.27%。

20世纪80年代末至2000年，我国75个主要城市的扩展出现明显增速，建成区规模显著增大，作为城市扩展的主要土地来源，其他建设用地在城市扩展过程中被占用的速度稳步提高，但增速缓慢，以年均1.26平方千米的速度被建成区占用，是1972~1987年的3.82倍，远低于21世纪以后的减少速度。其他建设用地的减少速度和幅度仍旧远低于转变为建成区的耕地变化速度和幅度，但与同期其他土地的减少速度和幅度拉开差距。1987~2000年，共有1231.54平方千米的其他建设用地融入建成区，是1972~1987年融入建成区的其他建设用地总量的3.94倍。其他建设用地对城市扩展的贡献率介于27.25%~36.15%，平均29.65%，仅相当于耕地对城市扩展贡献率的54.30%。

2000年之后，随着我国社会经济的发展以及道路等基础设施的建设和完善，更多的农村居民点、工业园区和经济开发区等其他建设用地与建成区"手拉手"，成为建成区的一部分。22年来，共计6210.76平方千米其他建设用地在城市扩展过程中被占用，是2000年之前的4.02倍。其他建设用地是新增城市用地的第二土地来源，但它对城市扩展的贡献在2000年之后急剧增加，贡献率为34.00%，远高于2000年之前的均值（23.90%）。2000年后，城市扩展占用其他建设用地的速度增加，平均每年占用由2000年的1.63平方千米增至2022年的2.67平方千米；占用其他建设用地的速度波动剧烈，先后于2005年（平均每年扩展5.09平方千米）、2010年（平均每年扩展5.28平方千米）、2014年（平均每年扩展6.39平方千米）、2017年（平均每年扩展4.54平方千米）和2021年（平均每年扩展3.76平方千米）出现五个明显的波峰。

总体而言，中国城市扩展占用其他建设用地的速度在2000年之前相对低缓；在2000年之后，随着中国加入世界贸易组织（WTO），中国经济快速复苏，迅速融入全球化市场体系，刺激了中国城市发展，导致作为新增城镇用地主要来源的其他建设用地快速融入城镇用地，城市扩展占用其他建设用地的速度在"十五"、"十一五"和"十二五"期间以及"十四五"初期总体呈剧烈波动、快速增长态势，但在"十三五"期间，城市扩展占用其他建设用地的速度得到有效遏制，于2020年回落至2000年的水平。

1.5.2.2 不同类型城市扩展对其他建设用地的影响

以行政单位作为区分城市类型的标准，将监测的75个城市划分为直辖市、省会（首府）城市和其他城市等3种类型。考虑到港澳台地区的城市化进程与内地城市存在一定差异，城市类型划分不包括香港、澳门和台北市。

被占用的农村居民点和工交建设用地等其他建设用地分别有52.95%、17.12%和29.94%融入省会（首府）城市（不含台北）、直辖市和其他城市建成区。直辖市扩展占用其他建设用地的速度最快且波动性最大，出现加速期早于全国平均水平；其次是省会（首府）城市（不含台北）；其他城市对其他建设用地的占用速度最慢且波动性最小，进入快速占用期的时间滞后于全国平均水平（见图62）。

虽然不同类型城市在扩展过程中占用其他建设用地的速度与比例存在差异，但总体变化趋势在2007年之前基本保持一致，即占用其他建设用地均先后经历了20世纪70年代初期至80年代中后期的低速稳定期、20世纪80年代末至2000年的缓慢增速期、2000~2005年的快速期和2005~2007年的减速期。2007年之后，不同类型城市在扩展过程中对其他建设用地的占用存在显著差异，具体表现为：直辖市和省会（首府）城市（不含台北）扩展占用其他建设用地均又先后经历了一次快速期和一次减速期，而其他城市扩展占用其他建设用地在2007年之后波动频繁但波幅不大，总体呈现"减一

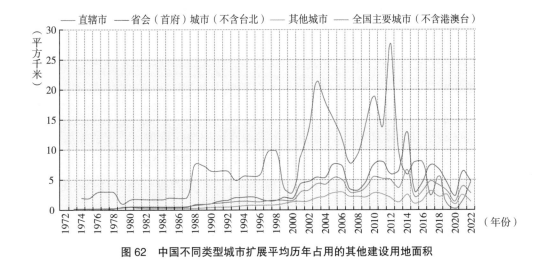

图 62　中国不同类型城市扩展平均历年占用的其他建设用地面积

增—减"趋势。

20世纪70年代初期至80年代中后期，城市扩展占用其他建设用地的速度差异相对于其他时段最小。在直辖市、省会（首府）城市（不含台北）和其他城市的建成区扩展中，占用的其他建设用地面积分别为82.91平方千米、110.96平方千米和98.15平方千米，占用速度分别为平均每年2.00平方千米、0.32平方千米和0.16平方千米。

20世纪80年代末至2000年，城市扩展占用其他建设用地的速度相对稳定，略高于前一时期速度但远低于2000年之后。直辖市、省会（首府）城市（不含台北）和其他城市在扩展过程中占用其他建设用地的面积分别为326.58平方千米、546.35平方千米和347.25平方千米，是前一时段的3.94倍、4.92倍和3.54倍；占用速度分别为平均每年6.28平方千米、1.56平方千米和0.65平方千米，与上个时段相比，3类城市占用其他建设用地的速度均出现不同程度提升，直辖市增速最快，其他城市增速最慢。

2000~2005年，我国经济社会发展取得巨大成就，城市建设进入大发展阶段，城市扩展对其他建设用地的占用速度也不断加快，占用面积显著增大。直辖市、省会（首府）城市（不含台北）和其他城市在扩展过程中占其他建设用地的面积分别为306.86平方千米、733.77平方千米和407.43平方千米，占用速度分别为平均每年15.34平方千米、5.44平方千米和1.99平方千米，3种类型城市在扩展过程中对其他建设用地的占用速度均明显高于以前时段。

2005~2007年，直辖市和省会（首府）城市（不含台北）扩展占用其他建设用地的速度出现短暂回落，分别降至平均每年9.83平方千米和5.39平方千米，其他城市扩展占用其他建设用地有所增加，增至平均每年2.54平方千米。直辖市和省会（首府）城市（不含台北）和其他城市占用其他建设用地面积分别为78.64平方千米、291.22平方千米和208.55平方千米。

2007年之后，直辖市和省会（首府）城市（不含台北）扩展加速占用其他建设用地，分别于2012年和2014年达到峰值平均每年27.81平方千米和13.04平方千米后，占用其他建设用地的速度均迅速回落至平均每年4.66平方千米。其他城市扩展占用其他建设用地的速度由2007年的平均每年2.18平方千米缓慢减少至2015年的1.00平方千米后有所反弹，于2017年达到平均每年3.12平方千米后开始波动下降。15年来，分别有524.00平方千米、2397.89平方千米和1245.63平方千米其他建设用地在直辖市、省会（首府）城市（不含台北）和其他城市扩展中转变为新的建成区。直辖市城市扩展占用其他建设用地的速度在"十四五"初期出现反弹，其他两种类型的城市则呈现先增后减变化。

1.5.2.3 不同区域城市扩展对其他建设用地的影响

20世纪70年代以来，城市扩展过程中占用的其他建设用地分别有29.59%、23.25%、11.09%、10.08%、9.35%、8.34%、7.66%和0.63%来自华东地区、华北地区、华南地区、西南地区、华中地区、西北地区、东北地区和港澳台地区。华北、华东两个地区的城市在扩展过程中占用其他建设用地面积最大，两个区域城市扩展占用其他建设用地面积占8个区域城市扩展占用其他建设用地总量的半数以上。华东地区城市扩展占用其他建设用地的速度最快，平均每年高达3.12平方千米，是全国平均水平的1.48倍，其后是华南地区（2.51平方千米）、华中地区（2.47平方千米）、华北地区（2.07平方千米）、西南地区（2.00平方千米）、东北地区（1.81平方千米）、西北地区（1.21平方千米），港澳台地区的速度最低，平均每年仅有0.34平方千米。8个区域城市占用其他建设用地的速度变化存在较大差异，但与各区域城市扩展速度变化趋势相似。

东北地区城市扩展占用其他建设用地的速度略低于全国平均水平（平均每年2.08平方千米）。在东北地区城市的扩展过程中，共有594.00平方千米其他建设用地被占用，对城市扩展的贡献率为32.02%，是其他土地的2.72倍，却仅为耕地贡献率的57.26%。其他建设用地被占用的速度先后经历了1个缓慢期（20世纪70年代中期至90年代末）、3个加速期（1998~2002年、2008~2010年、2011~2014年）和3个减速期（2002~2008年、2010~2011年和2014~2022年）（见图63）。

20世纪70年代中期至90年代末，东北地区城市扩展以平均每年0.60平方千米的速度缓慢占用其他建设用地，共有94.19平方千米的其他建设用地融入建成区，对城市扩展的贡献率为28.02%，明显低于耕地但远高于其他土地。1998~2002年，共有117.33平方千米其他建设用地以平均每年4.19平方千米的速度快速融入不断外扩的城市建成区，对城市扩展的贡献率达到近50年来的最高值45.11%，略低于同期耕地的贡献率（50.81%），远高于其他土地对城市扩展的贡献率（4.08%）。2002~2008年，占用其他建设用地的速度有所减慢，为平均每年2.72平方千米，远低于1998~2002年的速

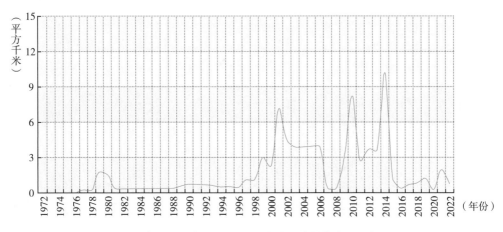

图63 东北地区城市扩展平均历年占用的其他建设用地面积

度，占用的其他建设用地总量与上个时段相差不多，对城市扩展的贡献率却下降至35.11%。2008~2010年，共有77.13平方千米其他建设用地以平均每年5.51平方千米的速度融入建城区，对城市扩展的贡献率为27.36%，较2002~2008年有所下降。2010~2011年，占用其他建设用地的速度由平均每年8.19平方千米回落至2.68平方千米，共有18.78平方千米的其他建设用地融入建成区，对城市扩展的贡献率仅有15.89%，达到半个世纪以来的最低值。2011~2014年，东北地区城市扩展以平均每年5.80平方千米的速度快速占用其他建设用地，速度远高于其他时段。共有121.83平方千米其他建设用地融入建城区，对城市扩展的贡献率为39.48%，较2010~2011年明显增加。2014年之后，东北地区城市扩展占用其他建设用地的速度迅速回落至2015年的1.12平方千米；之后随着"十三五"规划的深入实施，东北地区城市扩展以年均0.87平方千米的速度占用其他建设用地，速度相对缓慢平稳；进入"十四五"初期后，速度出现反弹迹象，但仍远低于加速期的速度。2014~2022年，仅有50.66平方千米的其他建设用地融入建成区，对城市扩展的贡献为22.47%，仅高于2010~2011年的水平。

华北地区城市扩展占用其他建设用地的速度位居华东地区、华南地区和华中地区之后，高于其他区域，与全国均值相当。20世纪70年代初以来，华北地区城市扩展过程中，共有1802.99平方千米其他建设用地被占用，对城市扩展的贡献率为38.94%，是其他土地的5.86倍，却仅占耕地的71.52%。其他建设用地被占用的速度先后经历了1个低速期（20世纪70年代初期至80年代末期）、1个缓慢期（20世纪80年代末期至1999年的缓速期）、3个加速期（1999~2003年、2007~2011年和2013~2018年）和3个减速期（2003~2007年、2011~2013年和2018~2022年）（见图64）。

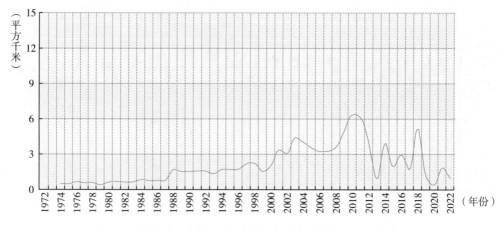

图64 华北地区城市扩展平均历年占用的其他建设用地面积

20世纪70年代初至80年代末，华北地区共有133.21平方千米的其他建设用地在城市扩展中以平均每年0.62平方千米的速度缓慢融入建成区，是占用建设用地速度最低的时段。之后较长一段时间，即1987~1999年，共有361.13平方千米其他建设用地以平均每年1.67平方千米的速度被占用，对城市扩展的贡献率达40.28%，明显高于上个时段。1999~2003年，华北地区城市扩展占用其他建设用地的速度翻倍，由平均每年1.52平方千米增至4.35平方千米。4年时间内，共有229.71平方千米的其他建设用地融入建成区，对城市扩展的贡献率为37.34%，略低于1987~1999年。2003~2007年，为更好地举办第29届奥运会，我国的建设用地规模受到宏观调控，位于华北地区的奥运会举办地北京以及周边的天津、唐山等城市，直接导致融入建成区的其他建设用地无论是速度还是数量均未出现明显增加。2007~2011年，华北地区城市扩展占用其他建设用地进入第二个加速期，速度大于其他时段，4年时间内，共有379.68平方千米其他建设用地以平均每年5.27平方千米的速度融入建成区，对城市扩展的贡献率为45.78%，达到历史最高值。之后的两年，城市扩展占用其他建设用地的速度迅速回落至0.93平方千米，在此期间仅有87.45平方千米其他建设用地被占用。2013~2018年，城市扩展占用其他建设用地的速度波动增加，于2018年增至5.17平方千米，略低于近50年来的峰值；五年间，共有281.38平方千米其他建设用地被占用，对城市扩展的贡献率为43.19%。"十三五"期间尤其是2018年之后，占用建设用地的速度显著回落，于2022年跌至1.00平方千米，对城市扩展的贡献率达到最低值（24.21%），彰显了国家发展战略向中西部倾斜的实施力度和效果。

华中地区城市扩展占用其他建设用地的速度仅次于华东地区和华南地区。在华中地区城市扩展过程中，共有725.47平方千米其他建设用地被占用。对城市扩展的贡献率为31.19%，是其他土地的2.89倍，是耕地的51.86%。华中地区对其他建设用地的占用进程相对滞后，占用速度在20世纪90年代初期才有明显增加，之后进入相对频繁的波动变化期（见图65）。总的来看，其他建设用地被占用的速度先后经历了1个缓慢期（20世纪70年代初期至1992年）、3个加速期（1992~2004年、2008~2019年和2020~2022年）和2个减速期（2004~2008年和2019~2020年）。

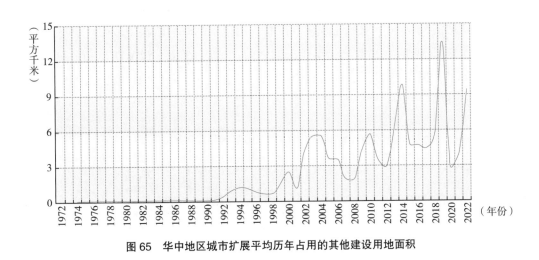

图65 华中地区城市扩展平均历年占用的其他建设用地面积

20世纪90年代初之前，华中地区城市扩展以平均每年0.15平方千米的速度缓慢占用其他建设用地，仅有16.00平方千米的其他建设用地融入建成区，成为城市扩展的第三土地来源，对城市扩展的贡献率为9.30%，远低于耕地（66.73%）和其他土地（20.32%）。1992~2004年，共有155.21平方千米其他建设用地以平均每年2.16平方千米的速度快速融入不断外扩的建成区，成为新增建成区的第二土地来源，对城市扩展的贡献率为27.04%。2004~2008年，城市扩展占用其他建设用地减速，由平均每年5.55平方千米减至1.82平方千米，4年时间内，共有64.52平方千米的其他建设用地融入建成区，对城市扩展的贡献率为23.71%，较1992~2004年有所降低，但其他建设用地仍是城市扩展的第二土地来源。2008~2019年，城市扩展占用其他建设用地的速度明显大于其他时段，共有392.91平方千米其他建设用地以平均每年5.95平方千米的速度融入建城区，对城市扩展的贡献率高达37.35%，是其他土地的5.16倍，却仅占耕地的67.41%。其间，城市扩展占用其他建设用地的速度在"十三五"期间最初三年相对平稳，但在城市发展与"耕地保护"的博弈过程中，耕地被占用的速度不断减慢，其他建设用地跃居为华中地区城市扩展的第一贡献者，被城市扩展占用的速度于2019年达到20世纪70年代以来的峰值（13.47平方千米），但这一现象只是"昙花一现"，随着

"十三五"规划的深入实施，华中地区城市扩展占用其他建设用地的速度在2019~2020年迅速回落至2.85平方千米，低于"十三五"初期均值（4.87平方千米）。不同于东北地区和华北地区，华中地区城市扩展占用其他建设用地的速度在"十四五"初期出现显著反弹，占用速度从平均每年3.94平方千米增至9.35平方千米，建设用地对城市扩展的贡献率（37.74%）与上个时段基本持平。

华东地区是城市扩展占用其他建设用地速度最快的区域，近50年来，共计2294.94平方千米其他建设用地被占用，对城市扩展的贡献率为31.66%，是其他土地的3.70倍，仅有耕地的52.94%。华东地区城市扩展占用速度的时间阶梯型较强（见图66），先后经历了1个低速期（20世纪80年代末期之前）、1个缓慢、稳速期（20世纪80年代末至2000年）、2个加速期（2000~2005年和2009~2012年）和2个减速期（2005~2009年和2012~2022年）。

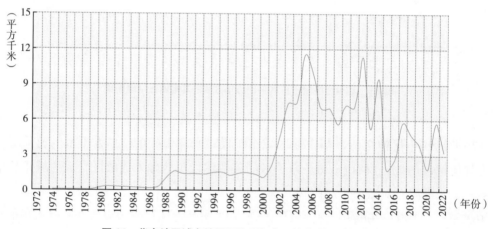

图66　华东地区城市扩展平均历年占用的其他建设用地面积

20世纪70年代初至80年代末，仅有32.64平方千米的其他建设用地以平均每年0.16平方千米融入建成区，对城市扩展的贡献率很小，不足10%，但仍是仅次于耕地的新增建成区第二土地来源。20世纪80年代末至2000年，城市扩展对其他建设用地的占用速度相对平稳且高于上个时段，共有270.18平方千米的其他建设用地以平均每年1.39平方千米的速度被占用，相比上个时段，其他建设用地对城市扩展的贡献率明显上升至24.99%。与前两个时段相比，2000~2005年，城市扩展占用其他建设用地的速度明显增加，由平均每年1.13平方千米升至11.57平方千米。5年时间内，共有503.58平方千米其他建设用地快速融入建成区，对城市扩展的贡献率也有所增加，达到36.36%。2005~2009年，华东地区城市扩展速度减缓，对其他建设用地的占用速度也相应减慢，

4年内共有441.51平方千米的其他建设用地在城市扩展过程中被占用，对城市扩展的贡献率（32.97%）也较上个时段有所减少。2009~2012年，城市扩展占用其他建设用地的速度明显增加，于2012年达到峰值（平均每年11.34平方千米），3年时间内共有383.51平方千米其他建设用地以平均每年8.52平方千米的速度快速融入建成区，对城市扩展的贡献率达到历史最高值43.37%，但仍是城市扩展的第二土地来源。占用其他建设用地的速度在2012年达到峰值后，2012~2022年进入一个快速波动的回落期，于"十四五"初期迅速跌至平均每年3.26平方千米。与东北地区和华北地区相似，近两年华东城市扩展占用其他建设用地的速度在2021年出现快速反弹后于2022年迅速回落。

华南地区城市扩展占用其他建设用地速度仅次于华东地区，明显高于全国平均水平。近50年来，华南地区城市扩展过程中，共占用其他建设用地860.17平方千米，是城市扩展的第三土地来源，对城市扩展的贡献率为30.00%，略低于耕地的贡献率（39.11%），与其他土地的贡献率相当（30.94%）。华南地区城市扩展占用建设用地的速度先后经历了1个低速期（20世纪80年代末期之前）、2个加速期（20世纪80年代末至2006年和2012~2014年）和2个减速期（2006~2012年与2014~2022年）（见图67）。

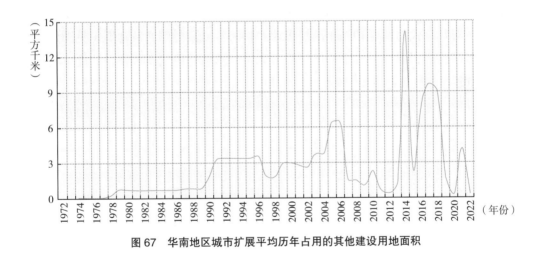

图67　华南地区城市扩展平均历年占用的其他建设用地面积

20世纪70年代初期至80年代末期，仅有57.18平方千米其他建设用地以平均每年0.51平方千米的速度缓慢融入建成区，是同期城市扩展的第二土地来源，对城市扩展的贡献率为23.38%，远小于耕地，略大于其他土地。20世纪80年代末至2006年，城市扩展占用其他建设用地增速明显，速度由平均每年0.78平方千米增至6.42平方千米，在城市扩展过程中，共有400.94平方千米其他建设用地融入建成区，是同期城市扩展的第三土地来源，对城市扩展的贡献率（28.34%）虽较上个时段略有增加，依然小于耕地（34.86%）和其他土地的贡献率（36.80%）。2006~2012年，城市扩展占用其他建设用地的速度出现显著回落，由平均每年6.42平方千米跌至0.35平方千米。6年时间内，仅有49.82平方千米其他建设用地在城市扩展过程中被占用，对城市扩展的贡献率（16.40%）达到历史最低，远低于同期耕地与其他土地的贡献率。之后的两年，城市扩展占用其他建设用地加速，于2014年达到历史巅峰（平均每年14.10平方千米），其他建设用地对城市扩展的贡献率高达44.26%，其他建设用地成为同期城市扩展的第一土地来源。2014年之后，城市扩展占用其他建设用地的速度总体呈现显著的波动下降趋势，共有245.52平方千米其他建设用地在城市扩展过程中被占用，对城市扩展的贡献率为37.03%，成为城市扩展的第二土地来源。随着"十三五"和"十四五"规划的深入实施，城市扩展占用耕地的速度得到有效控制，其他建设用地成为新增城镇用地的主要土地来源之一，对城市扩展的贡献在2017年是耕地的3.13倍，这一现象随着"十三五"规划的全面实施得以扭转，城市扩展占用其他建设用地速度于2022年迅速回落至平均每年0.33平方千米。

西北地区是城市扩展对其他建设用地占用速度最低的内陆区域，出现明显增速的时间相对滞后。共有646.54平方千米其他建设用地被占用，是城市扩展的第二土地来源，对城市扩展的贡献率为32.00%，是耕地的60.94%，是其他土地的2.13倍。与其他区域相比，西北地区城市扩展占用其他建设用地的速度相对低缓，大致经历了两个阶段，即20世纪70年代初期至1996年的缓慢期和1996年之后的频繁波动期（见图68）。两个阶段时间跨度相当，但城市扩展过程中占用的其他建设用地规模、速度以及对城市扩展的贡献存在巨大差异。

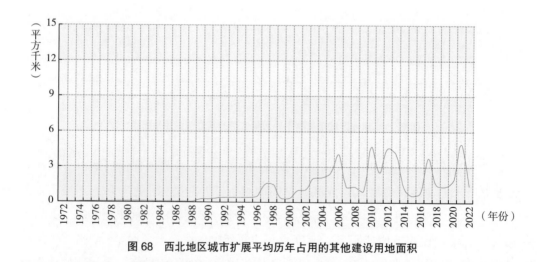

图68 西北地区城市扩展平均历年占用的其他建设用地面积

20世纪90年代末期之前相当长时期内，西北地区城市扩展占用其他建设用地的速度较为平稳、缓慢，共有50.87平方千米其他建设用地以平均每年0.2平方千米的速度缓慢被占用，是同期城市扩展的第二土地来源，对城市扩展的贡献率为24.96%，略高于其他土地（18.87%），远低于耕地（51.49%）。1996年之后，城市扩展占用其他建设用地的规模高达595.67平方千米，是1996年之前的11.71倍；占用速度为平均每年2.08平方千米，是上个时段的10.4倍，呈剧烈波动、总体增加的态势，先后于2006年（平均每年4.10平方千米）、2010年（平均每年4.73平方千米）、2012年（平均每年4.63平方千米）、2017年（平均每年3.79平方千米）和2021年（平均每年4.98平方千米）出现五个明显的峰值；近26年来，其他建设用地仍是城市扩展的主要土地来源，对城市扩展的贡献率为32.79%，较上个时段有所增加。

西南地区城市扩展占用其他建设用地的速度相对缓慢，仅快于东北地区和西北地区。在城市扩展过程中，共占用其他建设用地782.08平方千米，是城市扩展的第二土地来源，对城市扩展的贡献率为30.30%，是其他土地的3.83倍，却不足耕地的半数。西南地区城市扩展占用其他建设用地的速度大致经历了1个低速期（20世纪70年代初期至90年代初期）、1个相对稳定期（20世纪90年代初期至2000年）、3个加速期（2000~2011年、2014~2017年和2018~2022年）和2个减速期（2011~2014年和2017~2018年）（见图69）。

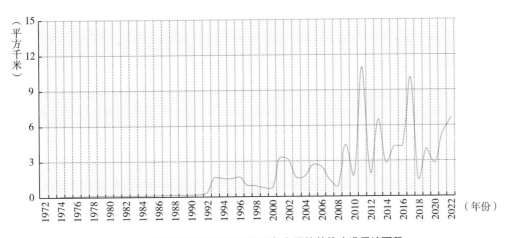

图69 西南地区城市扩展平均历年占用的其他建设用地面积

20世纪70年代初期至90年代初期，西南地区城市扩展占用其他建设用地速度低、较稳定，共计23.90平方千米其他建设用地以平均每年0.17平方千米的速度缓慢融入建成区，虽然对城市扩展的贡献率（16.40%）较低，约为耕地的1/5，却是其他土地的近3倍。20世纪90年代初期至2000年，虽然城市扩展对其他建设用地占用的速度较上个时段波动较大，但相比2000年之后的速度变化趋势，城市扩展对其他建设用地的占用速度较为平稳且比上个时段高。1992~2000年，共有79.64平方千米的其他建设用地以平均每年1.24平方千米的速度被占用，对城市扩展的贡献率较上个时段有所上升，增至28.76%。2000年之后，城市扩展占用其他建设用地的速度剧烈波动，且总体呈上升趋势，于2011年达到历史巅峰（平均每年10.95平方千米）。2000~2011年，共计276.08平方千米的其他建设用地被占用，对城市扩展的贡献率为28.00%。2011~2014年之后，城市扩展占用其他建设用地的速度波动减少，共计90.87平方千米其他建设用地被占用，对城市扩展的贡献率与2000~2011年相当。之后三年，城镇用地占用其他建设用地速度迅速反弹，于2017年达到平均每年10.11平方千米，3年时间内，共有149.49平方千米其他建设用地被占用，对城市扩展的贡献率达到历史最高（46.05%）。2017~2018年，城镇用地占用其他建设用地的速度回落明显，于2018年跌至1.47平方千米，其他建设用地对城市扩展的贡献率为11.90%，不足上个时段的1/4，成为城市扩展的第三土地来源，其贡献率略低于其他土地。"十三五"规划实施初期，城市扩展占用其他建设用地的速度得到有效抑制，但后期出现明显反弹，这种现象一直持续到"十四五"初期，占用其他建设用地的速度于2022年回升至城市平均每年6.64平方千米。

相比其他7个区域，港澳台地区城市扩展对其他建设用地的占用速度最慢、波动最小（见图70），且阶段差异不明显。总的来说，港澳台地区其他建设用地被占用的速度先后经历了20世纪90年代之前的稳定期、20世纪90年代的低速期以及2000年以后的相对剧烈波动期。整个遥感监测期间，共有48.83平方千米其他建设用地被占用。港澳台地区的城市化进程远早于内地，20世纪90年代以前已经进入快速城市化阶段，城市建设日趋完善，共计22.11平方千米其他建设用地以平均每年0.50平方千米融入建成区，成为新增建成区的第三土地来源，但对城市扩展的贡献率仅有15.25%。进入20世纪90年代之后，港澳台地区城市扩展对其他建设用地的占用速度放缓，以平均每年0.07平方千米的速度占用，共有2.45平方千米的其他建设用地被占用，与其他时段相比，对城市扩展的贡献率降至最低值4.01%。进入21世纪以来，港澳台地区城市扩展占用其他建设用地的速度波动比较明显，以平均每年0.25平方千米的速度占用，在2000年出现峰值（平均每年2.50平方千米）。

作为仅次于耕地的重要土地来源，其他建设用地在城市扩展中起着举足轻重的作用，共有7755.04平方千米其他建设用地融入建成区，包括3596.09平方千米的农村居民点用地和4158.95平方千米的工业园区、经济开发区等工交建设用地，是被占用其他土地总量的2.65倍，仅相当于被占用耕地总面积的59.07%，占城市实际扩展面积的32.57%。城市占用其他建设用地的速度先后经历了1个缓速期（20世纪70年代初期至80年代中后期）、1个稳定期（20世纪80年代末至1999年）和1个剧烈波动期（2000~2022年），与监测的75个城市平均历年扩展面积变化趋势基本一致。

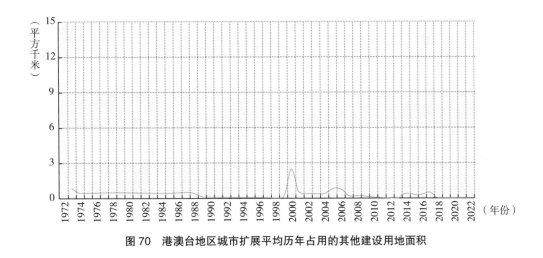

图70 港澳台地区城市扩展平均历年占用的其他建设用地面积

　　从城市行政类型来看，直辖市在城市扩展过程中对其他建设用地的占用速度明显快于省会（首府）城市（不含台北市）和其他城市，且波动性最大；其他城市中心建成区外扩对其他建设用地的占用速度最慢，波动性最小。虽然直辖市、省会（首府）城市（不含台北市）和其他城市在扩展过程中对其他建设用地的占用速度和比例存在一定差异，但总体趋势在2007年之前基本保持一致，2007年才出现显著差异。城市扩展对其他建设用地的占用速度、幅度存在明显的区域差异，被占用的其他建设用地分别有29.59%、23.25%、11.09%、10.08%、9.35%、8.34%、7.66%和0.63%来自华东地区、华北地区、华南地区、西南地区、华中地区、西北地区、东北地区和港澳台地区。其他建设用地对8个区域城市扩展的贡献率介于17.29%（港澳台地区）~38.94%（华北地区），是东北地区、华北地区、华中地区、华东地区、西北地区、西南地区和华南地区城市扩展的第二土地来源，是港澳台地区城市扩展的第三土地来源。按照城市扩展占用其他建设用地的速度由大到小排序依次为华东地区、华南地区、华中地区、华北地区、西南地区、东北地区、西北地区和港澳台地区，其中前3个区域城市扩展占用其他建设用地的速度高于全国平均水平，华北地区与全国均值相当，后4个区域低于全国平均水平。20世纪90年代以前，各区域城市扩展占用其他建设用地的速度缓慢；20世纪90年代以后，尤其是进入21世纪以来（港澳台地区除外），各区域城市扩展占用其他建设用地的速度存在明显的波动变化但总体均呈现先增后减态势。进入"十四五"初期，华中地区和西南地区城市扩展占用其他建设用地的速度出现明显的反弹迹象，东北地区、华北地区、华东地区、华南地区和西北地区在2021年均出现反弹后于2022年迅速回落。

1.5.3　中国城市扩展对其他土地的影响

其他土地自身的构成类型比较复杂，是指除耕地和建设用地以外的其他所有类型的土地，实际监测中出现了林地、草地、水域和未利用土地等4类18个土地利用类型。相对于城市扩展对耕地、农村居民点和工交建设用地的占用，对其他土地占用的普遍程度、面积或比例均较小。

1.5.3.1　不同时期城市扩展对其他类型土地的占用

在全国75个城市近50年来的城市扩展中，城市扩展占用其他土地的主要特点为过程曲线波动大。因为此类土地的面积数量小，微小的变化也会造成时间过程曲线的较大波动。按照其他土地被占用面积的变化趋势，不同时期城市对其他土地的占用存在明显差异。20世纪90年代以前对其他土地的占用较少且变化缓慢，平均年占用面积仅有0.23平方千米；20世纪90年代是占用速度较快时期，为0.76平方千米；21世纪初速度进一步加快，达1.23平方千米。在整个监测过程中，占用其他土地共经历了两次大的增速过程，第一次出现在1990~1996年，较1990年以前的平均速度增加了2.74倍；第二次增速过程出现在1998~2013年，较上一次又增加了0.40倍。城市扩展对其他土地的占用在2013年达到峰值以后，近年来呈现波动下降趋势，在"十三五"期间呈现"倒V型"变化形态，即先逐渐提高，后急剧下降，特别是在"新冠"疫情期间，速度降幅剧烈。随着2020~2021年复工复产的推进，速度大幅回升，而在2021~2022年的疫情反复期间又重新回落到低点，并出现了新的低值（见图71）。

图71　我国75个主要城市扩展平均历年占用的其他土地面积

城市扩展占用其他土地的另一显著特点为占用比例小。在不同时期的城市扩展中，相较于耕地、农村居民点和工交建设用地等，城市对其他土地的占用量长期保持较小比例，占用其他土地的比例在8.16%~24.33%，而且被占用的速度比较低，城市平均年占用其他土地面积0.16~1.89平方千米，此一特点持续时间较长，几乎贯穿整个扩展过程。通常情况下，城市作为区域或全国性的社会、经济、文化中心，不但人口集中，而且发展程度远高于周边区域，无论是土地利用率还是利用程度同样超过了其所在地区的平均水平，造成城市周边除了有意识保护或发展的林地、草地、水域等类型土地外，已经很少出现或基本上不存在成规模的其他土地，现有的林地和草地也大多属于公共绿地而成为城市建设的一部分，因而造成其他土地在城市扩展中实际被占用的比例小。实际出现的对其他土地占用数量较大的情况主要包括两种，在香港、澳门、海口等沿海城市，使用海域是最主要的方面，广州和长沙以占用林地为主，武汉和南京以占用内陆水域为主，乌鲁木齐以占用草地为主，各个城市的情况差异比较明显，实际上反映了所处地区的整体土地利用情况差异。

1.5.3.2　不同类型城市扩展占用的其他土地

城市扩展中，占用其他土地是一个普遍性现象。分析中，将75个城市按直辖市、省会（首府）城市（不包括台北）和其他城市3种类型进行区分，另外，考虑到港澳台地区城市的特殊性，未归入以上类型。1974~2022年，不同类型城市扩展对其他土地的占用速度整体表现为逐渐加快趋势，但不同类型城市扩展占用的面积及其比重存在明显差异，"十三五"期间，不同类型城市扩展占用其他土地均表现出先逐渐提高后迅速下降的变化形态，占用其他土地的波动更为剧烈，整体表现为下降趋势（见图72）。"十四五"初期，不同类型城市扩展对其他土地的占用速度各有特点，直辖市逐渐提升至"十三五"期间平均水平；省会（首府）城市（不包括台北）先迅速提升后急剧下降，且在2021年出现了历史最高峰，2022年又降至近22年新低；其他城市变化较小，整体略有下降。

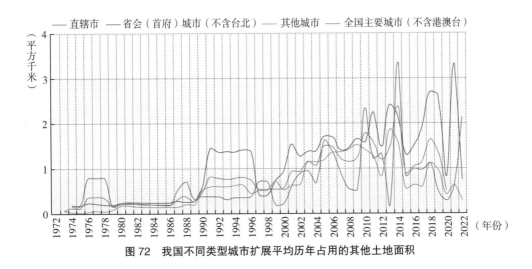

图72　我国不同类型城市扩展平均历年占用的其他土地面积

首先，不同类型城市扩展占用其他土地的速度以及速度变化都存在比较显著的差异。直辖市扩展中，平均每年占用其他土地0.69平方千米，省会（首府）城市（不包括台北）年均占用1.08平方千米，其他城市年均占用0.62平方千米。在占用其他土地的速度变化上，其他城市表现最为明显，21世纪最初10年是20世纪70年代的26倍；直辖市的速度变化最小，同一时段的倍数只有1.76，而省会（首府）城市（不包括台北）的倍数为7.82，处于二者之间。

其次，不同类型城市扩展占用其他土地的速度表现为增加趋势，但占用速度峰值出现的先后不同。直辖市扩展占用其他土地的峰值出现在2013~2014年，平均每年占用3.36平方千米；省会（首府）城市（不包括台北）的峰值出现在2020~2021年，平均每年占用3.32平方千米；其他城市的峰值出现在2012~2013年，平均每年占用1.86平方千米。不同类型城市扩展占用其他土地速度峰值的先后从一定程度上反映了城市扩展高峰的早晚和强弱，直辖市扩展占用其他土地的峰值最大，省会（首府）城市（不包括台北）不断创出新高。

再次，不同类型城市扩展占用其他土地在城市实际扩展面积中的比例差异显著，集中反映了不同类型城市扩展对土地利用影响的差异。不同类型城市扩展的土地来源中，其他城市占用其他土地的比例最大，达16.19%，直辖市的比例最小，只有4.21%，还不足其他城市的1/3，这从侧面说明直辖市对耕地、农村居民点和工交建设用地的占用比例相对更大，省会（首府）城市（不包括台北）的这一比例为11.46%，处于二者之间。

最后，不同类型城市实际扩展中其他土地面积比例的峰值出现于不同时期，反映了各类城市扩展对其他土地影响的时间差异。在直辖市建成区扩展的土地来源中，其他土地的面积比例峰值最小，为18.44%，出现在2021~2022年；省会（首府）城市（不包括台北）该峰值出现最早，出现在1990~1991年，峰值为26.05%；其他城市的这一峰值最大，比例高达31.23%，具体出现在2012~2013年。

1.5.3.3 不同区域城市扩展占用的其他土地

2018年以前，除港澳台地区外，不同区域城市扩展占用其他土地速度均呈逐渐加快趋势。2018年以后，八大区域中的东北、华北、华东、华南下降趋势明显。各区域中，占用其他土地速度最高的是华南地区，平均年占用其他土地2.69平方千米。仅次于华南地区的港澳台地区年均0.97平方千米，其他依次为华东地区、华中地区、东北地区、西北地区和西南地区，华北地区速度最低，仅为年均0.36平方千米；从不同区域城市扩展占用其他土地的比例看，港澳台地区最大，达53.22%，其他依次为华南地区、西北地区、东北地区、华中地区、华东地区和西南地区，华北地区的这一比例最小，仅为6.63%。在"十三五"期间，不同区域城市扩展占用其他土地大致经历了先逐渐提高后迅速下降的过程，其中，2019~2020年，除西北和西南地区外，其他区域城市扩展占用其他土地速度明显下降。2020~2022年，不同区域城市扩展对其他土地的占用速度普遍走出了先上升后下降的"倒V形"变化形态。其中，华中、西北、西南和港澳台地区在"倒V形"上升阶段达到了自2018年以来的新高峰。

东北地区城市扩展占用其他土地面积累计218.57平方千米，占城市实际扩展面积的11.79%，低于监测城市的平均水平。自20世纪70年代至90年代末，东北地区城市扩展占用其他土地一直处于较低水平，平均年占用其他土地仅为0.27平方千米，低于整个监测时段占用其他土地的平均水平；21世纪初，占用其他土地的速度明显提高，平均年占用其他土地增加到1.08平方千米，为前期占用速度的4.00倍。最高速度达到年均4.03平方千米，出现在2008~2009年。2009~2017年，占用其他土地扩展的速度有所回落，但仍然保持在较高水平，平均年占用其他土地1.21平方千米。2017~2022年，占用其他土地扩展的速度出现两次反弹，阶段峰值出现在2018年，扩展面积为2.69平方千米。另外，随着2003年国家"振兴东北"战略的实施，城市扩展占用其他土地明显加剧，占用速度为2003年以前均值的3.92倍（见图73）。

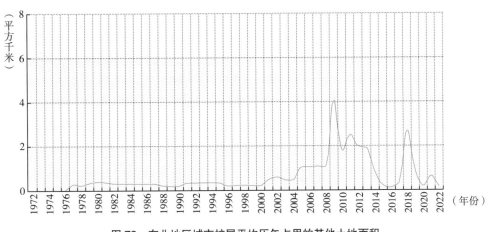

图73 东北地区城市扩展平均历年占用的其他土地面积

华北地区城市扩展占用其他土地面积为305.05平方千米，占城市实际扩展面积的6.63%，在各区域中处于最低水平。从占用其他土地的速度看，华北地区城市扩展大致可分为3个阶段。1988年以前为第一阶段，该时段城市扩展占用其他土地速度最低，平均年占用其他土地仅为0.09平方千米；1988~2004年为第二阶段，该时段城市扩展占用其他土地速度有所增加，年均占用其他土地为0.29平方千米；第三阶段为2005~2022年，占用速度先明显提高后逐渐下降，年均占用其他土地最高至1.19平方千米，最低降至0.06平方千米（见图74）。

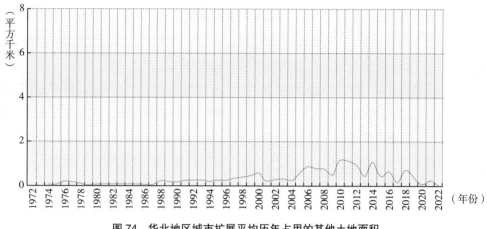

图74　华北地区城市扩展平均历年占用的其他土地面积

华中地区城市扩展占用其他土地面积为241.15平方千米，占城市实际扩展面积的10.42%，低于监测城市的平均水平。从整个过程看，华中地区城市扩展占用其他土地先慢后快，20世纪90年代以前占用速度较低，年均占用其他土地0.20平方千米；20世纪90年代以来对其他土地占用加速，占用速度增至年均1.14平方千米，峰值出现在2000~2001年，占用速度为年均3.48平方千米（见图75）。

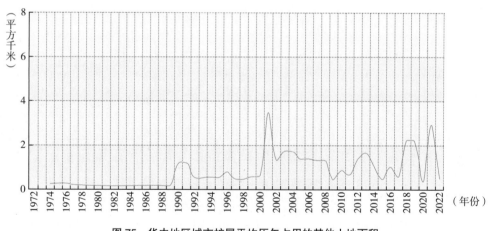

图75　华中地区城市扩展平均历年占用的其他土地面积

华东地区城市扩展占用其他土地面积合计为619.46平方千米，占城市实际扩展面积的8.57%，低于各区域的平均水平。整个监测时段表现出鲜明的时间差异，20世纪70年代至80年代末期，华东地区城市扩展占用其他土地速度较慢，平均年占用其他土地0.08平方千米，远低于华东地区整个监测时段0.84平方千米的平均水平；20世纪90年代，华东地区占用其他土地速度有所增加，占用速度为年均0.46平方千米；21世纪以来，占用其他土地的速度明显加快，年均达1.60平方千米，为之前平均占用速度的6.79倍（见图76）。

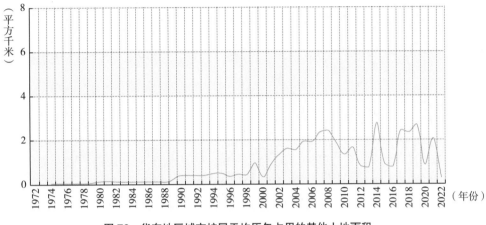

图76　华东地区城市扩展平均历年占用的其他土地面积

华南地区城市扩展占用其他土地面积为886.21平方千米，占城市实际扩展面积的31.00%，是占用其他土地面积最大的区域，但面积比例略低于港澳台地区。华南地区城市扩展占用其他土地面积在20世纪70年代速度较低，平均年占用速度只有0.08平方千米。20世纪80年代占用速度加快，比上一时段增加了8.01倍。20世纪90年代以后占用其他土地的速度继续增加，比90年代以前增加了4.85倍，年均3.65平方千米，并于1990~1996年、2002~2006年、2012~2013年以及2018~2019年出现阶段峰值，具体占用其他土地速度分别为年均6.01平方千米、5.40平方千米、6.26平方千米以及5.24平方千米（见图77）。

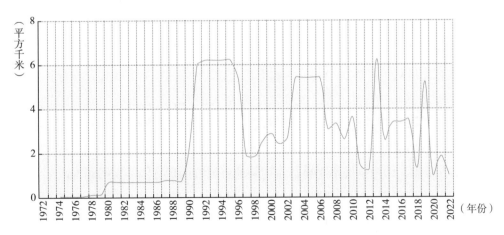

图77　华南地区城市扩展平均历年占用的其他土地面积

西北地区城市扩展占用其他土地面积为302.08平方千米，占城市实际扩展面积的14.98%，低于各区域平均水平。2000年以前，占用其他土地速度长期较低，平均年占用面积仅有0.17平方千米。2000~2014年，城市扩展占用其他土地速度逐渐增加，平均为1.09平方千米，占用速度峰值出现在2012~2013年，为年均3.74平方千米。2014~2015年占用速度出现大幅回落，2015年后缓慢波动上升，截至2022年，基本达到回落前平均水平（见图78）。

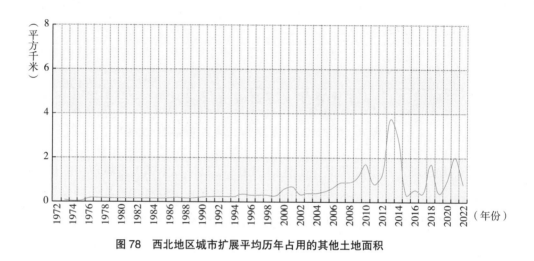

图78 西北地区城市扩展平均历年占用的其他土地面积

西南地区城市扩展占用其他土地面积为203.94平方千米，占城市实际扩展面积的7.92%，低于各区域平均水平。西南地区城市扩展占用其他土地一直保持低速状态，时间持续到2008年。在2009年以前，平均每年占用其他土地仅有0.12平方千米。2009~2018年，城市扩展占用其他土地速度逐渐增加，年均1.51平方千米，是2009年以前均值的12.29倍，在2010~2011年出现4.13平方千米的最大值（见图79）。"十四五"初期，速度又有回升。

港澳台地区城市扩展占用其他土地面积为132.89平方千米，占城市实际扩展面积的53.22%，是各区域中占用其他土地面积比例最大的区域。与其他区域不同的是，港澳台地区城市扩展占用其他土地有逐渐减缓的趋势，20世纪70年代至90年代末一直保持相对较高的占用速度，为年均1.38平方千米，21世纪以来占用其他土地的速度降低到年均0.49平方千米，因为扩展不明显，占用其他土地的面积有限（见图80）。

无论从不同时期、不同类型还是不同区域分析，其他土地在城市扩展中被占用的面积和比例均较小，且占用其他土地的峰值出现时间不一致。这一方面反映了城市扩展中其他土地一般不是主要来源，另一方面也反映了不同城市扩展占用其他土地的时

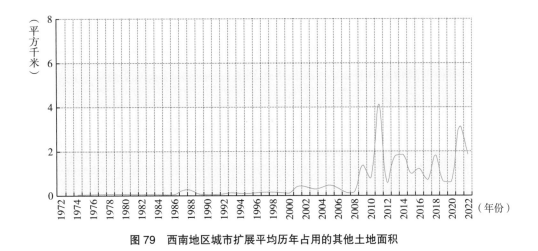

图79　西南地区城市扩展平均历年占用的其他土地面积

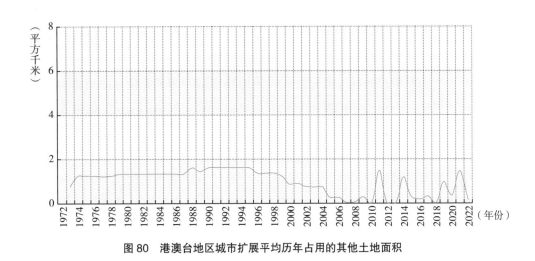

图80　港澳台地区城市扩展平均历年占用的其他土地面积

间差异。尽管不同时期占用其他土地速度波动大，但占用速度一般呈现增加趋势，结合最新一期的监测结果，进入"十三五"时期以后，城市扩展占用其他土地呈现先逐渐提高后急速下降的"倒V形"变化趋势，在2019~2020年新冠疫情期间明显下降。"十四五"初期，随着2020~2021年复工复产的推进，城市扩展占用其他土地的速度一度大幅回升，但在2021~2022年又重新回落到低点，并出现了新的低值。在其他城市、省会（首府）城市（不包括台北）、直辖市等不同类型城市的扩展中，其他土地面积比例依次降低。"十四五"初期，不同类型城市扩展对其他土地的占用速度存在明显差异。直辖市逐渐提升至"十三五"期间平均水平，省会（首府）城市（不包括台北）先迅速提升后急剧下降，且在2021年出现了历史最高峰，2022年又降至近22年新

低，其他城市变化较小，整体略有下降。不同区域城市扩展中，港澳台地区与华南地区占用其他土地比例较大，其中港澳台地区该比例与耕地、农村居民点和工交建设用地比例之和几乎持平，华北地区城市扩展占用其他土地的面积和比例均最小，华中、西北、西南和港澳台地区在2020~2021年达到了自2018年以来的新高峰。

1.6　中国主要城市扩展的总体特点

近50年来，随着改革开放的实施与深入，中国社会经济长期处于高速发展中，工业化和城镇化过程引起了世界范围的广泛关注。十八届三中全会后，新型城镇化和城乡一体化发展成为我国社会发展的主导方向，系统、全面而客观地把握我国城市扩展的过程与影响，具有明确的现实意义。根据对我国土地利用的遥感监测，改革开放以来土地利用变化广泛而强烈，城市及其周边区域是我国土地利用变化最集中、最强烈和影响最大的区域。针对城市扩展为主要内容的时空特征研究，有利于从区域土地利用整体角度分析城市用地规模变化和影响，也能够以重点解剖方式支持区域土地利用研究，支持"优化国土空间格局"这一目标的实现。

第一，中国城市扩展具有普遍性。以用地规模增大为主要特点的趋势表现在不同类型、不同规模、不同地域的城市变化中。城市用地规模增加明显，提高了建设用地在整个土地利用构成中的比例。75个城市的建成区面积合计达到32273.52平方千米，较监测初期扩大了7.95倍，扩展总面积28667.26平方千米。

第二，城市扩展的阶段性和波动性特点明显。根据城市扩展起步的早晚，监测的75个城市可划分为无明显变化、早期起步和晚期起步3个系列，早期起步的城市经历了20世纪80~90年代起步期、2000~2010年的持续扩张期以及2010~2022年的波动式扩展期；晚期起步城市经历了2000~2010年的起步期和2010~2022年波动式扩展期两个重要时期。依据起步后扩展速度变化趋势及末期扩展走势，早期起步和晚期起步系列可再分为5种扩展过程基本模式，体现了中国城镇化所处发展阶段的共性与差异。根据"十四五"初期不同城市扩展规模的变化，5种扩展过程模式的城市构成和数量有相对明显的变化。

第三，耕地是我国城市用地规模扩展的第一土地来源，这一趋势长期没有显著变化，对区域经济可持续发展和粮食安全战略有直接影响。近50年来的城市扩展面积中，耕地占总扩展面积的55.13%。虽然"十三五"时期和"十四五"初期城市扩展占用耕地面积的速度有所下降，但耕地转化为城市扩展用地面积的比例依然很高。城市扩展中不同类型土地的面积比例在城市间存在很大差异。就整体而言，城市扩展占用耕地的面积比例始终最大，"十三五"时期城市扩展占用耕地的面积是"六五"时期的3.80倍。我国城市主要分布在广大东中部区域，个体规模大，分布相对集中，扩展更为明显，加之多数城市处于农业耕作历史相对悠久的区域，它们的扩展不仅占用了更多的耕地资源，而且是质量相对更好的耕地资源。

第四，农村居民点和工交建设用地等其他建设用地是中国城市扩展的第二土地来源，在部分城市，甚至成为第一土地来源。20世纪70年代至2022年，共有7755.04平方千米其他建设用地融入建成区，占城市实际扩展面积的32.57%。城市扩展占用其他建设用地的速度存在明显的阶段性差异，与中国75个主要城市平均历年扩展面积变化趋势保持一致。直辖市城市扩展过程中对其他建设用地的占用速度明显快于省会（首府）城市（不含台北市）和其他城市，且波动性最大；其他城市建成区扩展对其他建设用地的占用速度最慢，波动性最小。城市扩展对其他建设用地占用存在明显的区域差异，被占用的其他建设用地半数以上出现在华东地区和华北地区，华东地区、华南地区和华中地区城市扩展占用其他建设用地的速度高于全国平均水平，华北地区与全国均值相当，西南地区、东北地区、西北地区和港澳台地区低于全国平均值。"十四五"初期，华中地区和西南地区城市扩展占用其他建设用地的速度出现明显的反弹迹象，东北地区、华北地区、华东地区、华南地区和西北地区在2021年均出现回升且于2022年迅速回落。

第五，城市扩展的区域特点明显。华南地区的城市扩展高峰期出现时间明显早于其他地区，20世纪90年代初期已有比较显著的扩展；西南和西北城市扩展高峰期出现普遍较晚，快速扩展期出现在21世纪初，其中西南地区城市在2018~2022年是全国唯一呈平稳增速扩展的地区；其他地区的城市扩展高峰期基本出现在20世纪90年代末期。整体上，东部地区城市的扩展高峰早于中部地区，西部地区相对最晚。沿海城市进入快速扩展期的时间比内陆城市早十年，扩展速度是内陆城市的1.24倍，城市的扩展幅度远高于内陆城市。"十三五"末期，不同地域的城市扩展明显减弱；"十四五"初期扩展速度经历了短暂反弹和快速回落，并且反弹幅度有限。

第六，不同人口规模城市的扩展过程差异显著。巨大城市的扩展进程明显早于其他类型城市，在我国城市扩展过程中起到"领头羊"的作用，其次是特大城市、大城市、中等城市和小城市。城市扩展速度和平均每个城市实际扩展面积排序由大到小依次为巨大城市、特大城市、大城市、中等城市和小城市。小城市、中等城市和大城市在"八五"之前的扩展趋势保持相对平稳、缓慢的一致性，之后出现明显差异，中等城市和大城市扩展均在"八五"期间出现较为明显的增速，比小城市提前十年。特大城市和巨大城市的持续快速增长从"十一五"开始减缓，且巨大城市扩展速度减少幅度大于特大城市。"十三五"期间，各种人口规模的城市均出现扩展减速现象，且巨大城市降幅明显高于其他规模的城市。进入"十四五"初期，大城市扩展速度出现反

弹，其他城市扩展速度呈现不同程度的下行趋势。

第七，2002~2003年直辖市城市建成区扩展速度达到了历史最高值，之后虽然扩展速度有所下降，但仍比较剧烈，2013年后扩展速度快速下降；省会（首府）城市建成区扩展速度在1997年以后一路高歌猛进，2013~2014年的扩展速度最快；计划单列市建成区扩展速度在2003~2004年达到了历史最高值后一路下滑；沿海开放与经济特区城市建成区扩展速度先后在2004~2005年和2008~2009年出现了峰值。总体来看，"八五"时期中国各类城市开启扩展高潮，"十五"时期及之后城市扩展速度剧烈攀升。"十三五"期间，省会（首府）城市、计划单列市、其他城市，以及沿海开放与经济特区城市的建成区扩展速度虽有小幅反弹，但很快再次回落。"十四五"初期两年，除直辖市城市外，省会（首府）城市、计划单列市、其他城市，以及沿海开放与经济特区城市的建成区扩展速度在2020~2022年都有一个明显的快速反弹和回落过程。

第八，我国城市扩展与国家战略部署和重大社会经济事件具有时间一致性。城市扩展以经济为基础，所有城市的扩展都是在我国改革开放政策引导的社会经济快速发展中出现并加强的。城市扩展过程与经济特区建设、沿海开放城市和计划单列市的设立以及西部大开发战略、振兴东北战略、中部崛起战略等的实施存在一致性，这些国家战略的实施促进了不同区域城市扩展的加速。国家的宏观调控与先后出现的亚洲金融危机和全球金融动荡，明显与城市扩展减速相一致。近年的城市扩展速度波动一定程度上反映了新冠疫情对区域发展的影响。

第九，人均城市用地面积增加是主要趋势，省会（首府）和其他城市增加幅度明显超过直辖市。与1990年相比，2020年大陆有比较数据的67个主要城市中有44个城市的人均用地面积表现为增加，同时有23个城市的人均用地面积表现为减少。从67个城市总体来看，1990年的人均城市用地面积为0.73平方千米/万人，2020年为0.81平方千米/万人，增加了0.08平方千米/万人。直辖市1990~2020年减少了0.03平方千米/万人，省会（首府）城市和其他城市1990~2020年分别增加了0.12平方千米/万人、0.10平方千米/万人。与香港、澳门相比，内地城市的人均用地面积普遍较大。

进入21世纪后，我国城市扩展持续高速，总体呈现梯级加速态势，近年的减缓趋势有反弹迹象。目前，我国正处于新型城镇化建设和城乡一体化建设的新时期，城市扩展及其空间布局优化是必然趋势。结合国家重大战略部署开展研究，持续监测城市变化过程，更好地掌握我国城市发展的过程特点和空间格局变化，对于提高土地利用效率、优化土地资源空间布局具有重要意义。

参考文献

[1] 国家统计局：《中国统计年鉴2021》，中国统计出版社，2021。

[2] 中华人民共和国住房和城乡建设部《2020年城市建设统计年鉴》，中国统计出版社，2020。

[3] Carlson T, Toby J, Benjamin S, et al. "Satellite Estimation of the Surface Energy Balance, Moisture Availability and Thermal Inertia". *Journal of Applied Meteorology*, 1981, 20 (1): 67 – 87.

[4] Goward S. "Thermal Behavior of Urban Landscapes and Urban Heat Island". *Physical Geography*, 1981, 2(1): 19 – 33.

[5] Owen T, Carlson T, Gillies R. "An Assessment of Satellite Remotely – Sensed Land Cover Parameters in Quantitatively Describing the Climatic Effect of Urbanization". *International Journal of Remote Sensing*, 1998, 19(9): 1663 – 1681.

[6] Mc Pherson E, Nowak D, Heisler G, et al. "Quantifying Urban Forest Structure, Function, and Value: The Chicago Urban Forest Climate Project". *Urban Ecosystems*, 1997, 1(1): 49 – 61.

[7] Rosenfeld A, Akbari H, Bretz S, et al. "Mitigation of Urban Heat Island: Materials, Utility Program, Update". *Energy & Buildings*, 1995, 22: 255 – 265.

[8] 刘珍环、王仰麟、彭建：《不透水表面遥感监测及其应用研究进展》，《地理科学进展》2010年第9期，第1143~1152页。

[9] 顾朝林：《北京土地利用/覆盖变化机制研究》，《自然资源学报》1999年第4期，第300~312页。

[10] 罗海江：《二十世纪上半叶北京和天津城市土地利用扩展的对比研究》，《人文地理》2000年第4期，第34~37页。

[11] 张庭伟：《1990年代中国城市空间结构的变化及其动力机制》，《城市规划》2001年第7期，第7~14页。

[12] Jensen J, Toll D. "Detecting Residential Land – Use Development at the Urban Fringe". *Photogrammetric Engineering & Remote Sensing*, 1982, 48(4): 629 – 643.

[13] Goward S, Williams D. "Landsat and Earth Systems Science: Development of Terrestrial Monitoring". *Photogrammetric Engineering & Remote Sensing*, 1997, 63(7): 887 – 900.

[14] Masek J, Lindsay F, Goward S. "Dynamics of Urban Growth in the Washington DC Metropolitan Area, 1973 – 1996, from Landsat Observations". *International Journal of Remote Sensing*, 2000, 21(18): 3473 – 3486.

[15] Lópes E, Bocco G, Mendoza M, et al. "Predicting Land – Cover and Land – Use Change in the Urban Fringe: A Case in Morelia City, Mexico". *Landscape & Urban Planning*, 2001, 55(4): 271 – 285.

[16] Yin Z, Stewart D, Bullard S, et al. "Changes in Urban Built – up Surface and Population Distribution Patterns during 1986–1999: A Case Study of Cairo, Egypt". *Computers Environment & Urban Systems*, 2005, 29(5): 595 – 616.

[17] Braimoh A, Onishi T. "Spatial Determinants of Urban Land Use Change in Lagos, Nigeria". *Land Use Policy*, 2007, 24(2): 502 – 515.

[18] Mundia C, Aniya M. "Analysis of Land Use/Cover Changes and Urban Expansion of Nairobi City Using Remote Sensing and GIS". *International Journal of Remote Sensing*, 2005, 26(13): 2831 – 2849.

[19] 戴昌达、唐伶俐：《卫星遥感监测城市扩展与环境变化的研究》，《环境遥感》1995年第1期，第1~8页。

[20] 潘卫华：《遥感监测下的城市扩展分析——以泉州市为例》，《福建地理》2005年第1期，第16~19页。

[21] 盛辉、廖明生、张路：《基于卫星遥感图像的城市扩展研究——以东营市为例》，《遥感信息》2005年第4期，第28~30页。

[22] 万从容、徐兴良：《遥感影像融合技术在城市发展研究中的应用》，《测绘信息与工程》2001年第4期，第6~9页。

[23] 黎夏、叶嘉安：《利用遥感监测和分析珠江三角洲的城市扩张过程——以东莞市为例》，《地理研究》1997年第4期，第57~63页。

[24] 汪小钦、徐涵秋、陈崇成：《福清市城市时空扩展的遥感监测及其动力机制》，《福州大学学报》（自然科学版）2000年第2期，第111~115页。

[25] 程效东、葛吉琦、李瑞华：《基于GIS的城市土地扩展研究——以安徽马鞍山市城区为例》，《国土与自然资源研究》2004年第3期，第23~24页。

[26] 李晓文、方精云、朴世龙：《上海及周边主要城镇城市用地扩展空间特征及其比较》，《地理研究》2003年第6期，第769~781页。

[27] 陈素蜜：《遥感与地理信息系统相结合的城市空间扩展研究》，《地理空间信息》2005年第1期，第33~36页。

[28] 张增祥等：《中国城市扩展遥感监测》，星球地图出版社，2006。

[29] 张增祥等：《中国城市扩展遥感监测图集》，星球地图出版社，2014。

[30] 顾行发、李闽榕、徐东华：《中国可持续发展遥感监测报告(2017)》，社会科学文献出版社，2018。

[31] 陈述彭、谢传节：《城市遥感与城市信息系统》，《测绘科学》2000年第1期，第1~8页。

[32] 黄庆旭、何春阳、史培军等：《城市扩展多尺度驱动机制分析——以北京为例》，《经济地理》2009年第5期，第714~721页。

[33] 刘曙华、沈玉芳：《上海城市扩展模式及其动力机制》，《经济地理》2006年第3期，第487~491页。

[34] 孟祥林：《京津冀城市圈发展布局：差异化城市扩展进程的问题与对策探索》，《城市发展研究》2009年第3期，第6~15页。

[35] 国家质量技术监督局、中华人民共和国建设部：《城市规划基本术语标准》（GB/T 50280 - 98），中国建筑工业出版社, 1998。

[36] 刘晓勇：《华北地区县域城镇发展特征与规划对策研究——以河北省磁县为例》，《和谐城市规划——2007年中国城市规划年会论文集》, 中国城市规划学会, 2007。

专题报告

Special Report

G.2

中国植被状况

摘　要： 植被是地球表面最主要的环境控制因素，植被变化监测是全球变化研究的重要内容之一。本报告利用自主研发的植被关键参数遥感定量产品，监测了我国森林、草地和农田生态系统现状及变化趋势，并评估了我国七个主要分区2010~2021年的生态系统质量变化状况。研究结果表明：①近十年来，我国国土面积70%以上的森林覆盖率、草地覆盖度和农田叶面积指数呈稳步增加趋势；②2021年东北地区、华东地区、华中地区和华南地区的生态系统质量为良好，华北地区、西南地区和西北地区的生态系统质量为中等；③2010~2021年华南地区和华北地区生态系统质量增加的占比较为显著，平均增加57.44%和50.83%，而东北地区和华东地区生态系统质量增加的占比略低，平均仅增加32.17%和31.17%。

关键词： 叶面积指数　植被覆盖度　植被总初级生产力　森林覆盖率　生态系统质量 2010~2021年

植被是地球表面覆盖的植物群落总称，是人类生存环境的重要组成部分，也是提示自然环境特征最重要的手段。植被的种类、数量和分布是衡量区域生态环境是否安全和适宜人类居住的重要指标。我国面对资源约束趋紧、环境污染严重、生态系统退化的严峻形势，坚持"绿水青山就是金山银山"理念，坚持尊重自然、顺应自然、保护自然生态文明思想，走科学、生态、节俭的绿化发展道路，推进生态环境改善，为建设美丽中国提供良好生态保障。本报告以植被生态系统为主要研究对象，开展中国现有植被状况及自"十二五"以来十余年的变化特征分析，对生态环境保护研究具有重要意义。

1. 叶面积指数

叶面积指数（Leaf Area Index, LAI）为单位地表面积上植物叶表面积总和的一半，是描述植被冠层功能的重要参数，也是影响植被光合作用、蒸腾以及陆表能量平衡的重要生物物理参量。本报告使用自主研发生产的2010~2021年500米分辨率每4天合成的MuSyQ LAI产品分析中国植被生长状况及其变化。报告采用年平均叶面积指数作为评价指标，取值范围为0~8，计算方法为该年全年叶面积指数的平均值，0表示区域内没有植被，取值越高，表明区域内植被生长状态越好。

2. 植被覆盖度

植被覆盖度（Fractional Vegetation Coverage，FVC）定义为植被冠层或叶面在地面的垂直投影面积占区域总面积的比例，是衡量地表植被状况的一个重要指标。本报告使用自主研发生产的2010~2021年500米分辨率每4天合成的MuSyQ FVC产品分析中国植被覆盖程度变化状况。报告使用年最大植被覆盖度作为评价指标，计算方法为该年植被覆盖度的最大值，取值范围为0~100%，0表示地表像元内没有植被即裸地，取值越高，表明区域内植被覆盖度越大。

3. 植被总初级生产力

植被总初级生产力（Gross Primary Productivity，GPP）是反映植被光合作用能力的指标之一，是评估植被固碳能力和碳收支的重要参数，指绿色植被在单位时间、单位面积上由光合作用产生的有机物质总量。报告使用自主研发生产的2010~2021年500米分辨率每4天合成的MuSyQ GPP产品分析中国植被GPP空间分布状况。报告使用年累积GPP作为评价指标，当年GPP为0克碳/平方米时，表示植被不具有固碳能力；年GPP值越高，表明植被固碳能力越强。

4. 森林覆盖率

森林覆盖率是指森林面积占土地总面积的比例，一般用百分比表示，是反映一个国家（或地区）森林资源和林地占有实际水平的重要指标。我国森林覆盖率系指郁闭度0.2以上的乔木林、竹林、国家特别规定的灌木林地面积，以及农田林网和村旁、宅旁、水旁、路旁林木的覆盖面积的总和占土地面积的百分比。遥感获取的森林覆盖率是指遥感像元内森林面积占像元面积的百分比。本报告使用2015年和2020年30米分辨率的地表覆盖精细分类产品提取500米分辨率的森林覆盖率，用于分析中国森林覆盖率

空间分布现状以及五年间中国森林覆盖变化。

5. 生态系统质量

生态系统质量表征生态系统自然植被的优劣程度，反映生态系统内植被与生态系统整体状况。生态系统综合监测以叶面积指数、植被覆盖度、总初级生产力遥感产品作为输入指标，使用三个指标计算的相对密度构建生态系统质量指数，基于生态系统质量指数的分布和变化率等指标，对生态系统进行综合监测。

（1）生态参数的相对密度

以每个气候带分区内森林、灌丛、草地和农田四类植被类型生态系统的生态参数最大值和最小值作为参照值，得到该分区内生态参数的相对密度，气候带分区采用柯本气候分类法，生态系统类型参见《全国生态状况调查评估技术规范——生态系统质量评估》附录A。相对密度越接近1，代表该像元的生态参数越接近参照值。具体计算公式为：

$$RVI_{i,j,k} = \frac{F_{i,j,k} - F_{\min i,j,k}}{F_{\max i,j,k} - F_{\min i,j,k}} \tag{1}$$

式中，$RVI_{i,j,k}$ 为第 i 年第 j 气候带分区第 k 类植被生态系统参数的相对密度，$F_{i,j,k}$ 为第 i 年第 j 气候带分区第 k 类植被生态系统参数值，$F_{\max i,j,k}$ 为第 i 年第 j 气候带分区第 k 类植被生态系统参数最大值，$F_{\min i,j,k}$ 为第 i 年第 j 气候带分区第 k 类植被生态系统参数最小值。

（2）生态系统质量指数

由叶面积指数、植被覆盖度和总初级生产力的相对密度，构建生态系统质量指数（EQI），具体计算公式为：

$$EQI_i = \frac{LAI_i + FVC_i + GPP_i}{3} \times 100 \tag{2}$$

式中，EQI_i 为第 i 年的生态系统质量指数，LAI_i 为第 i 年的叶面积指数相对密度，FVC_i 为第 i 年的植被覆盖度相对密度，GPP 为第 i 年的总初级生产力相对密度。

根据生态系统质量指数，将生态系统质量分为5级，即优、良、中、低、差，具体见表1。

（3）生态系统质量指数变化率

以 EQI 作为代表生态系统质量的主要指标，采用回归分析方法监测生态系统质量变化特征，根据最小二乘法原理，计算 EQI 与时间的回归直线，结果是一幅斜率影像。具体计算过程为：对 n 年的全球 EQI 数据，基于每一个像元，求取 n 年间的变化率，具体计算方法如下：

表 1　生态系统质量分级标准

级别	优	良	中	低	差
生态系统质量	$EQI \geq 75$	$55 \leq EQI < 75$	$35 \leq EQI < 55$	$20 \leq EQI < 35$	$EQI < 20$
描述	生态系统质量为优	生态系统质量良好	生态系统质量为中等水平	生态系统质量较低	生态系统质量较差

$$KEQI = \frac{n \times \sum_{i=1}^{n} i \times EQI_i - \left(\sum_{i=1}^{n} i\right)\left(\sum_{i=1}^{n} EQI_i\right)}{n \times \sum_{i=1}^{n} i^2 - \left(\sum_{i=1}^{n} i\right)^2} \qquad (3)$$

式中：EQI_i为生态系统质量指数；n为生态系统质量指数的变化率；$KEQI$为生态系统质量指数变化率。$KEQI$可以反映像元长期的变化趋势：当$KEQI > 0$，说明该时间序列的变化趋势为上升；当$KEQI < 0$，说明该时间序列的变化趋势为下降。

根据主要生态系统类型植被生长状况变化的特点，将生态系统质量的变化类型分为2级4类，具体见表2。

表 2　生态系统质量变化类型分级标准

植被生长状况变化类型	变化等级	EQI 平均变化率
改善	明显改善	$KEQI > 1.0/a$
	轻微改善	$0.5/a < KEQI \leq 1.0/a$
下降	轻微下降	$-1.0/a \leq KEQI < -0.5/a$
	明显下降	$KEQI < -1.0/a$

（4）生态系统质量指数百分比

$KEQI$反映的是EQI每年的绝对变化量，为更好地表征区域内EQI的相对变化，基于$KEQI$和EQI，对一段时间内EQI变化的百分比$PEQI$进行计算，以衡量区域内EQI变化的相对幅度，$PEQI$的计算公式如下：

$$PEQI = (n-1)\frac{KEQI}{EQI} \times 100\% \qquad (4)$$

2.1 中国植被状况及变化

2.1.1 2021年中国植被状况

2021年中国植被年累积植被总初级生产力分布呈现由西北向东南逐渐增加的趋势（见图1）。我国青藏高原东南端、云南省南部、南部沿海区域、海南、台湾等，年累积植被总初级生产力最高，超过2500克碳/平方米；秦岭淮河以南的南方腹地年累积植被总初级生产力2000~2500克碳/平方米；东北大小兴安岭等林区年累积植被总初级生产力1000~2000克碳/平方米；华北平原和东北平原的农作物区年累积植被总初级生产力1000~1500克碳/平方米；东北中部、青藏高原东南部、新疆北部地区年累积植被总初级生产力500~1000克碳/平方米；内蒙古高原和黄土高原大部分地区年累积植被总初级生产力低于500克碳/平方米。

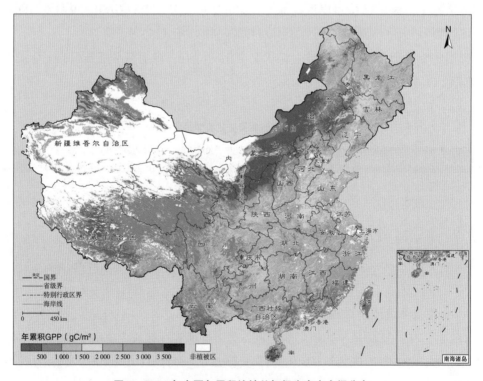

图1 2021年中国年累积植被总初级生产力空间分布

统计我国各省份2021年植被年累积植被总初级生产力情况（见图2），海南、台湾、福建、广东（含香港和澳门特别行政区）、广西、江西、浙江、云南和湖南植被覆盖度高，光照和水热条件充足，适宜植被生长，年累积植被总初级生产力超过2000克碳/平方米；而黑龙江省和吉林省内分布的大小兴安岭及长白山森林虽然植被覆盖度较高，但受植被生长的光温水条件制约，年累积植被总初级生产力最高1470克碳/平方米；位于中国西北部的西藏自治区、宁夏回族自治区和新疆维吾尔自治区气候环境条件不利于植被生长，年累积植被总初级生产力最低，为621克碳/平方米。

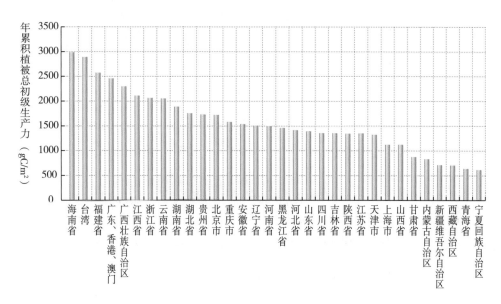

图2　2021年各省份年累积植被总初级生产力

2.1.2　中国典型植被类型状况及变化

（1）森林覆盖率状况及变化

我国森林资源主要包括东北林区和西南林区两大天然林区，以及东部的主要经济和人工林区，主要分布在大小兴安岭和长白山林区，四川省、重庆市、云南省、西藏自治区的横断山脉林区，秦岭淮河以南、云贵高原以东的广大山区。2020年中国森林覆盖率分布与典型植被参数指标分布空间格局相似（见图3），其中我国东北大小兴安岭地区、秦岭地区、长江中下游平原、青藏高原东南端、台湾等森林区域，森林覆盖率高于90%；云贵高原西南部和东南部、东南丘陵、太行山脉等森林区域，森林覆盖率介于70%~90%；四川盆地、天山山脉、广西壮族自治区和海南省等森林区域，森林覆盖率介于40%~80%；青藏高原横断山脉西北部山区、祁连山北麓等森林区域，森林覆盖率低于40%。

统计我国各省份2020年森林覆盖率及相比2015年森林覆盖率变化情况（见图4），台湾、福建、浙江、吉林、黑龙江、陕西和湖北森林覆盖率超过70%，与2015年相比，森林覆盖率增加1%~3%；山东省、青海省和上海市森林覆盖率低于20%，其中青

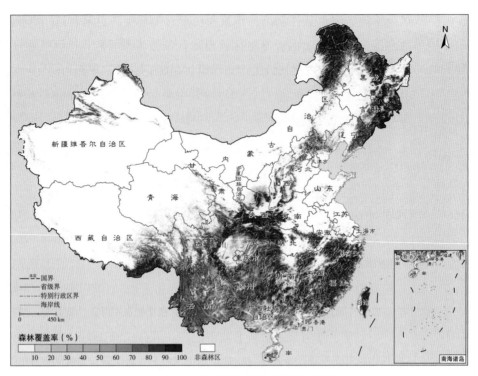

图3　2020年中国森林覆盖率空间分布

海省森林覆盖率较2015年降低3.37%；近五年森林覆盖率天津市增加最显著，而西藏自治区降低最显著。

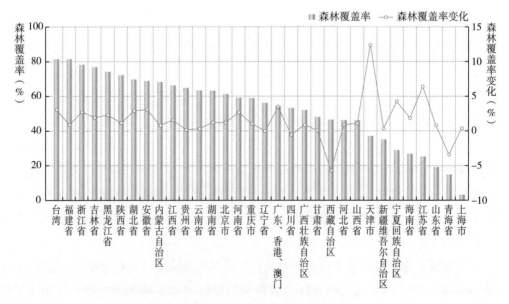

图4　2020年各省份森林覆盖率及其变化

（2）草地覆盖度状况及变化

我国草地主要分布于蒙古高原的温带草原和青藏高原寒区的高山草甸，包括内蒙古锡林郭勒、呼伦贝尔鄂尔多斯草原区，以及西北地区的天山、阿尔泰山、昆仑山和祁连山等草甸区。2021年中国草地年最大覆盖度均值为63.88%，2010~2021年中国草地覆盖度变化率呈现逐年增加趋势（见图5），其中增加比例占87.66%、降低比例占12.34%。内蒙古、甘肃、陕西、山西、河北草地覆盖度变化率增加显著，每年增加超过0.012；而青藏高原东南部、内蒙古呼伦贝尔和锡林郭勒盟部分草地区的覆盖度呈下降趋势，每年降低约0.01~0.035（见图5、图6）。

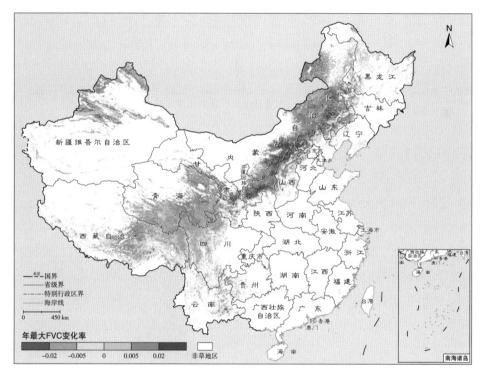

图5　2010~2021年中国草地覆盖度变化率空间分布

（3）农田生长状况及变化

我国农田耕地主要分布在平原、盆地、丘陵等地，主要粮油作物和商品棉基地位于东北平原、黄淮海平原、长江流域、汾渭平原、河套灌区、甘肃新疆和华南共七个主产区。2021年农田平均叶面积指数为1.07，2010~2021年农田年平均叶面积指数变化率呈现逐年增加趋势（见图7），其中增加比例占70.80%、降低比例占29.20%。东北平原、四川盆地、华南农作物主产区的农田年平均叶面积指数变化率逐年增加，每年增加超过0.02；而黄淮海平原、长江中下游平原部分地区农田年平均叶面积指数变化率逐年降低，每年降低0.01~0.02，局部降低超过0.02。农田分布较多的省份如山东和吉林农

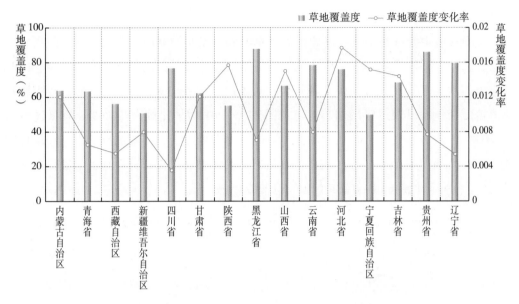

图6　2021年草地主要分布省份覆盖度及变化率（按草地面积排序）

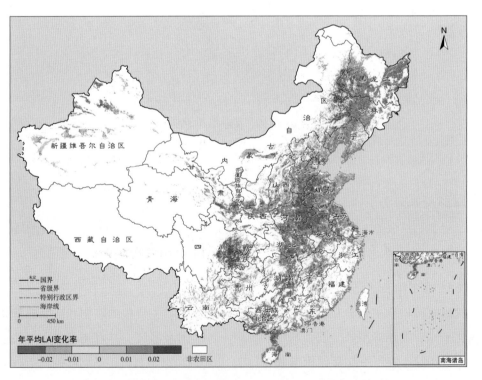

图7　2010~2021年中国农田年平均叶面积指数变化率空间分布

田年平均叶面积指数变化率每年增加0.1左右，而广西、四川、广东和云南等农田年平均叶面积指数变化率增加超过0.02（见图8）。

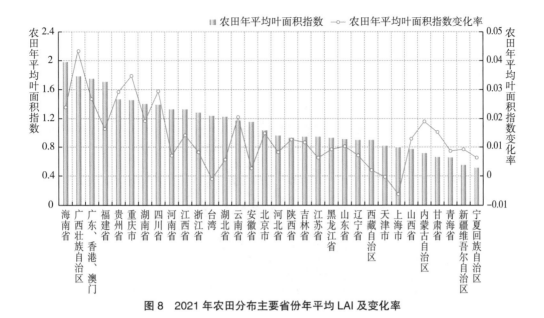

图8　2021年农田分布主要省份年平均LAI及变化率

2.2　2010~2021年中国分区域生态系统质量变化

2.2.1　东北地区生态系统质量变化

东北地区包含黑龙江省、吉林省和辽宁省。东北地区以农田生态系统和森林生态系统为主，两者面积占区域总面积的90%以上，分布少量草地生态系统。我国第一大天然林区主要分布在东北地区的大小兴安岭和长白山地区，森林类型以北方针叶林、温带针叶落叶阔叶混交林为主。东北地区也是我国重要的粮食基地之一，以玉米、稻谷、大豆等粮食作物为主，主要分布在三江平原、松嫩平原、吉林中部平原及辽宁中部平原。黑龙江松嫩平原和吉林西部科尔沁草原是中国主要畜牧业区。

2021年东北地区生态系统质量整体为良好（*EQI*=56.96），生态系统质量优良比例占56.47%、中等占38.49%、低差占5.04%，其中生态质量优良的区域主要分布在大小兴安岭和长白山林地，生态系统质量低差的区域主要分布在松嫩平原（见图9a和附表1）。2010~2021年东北地区生态系统质量增加占32.17%、基本不变占50.19%、下降占17.64%，其中改善区域主要分布在吉林省和辽宁省的长白山脉区域、松嫩平原西部地区，下降区域主要分布在黑龙江省东南部和辽宁省中西部地区（见图9b和附表2）。

结合东北地区各省份典型植被类型生态系统质量及变化率统计结果分析（见表3），辽宁省和吉林省的生态系统质量明显改善，生态系统质量平均变化率分别为0.413/yr和0.478/yr，平均升高7.26%和8.50%；而黑龙江省生态系统质量变化不显著。得益于植树造林、封山育林等生态保护工程的实施，吉林省和辽宁省的森林生态系统

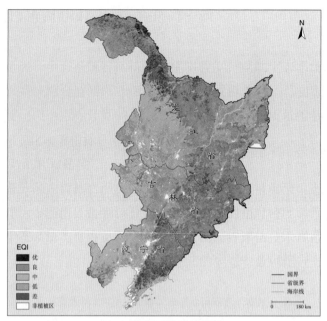

（a）生态系统质量指数

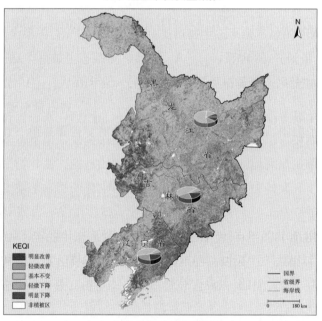

（b）生态系统质量指数变化率

图9 2010~2021年东北地区生态系统质量指数及变化率空间分布

质量显著改善，平均生态系统质量指数变化率分别为0.532/yr和0.902/yr，十余年间升高8.28%和14.42%。得益于退耕还草、荒漠化治理等生态系统修复工程的实施，吉林省和辽宁省的草地生态系统质量得到改善，平均生态系统质量指数变化率分别为0.653/yr和0.615/yr，十余年间升高17.38%和11.35%。除黑龙江省农田生态系统质量呈轻微下降趋势外，吉林省和辽宁省农田生态系统质量轻微改善，生态系统质量指数平均变化率分别为0.274/yr和0.272/yr，十余年间升高5.11%和5.08%。

表3　2010~2021年东北地区生态系统质量指数及变化率分省份统计

省份	指标	植被总体	森林	草地	农田
黑龙江省	EQI	57.66	62.45	57.06	52.63
	$KEQI$	0.010	0.064	0.068	−0.064
	$PEQI$ (%)	0.17	1.02	1.19	−1.22
吉林省	EQI	56.93	64.26	37.54	53.63
	$KEQI$	0.413	0.532	0.653	0.274
	$PEQI$ (%)	7.26	8.28	17.38	5.11
辽宁省	EQI	56.24	62.51	54.23	53.58
	$KEQI$	0.478	0.902	0.615	0.272
	$PEQI$ (%)	8.50	14.42	11.35	5.08

2.2.2　华北地区生态系统质量变化

华北地区包含北京市、天津市、河北省、山西省和内蒙古自治区。华北地区位于秦岭、淮河以北，地形平坦广阔，农田生态系统约占区域总面积的42%，其余依次为荒漠、草地和森林生态系统。华北地区农田主要分布在河套平原、汾河平原和海河平原，粮食作物以小麦、玉米为主，主要经济作物有棉花和花生。华北地区森林主要分布在内蒙古自治区东北部的大兴安岭和华北平原西部的太行山脉，以北方针叶林、温带针叶落叶阔叶混交林、落叶阔叶林等为主。内蒙古高原草原辽阔，东部有呼伦贝尔大草原和松嫩草地，中部有锡林郭勒草地和科尔沁草地，中西部有乌兰察布草地，是我国重要的畜牧业生产基地。

2021年华北地区生态系统质量整体为中等（EQI=41.26），生态系统质量优良比例占24.54%、中等占33.89%、低差占41.57%，其中生态质量优良的区域主要分布在大兴安岭和太行山林区，生态系统质量低差的区域主要分布在内蒙古浑善达克沙地和毛乌素沙地附近（见图10a和附表1）。2010~2021年华北地区的生态系统质量增加占38.03%、基本不变占55.78%、下降占6.20%，其中改善的区域主要分布在400毫米降水线以南，大兴安岭山区和太行山以东部分地区改善与下降趋势并存（见图10b和附表2）。

结合华北地区各省份典型植被类型生态系统质量及变化率统计结果分析（见表4），北京市和山西省的生态系统质量明显改善，生态系统质量平均变化率分别为1.135/yr和0.776/yr，平均升高19.08%和16.44%；其他三个省份生态系统质量变化不显著。得益于植树造林、封山育林、退耕还林等生态保护工程的实施，北京市、天津市、河北省的森林生态系统质量明显改善，平均生态系统质量指数变化率分别为1.468/yr、1.306/yr和1.113/yr，平均升高23.96%、22.40%和18.68%。得益于荒漠化治理工程的实

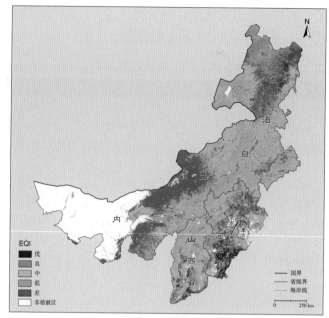

（a）生态系统质量指数

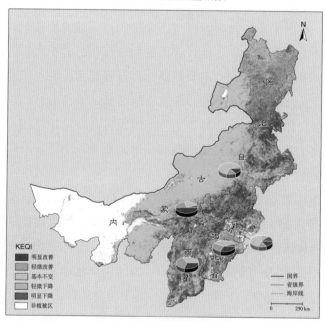

（b）生态系统质量指数变化率

图10　2010~2021年华北地区生态系统质量指数及变化率空间分布

施，华北地区草地生态系统质量在内蒙古自治区东南部、河北省北部和山西省北部都有改善，平均生态系统质量指数变化率最高为1.790/yr，十余年间最高上升27.79%；而天津市草地生态系统质量显著下降，生态系统质量指数平均变化率为–0.590/yr，平均下降19.47%。华北地区农田生态系统质量在内蒙古自治区东南部和山西省内呈轻微改善趋势，平均生态系统质量指数变化率最高为0.833/yr，十余年间最高上升17.67%。

表4 2010~2021年华北地区生态系统质量指数及变化率分省份统计

省份	指标	植被总体	森林	草地	农田
北京市	EQI	59.50	61.28	64.42	56.84
	KEQI	1.135	1.468	1.790	0.668
	PEQI (%)	19.08	23.96	27.79	11.75
天津市	EQI	52.00	58.33	30.32	51.98
	KEQI	0.150	1.306	−0.590	0.117
	PEQI (%)	2.89	22.40	−19.47	2.24
河北省	EQI	57.89	59.60	44.45	61.87
	KEQI	0.673	1.113	0.937	0.433
	PEQI (%)	11.63	18.68	21.09	6.99
山西省	EQI	47.19	56.14	37.68	49.21
	KEQI	0.776	0.964	0.758	0.669
	PEQI (%)	16.44	17.17	20.12	13.59
内蒙古自治区	EQI	44.29	63.42	37.84	47.13
	KEQI	0.390	0.199	0.357	0.833
	PEQI (%)	8.81	3.13	9.42	17.67

2.2.3 华东地区生态系统质量变化

华东地区包含上海市、山东省、江苏省、安徽省、江西省、浙江省、福建省和台湾。华东地区地形以丘陵、盆地、平原构成，其中农田生态系统占区域总面积的60%以上，森林生态系统约占32%，水域和城市生态系统各约占3%。华东地区除上海市外，各区域农业都比较发达，其中黄淮平原、江淮平原、鄱阳湖平原是我国重要的商品粮基地，也是黄淮海平原和长江中下游平原的重要组成部分，农作物类型以小麦、水稻和棉花为主，此外还有油菜籽、花生、芝麻、甘蔗、茶叶等经济作物。华东地区森林类型主要分布在浙江省、福建省、江西省和台湾境内山地和丘陵区域，以亚热带常绿阔叶林、针叶林和混交林为主。此外，华东地区水资源丰富，河道湖泊密布，区域内分布黄河、淮河、长江、钱塘江四大水系，中国五大淡水湖中有四个位于此区，分别是江西省的鄱阳湖、江苏省的太湖和洪泽湖以及安徽省的巢湖。

2021年华东地区生态系统质量整体为良好（EQI=61.11），生态系统质量优良比例占61.68%、中等占33.25%、低差占5.07%，其中生态质量优良的区域主要分布在山东西北部、江西省、浙江省、福建省和台湾，其余省份生态系统质量中等（见图11a和附表1）。2010~2021年华东地区的生态系统质量增加占36.57%、基本不变占47.66%、下降占15.77%，其中明显改善的区域主要分布在山东省西北部、福建省和江西省内，下降区域主要分布在安徽省、江苏省和上海市（见图11b和附表2）。

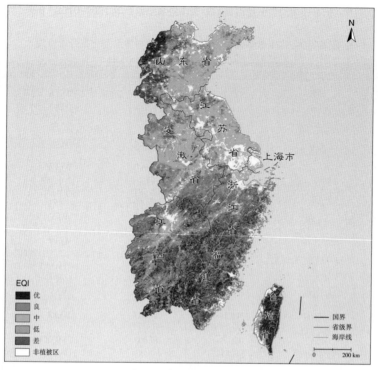

（a）生态系统质量指数

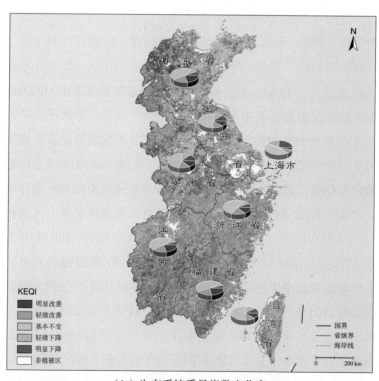

（b）生态系统质量指数变化率

图 11 2010~2021 年华东地区生态系统质量指数及变化率空间分布

结合华东地区各省份典型植被类型生态系统质量及变化率统计结果分析（见表5），除上海市平均生态系统质量指数变化率下降0.524/yr、下降幅度13.10%之外，其余省市的平均生态系统质量指数基本不变或轻微增加，平均生态系统质量指数变化率最高为0.515/yr，十余年间最高上升7.14%。得益于封山育林等生态保护工程的实施，山东省和江苏省森林生态系统质量有明显改善，平均生态系统质量指数变化率最高为1.067/yr，十余年间最高上升20.65%。除江西省草地生态系统、上海市和安徽省农田生态系统质量呈下降趋势之外，华东地区其他省份的草地和农田生态系统质量呈基本不变或轻微改善趋势，相对变化幅度0.44%~12.36%。

表5　2010~2021年华东地区生态系统质量指数及变化率分省份统计

省份	指标	植被总体	森林	草地	农田
上海市	EQI	40.02	46.43	—	39.99
	KEQI	−0.524	−0.186	—	−0.526
	PEQI (%)	−13.10	−4.00	—	−13.16
山东省	EQI	57.13	51.68	43.70	57.33
	KEQI	0.400	1.067	0.242	0.390
	PEQI (%)	6.99	20.65	5.54	6.80
江苏省	EQI	49.24	55.12	48.81	49.14
	KEQI	0.060	0.777	0.267	0.049
	PEQI (%)	1.22	14.10	5.46	0.99
安徽省	EQI	53.22	60.21	52.25	50.32
	KEQI	0.067	0.448	0.023	−0.091
	PEQI (%)	1.26	7.44	0.44	−1.82
江西省	EQI	64.49	67.24	58.27	58.03
	KEQI	0.426	0.499	−0.099	0.258
	PEQI (%)	6.60	7.42	−1.70	4.45
浙江省	EQI	63.16	65.44	66.45	53.32
	KEQI	0.249	0.302	0.214	0.027
	PEQI (%)	3.95	4.62	3.23	0.51
福建省	EQI	72.20	72.37	73.66	69.91
	KEQI	0.515	0.529	0.910	0.308
	PEQI (%)	7.14	7.31	12.36	4.40
台湾	EQI	77.46	81.06	66.77	57.18
	KEQI	0.021	−0.004	0.189	0.162
	PEQI (%)	0.27	−0.05	2.83	2.84

2.2.4 华中地区生态系统质量变化

华中地区包含河南省、湖北省和湖南省。华中地区以农田生态系统和森林生态系统为主，两者面积占区域总面积的95%以上，其中农田生态系统比例达区域面积的66%，是农田生态系统占比最高的区域。华中地区地形以平原、丘陵、盆地为主，气候环境为温带季风气候和亚热带季风气候。华中暖温带地区是全国小麦、玉米等粮食作物重要的生产基地之一，主要分布在河南省中部及北部农业区，如淮北、豫中平原农业区、南阳盆地农业区、豫东北平原农林间作区、太行山及山前平原农林区等。华中亚热带湿润地区的农作物以水稻和油菜为主，主要分布在湖北江汉平原、湖南洞庭湖平原等。华中地区森林主要分布在华中西部地区的山区，以常绿阔叶林为主。

2021年华中地区生态系统质量整体为良好（*EQI*=59.25），生态系统质量优良比例占60.30%、中等占36.80%、低差占2.90%，全区各省份生态系统质量呈中等及以上（见图12a和附表1）。2010~2021年华中地区的生态系统质量增加占46.78%、基本不变占39.69%、下降占13.54%，明显改善的区域主要分布在河南省西部、湖北省西部和湖南省南部地区，明显下降的区域主要分布在河南省东部和湖北省中部地区（见图12b和附表2）。

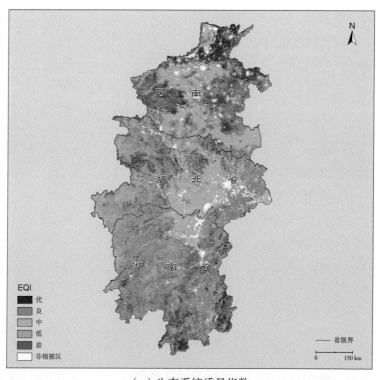

（a）生态系统质量指数

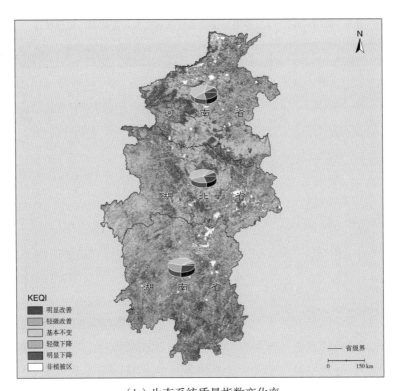

（b）生态系统质量指数变化率

图12 2010~2021年华中地区生态系统质量指数及变化率空间分布

结合华中地区各省份典型植被类型生态系统质量及变化率统计结果分析（见表6），三个省份生态系统质量轻微改善，平均生态系统质量指数变化率最高为0.595/yr，十余年间最高上升9.96%。受益于植树造林、封山育林等生态保护工程的实施，华中地区森林生态系统质量有较明显的改善，主要分布在河南省西部和湖南省南部，平均生态系统质量指数变化率最高为1.060/yr，十余年间最高上升16.13%。华中地区农田生态系统质量整体呈轻微改善趋势，平均生态系统质量指数变化率最高为0.459/yr，十余年间最高上升7.61%；虽然湖北省农田生态系统质量总体基本不变，但湖北省中部农田生态系统的LAI变化率和KEQI下降趋势显著（见图7和图12b）。

2.2.5 华南地区生态系统质量变化

华南地区包含广东省、广西壮族自治区、海南省、香港特别行政区和澳门特别行政区。华南地区以森林生态系统和农田生态系统为主，两者面积占区域总面积的90%以上，其中森林生态系统比例达48%，是森林生态系统占比最高的区域。华南地区从南到北横跨热带、南亚热带和中亚热带三个气候带，与之相适应，植被类型的分布也存在地带分异性，华南地区北部为亚热带典型常绿阔叶林，中部为亚热带季风常绿阔

表6   2010~2021年华中地区生态系统质量指数及变化率分省份统计

省份	指标	植被总体	森林	草地	农田
河南省	EQI	60.49	65.72	59.25	59.40
	KEQI	0.298	1.060	1.197	0.136
	PEQI (%)	4.93	16.13	20.20	2.30
湖北省	EQI	55.45	57.37	63.98	53.03
	KEQI	0.349	0.564	0.479	0.081
	PEQI (%)	6.30	9.83	7.49	1.53
湖南省	EQI	59.77	59.43	64.63	60.38
	KEQI	0.595	0.667	0.467	0.459
	PEQI (%)	9.96	11.23	7.22	7.61

叶林，南部为热带季雨林和热带雨林。华南地区的农作物以一年三熟制为主，除大范围生产水稻外，也盛产甘蔗等糖料作物，主要分布在海南省、广东和广西的北纬24°以南地区。此外，海南省降水丰沛，雨热同期，也是我国重要的热带经济作物产区，天然橡胶产量占全国的六成左右。

2021年华南地区生态系统质量整体为良好（EQI=69.59），生态系统质量优良比例占84.17%、中等占14.59%、低差占1.24%，全区各省份生态系统质量呈优良状态（见图13a和附表1）。2010~2021年华南地区的生态系统质量增加占60.61%、基本不变占32.09%、下降占7.30%，华南地区整体呈改善趋势（见图13b和附表2）。

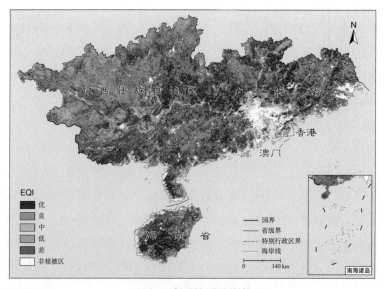

（a）生态系统质量指数

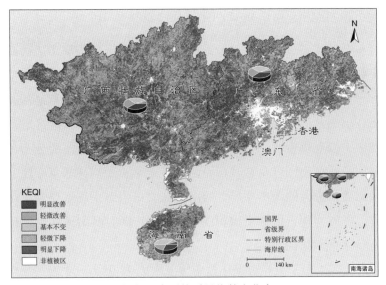

（b）生态系统质量指数变化率

图 13　2010~2021 年华南地区生态系统质量指数及变化率空间分布

结合华南地区各省份典型植被类型生态系统质量及变化率统计结果分析（见表7），三个省份生态系统质量均得到改善，平均生态系统质量指数变化率最高为0.886/yr，十余年间最高上升12.97%。除海南省外，华南地区光温水等自然条件适宜，同时配合生态恢复工程的实施，森林、草地和农田生态系统质量均有明显改善，平均生态系统质量指数变化率最高分别为0.950/yr、0.873/yr和0.886/yr，十余年间最高上升分别为13.10%、13.36%和12.89%。

表 7　2010~2021 年华南地区生态系统质量指数及变化率分省份统计

省份	指标	植被总体	森林	草地	农田
广东省、香港和澳门	*EQI*	71.81	72.54	68.79	69.80
	KEQI	0.886	0.950	0.850	0.706
	PEQI (%)	12.34	13.10	12.36	10.12
广西壮族自治区	*EQI*	68.17	68.01	65.35	68.77
	KEQI	0.884	0.883	0.873	0.886
	PEQI (%)	12.97	12.99	13.36	12.89
海南省	*EQI*	74.56	77.55	60.49	68.88
	KEQI	0.562	0.593	0.002	0.531
	PEQI (%)	7.54	7.65	0.03	7.71

2.2.6　西南地区生态系统质量变化

西南地区包含四川省、贵州省、云南省、西藏自治区和重庆市。西南地区地形结构复杂、沟壑纵横，以高原、山地为主，区域内的农田生态系统、森林生态系统、草地生态系统和荒漠生态系统占区域的96%以上。西南地区森林、草地资源十分丰富，森林主要分布在巴蜀盆地及其周边山地、云贵高原中高山山地丘陵区、青藏高原高山山地及藏南地区，以亚热带常绿阔叶林、热带雨林为主；草地主要分布在青藏高原东部半湿润、湿润高寒草甸区以及青藏高原西部半干旱、干旱高寒草原区，其中西藏自治区分布有我国面积最大的天然草场。西南地区农田生态系统主要分布在云南省、四川省和贵州省，三省面积占区域总面积的85%以上；同时西南地区也是我国橡胶、甘蔗、茶叶等热带经济作物主产区。

2021年西南地区生态系统质量整体为中等（*EQI*=48.93），生态系统质量优良比例占40.75%、中等占34.32%、低差占24.93%，其中生态质量优良的区域主要分布在西藏自治区喜马拉雅山东麓、横断山脉和云南省西南部，生态系统质量低差的区域主要分布在西藏自治区西北部的藏北高原（见图14a和附表1）。2010~2021年西南地区的生态系统质量增加占33.00%、基本不变占54.82%、下降占12.18%，明显改善的区域主要分布在重庆市、四川省东部、云南省东部和贵州省西部地区，明显下降的区域主要分布在四川省中西部和西藏自治区喜马拉雅山东麓地区（见图14b和附表2）。

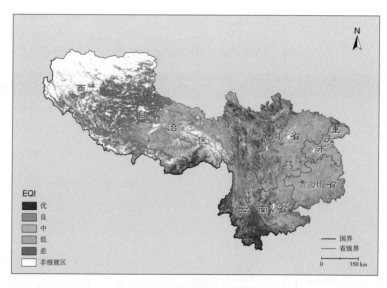

（a）生态系统质量指数

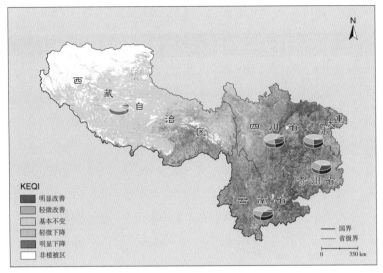

（b）生态系统质量指数变化率

图 14　2010~2021 年西南地区生态系统质量指数及变化率空间分布

结合西南地区各省份典型植被类型生态系统质量及变化率统计结果分析（见表8），除西藏自治区生态系统质量轻微降低外，其余四个省份生态系统质量呈增加趋势，平均生态系统质量指数变化率最高为0.693/yr，十余年间最高上升13.05%。受益于退耕还林还草、荒漠化治理等生态保护工程的实施，除西藏自治区外，森林生态系统质量呈改善趋势，改善最显著的区域位于四川东部、贵州和云南林区，平均生态系统质量指数变化率最高为0.668/yr，十余年间最高上升12.67%。所有省份农田生态系统质量呈改善趋势，改善最显著的区域位于四川盆地，平均生态系统质量指数变化率最高为0.761/yr，十余年间最高上升13.68%。

2.2.7　西北地区生态系统质量变化

西北地区指大兴安岭以西，昆仑山—阿尔泰山、祁连山以北的广大地区，包括陕西省、甘肃省、青海省、宁夏回族自治区和新疆维吾尔自治区。西北地区地形以高原、盆地为主，荒漠生态系统占区域面积的57%以上，其余依次为草地和农田生态系统，同时分布少量森林生态系统。新疆维吾尔自治区和青海省的天然草地分布面积位于全国第三和第四，仅次于西藏自治区和内蒙古自治区，而且新疆牧区和青海牧区也是我国主要畜产品供应地。西北地区绿洲农业主要分布在天山山麓、河西走廊、宁夏平原、塔里木盆地和准噶尔盆地边缘，作物类型以小麦、玉米、棉花为主。西北地区森林主要分布在陕西省南部秦巴山区、甘肃陇南山地以及天山、阿尔泰山地区，以落叶阔叶混交林为主。

表8 2010~2021年西南地区生态系统质量指数及变化率分省份统计

省份	指标	植被总体	森林	草地	农田
四川省	EQI	58.28	56.92	62.46	54.15
	KEQI	0.366	0.481	0.049	0.678
	PEQI (%)	6.28	8.45	0.78	12.53
贵州省	EQI	53.12	52.70	54.41	55.30
	KEQI	0.693	0.668	0.950	0.707
	PEQI (%)	13.05	12.67	17.45	12.78
云南省	EQI	61.03	62.86	54.22	53.71
	KEQI	0.628	0.614	0.778	0.543
	PEQI (%)	10.29	9.77	14.35	10.10
西藏自治区	EQI	49.31	55.91	46.66	40.63
	KEQI	−0.031	−0.295	0.076	0.164
	PEQI (%)	−0.638	−5.270	1.628	4.025
重庆市	EQI	53.11	52.51	60.24	55.63
	KEQI	0.621	0.589	0.471	0.761
	PEQI (%)	11.70	11.22	7.83	13.68

2021年西北地区生态系统质量整体为中等（EQI=40.47），生态系统质量优良比例占27.41%、中等占29.96%、低差占42.63%，其中生态质量优良的区域主要分布在新疆天山山脉、青海省东南部和陕西省南部，生态系统质量低差的区域主要分布在区域中西部荒漠戈壁周边（见图15a和附表1）。2010~2021年西北地区的生态系统质量增加占32.81%、基本不变占61.81%、下降占5.37%，明显改善的区域主要分布在陕西省、宁夏回族自治区南部、甘肃省东南部以及天山山脉周边区域，下降的区域零星分布在主要城市周边（见图15b和附表2）。

结合西北地区各省份典型植被类型生态系统质量及变化率统计结果分析（见表9），所有省份平均生态系统质量指数都呈增加趋势，平均生态系统质量指数变化率最高为0.804/yr，十余年间最高上升16.39%。受益于退耕还林、封山育林等生态保护工程的实施，森林生态系统质量明显改善，尤其在祁连山山麓和陕西省中部，平均生态系统质量指数变化率最高为0.915/yr，十余年间最高上升14.21%。受益于荒漠化治理、退耕还草等生态保护工程的实施，西北地区草地生态系统质量也明显改善，明显改善区域主要分布在新疆天山山麓、河西走廊和陕西省东部地区，平均生态系统质量指数变

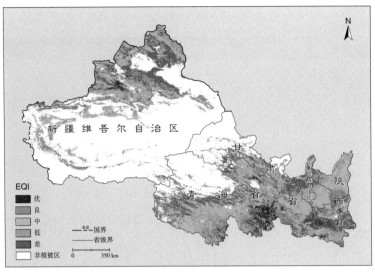

（a）生态系统质量指数

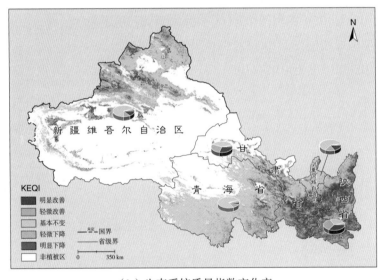

（b）生态系统质量指数变化率

图15 2010~2021年西北地区生态系统质量指数及变化率空间分布

化率最高为0.803/yr，十余年间最高上升21.72%。西北地区农田生态系统质量整体呈改善趋势，明显改善区域主要分布在河西走廊、宁夏平原和塔里木盆地边缘，平均生态系统质量指数变化率最高为0.804/yr，十余年间最高上升18.05%。

表9 2010~2021 年西北地区生态系统质量指数及变化率分省份统计

省份	指标	植被总体	森林	草地	农田
陕西省	*EQI*	54.41	64.37	36.97	53.91
	KEQI	0.804	0.915	0.803	0.520
	PEQI (%)	14.78	14.21	21.72	9.65
甘肃省	*EQI*	47.99	61.25	44.06	44.53
	KEQI	0.737	0.775	0.686	0.804
	PEQI (%)	15.35	12.65	15.58	18.05
青海省	*EQI*	50.30	47.60	50.46	44.87
	KEQI	0.189	0.406	0.179	0.441
	PEQI (%)	3.75	8.52	3.56	9.84
宁夏回族自治区	*EQI*	38.22	50.70	33.40	45.77
	KEQI	0.627	0.679	0.679	0.529
	PEQI (%)	16.39	13.40	20.33	11.55
新疆维吾尔自治区	*EQI*	44.78	35.89	41.46	53.03
	KEQI	0.422	0.259	0.282	0.742
	PEQI (%)	9.42	7.23	6.81	13.99

参考文献

[1] 生态环境部：中华人民共和国国家生态环境标准《全国生态状况调查评估技术规范——生态系统质量评估HJ 1172—2021》，2021.

[2] 顾行发、李闽榕、徐东华：《中国可持续发展遥感监测报告（2016）》，社会科学文献出版社，2017。

[3] 顾行发、李闽榕、徐东华：《中国可持续发展遥感监测报告（2019）》，社会科学文献出版社，2020。

[4] 顾行发、李闽榕、徐东华：《中国可持续发展遥感监测报告（2021）》，社会科学文献出版社，2021。

附表 1　分省区生态系统质量指数分级占比统计

单位：%

	差	低	中	良	优
东北地区	0.64	4.40	38.49	49.26	7.21
黑龙江省	0.43	3.22	38.44	50.68	7.22
吉林省	1.43	7.09	32.07	53.32	6.09
辽宁省	0.25	4.56	47.46	39.05	8.69
华北地区	16.57	25.00	33.89	18.89	5.65
北京市	0.29	4.03	35.45	50.03	10.20
天津市	2.82	13.11	50.60	28.29	5.18
河北省	0.50	8.99	41.15	31.89	17.47
山西省	0.82	22.41	50.42	21.56	4.80
内蒙古自治区	20.18	29.08	30.47	16.37	3.90
华东地区	0.36	4.72	33.25	39.15	22.53
上海市	1.00	39.63	53.81	5.49	0.08
山东省	0.86	6.52	49.91	28.40	14.31
江苏省	0.47	11.59	65.20	20.56	2.17
安徽省	0.43	7.03	48.52	38.89	5.13
江西省	0.23	2.49	24.25	48.03	25.00
浙江省	0.21	3.93	23.12	54.79	17.96
福建省	0.09	1.07	10.21	46.00	42.63
台湾	0.17	1.85	11.99	24.54	61.46
华中地区	0.21	2.69	36.80	46.53	13.77
河南省	0.50	3.47	37.65	39.82	18.56
湖北省	0.13	3.50	48.55	42.28	5.54
湖南省	0.08	1.46	32.12	56.33	10.01
华南地区	0.13	1.11	14.59	46.97	37.20
广东省、香港和澳门	0.19	1.73	14.31	41.28	42.50
广西壮族自治区	0.08	0.69	15.45	52.04	31.74
海南省	0.15	1.23	9.70	37.76	51.16
西南地区	17.46	7.48	34.32	26.66	14.09
四川省	1.51	6.12	37.72	39.03	15.62
贵州省	0.10	3.20	58.01	35.77	2.92
云南省	0.50	6.20	36.17	30.74	26.39
西藏自治区	49.99	11.92	20.11	13.10	4.88
重庆市	0.17	1.79	62.44	31.87	3.72
西北地区	25.64	16.99	29.96	19.91	7.50
陕西省	1.53	14.12	37.28	34.62	12.45
甘肃省	17.32	22.52	32.86	19.50	7.79
青海省	26.27	12.69	33.92	20.33	6.78
宁夏回族自治区	42.75	28.67	22.68	5.30	0.60
新疆维吾尔自治区	36.34	20.37	25.79	13.20	4.29

附表2　分省区生态系统质量指数变化率占比统计

单位：%

	明显下降	轻微下降	基本不变	轻微改善	明显改善
东北地区	5.75	11.89	50.19	18.47	13.70
黑龙江省	7.53	15.24	54.75	14.22	8.26
吉林省	3.22	7.31	45.60	24.16	19.71
辽宁省	3.48	7.22	41.65	24.50	23.14
华北地区	2.31	3.89	55.78	20.41	17.62
北京市	4.28	3.05	22.31	21.23	49.13
天津市	11.08	12.49	45.48	15.87	15.08
河北省	4.25	5.41	33.56	24.57	32.21
山西省	0.92	1.79	32.03	34.70	30.56
内蒙古自治区	2.07	3.87	63.25	17.78	13.03
华东地区	7.56	8.21	47.66	19.49	17.08
上海市	24.34	17.95	46.88	7.20	3.64
山东省	6.15	7.63	43.81	21.92	20.49
江苏省	11.34	10.76	52.50	15.18	10.22
安徽省	11.94	11.98	46.72	17.34	12.02
江西省	5.33	6.15	47.51	21.06	19.94
浙江省	6.57	6.97	52.57	21.37	12.52
福建省	4.49	4.18	47.51	21.94	21.87
台湾	8.94	12.42	55.94	13.13	9.56
华中地区	6.28	7.26	39.69	23.95	22.83
河南省	9.38	11.09	39.82	18.24	21.47
湖北省	7.44	7.79	39.88	25.07	19.82
湖南省	3.53	4.74	37.84	27.64	26.26
华南地区	3.22	4.08	32.09	21.79	38.82
广东省、香港和澳门	3.50	3.73	32.33	21.65	38.79
广西壮族自治区	2.69	4.03	31.04	22.32	39.92
海南省	5.59	6.21	38.57	18.66	30.97
西南地区	5.42	6.76	54.82	16.47	16.53
四川省	6.30	6.73	42.61	21.34	23.02
贵州省	1.89	3.58	35.52	28.30	30.72
云南省	5.30	6.64	34.86	21.72	31.48
西藏自治区	5.36	5.60	79.05	6.87	3.12
重庆市	2.30	2.98	37.55	31.80	25.37
西北地区	1.99	3.38	61.81	17.09	15.72
陕西省	1.67	2.64	28.92	30.98	35.80
甘肃省	2.05	2.39	39.49	25.83	30.24
青海省	1.33	3.34	80.01	10.97	4.35
宁夏回族自治区	1.56	1.68	61.12	19.52	16.13
新疆维吾尔自治区	2.34	3.55	68.69	12.82	12.61

中国水资源要素遥感监测

摘　要： 水是生命之源，对人类的健康和福祉至关重要，是经济社会和人类发展所必需的基础与战略性资源，也是生态文明建设的必要保障。全面掌握水资源要素的空间分布特征以及动态变化情况，对于提升水资源管理与保护水平、促进水资源合理开发利用、深化水循环和水平衡研究具有重要意义。本报告采用卫星遥感数据产品，全面监测分析了我国降水、蒸散、水分盈亏、地表水体面积、陆地水储量变化等水资源要素特征以及2001~2021年的时空动态变化，并评估了2021年洪涝、干旱等极端气候事件对水资源要素的影响。遥感监测结果显示：全国多年（2001~2021年）平均降水量为642.6毫米，从东南沿海向西北内陆递减，南方多、北方少，东部多、西部少，山区多、平原少，2021年较常年平均偏多3.3%；全国多年平均蒸散量为439.1毫米，呈现由低纬至高纬、沿海至内陆逐渐递减趋势，2021年与常年基本持平；全国多年平均水分盈余量为203.5毫米，水分盈余区的整体空间分布特征与降水相一致，2021年较常年偏多24.1毫米；我国多年平均水体面积为77742.0平方千米，占我国陆地面积的0.8%，主要分布在青藏高原以及长江中下游地区，2021年较常年平均偏多4.7%；受气候变化以及人类活动用水共同影响，遥感监测我国藏东南地区、华北地区以及西北天山地区2002~2021年陆地水储量变化最为剧烈，且处于显著下降状态。2001~2021年，我国总体降水量、蒸散量、水分盈余量、水体面积均处于显著增加趋势，表明可利用水资源量增加；陆地水储量呈显著下降趋势，不利于水资源的可持续利用；水循环各要素在夏季的变化趋势总体大于冬季。

关键词： 降水　蒸散　水分盈亏　水体面积　陆地水储量变化　2001~2021年

　　水是生命之源，对人类的健康和福祉至关重要，是经济社会和人类发展所必需的基础与战略性资源，也是生态文明建设的必要保障。人多水少、水资源时空分布不均是我国的基本国情和水情。我国多年平均水资源总量为28412亿立方米，水资源总量居世界第6位，人均水资源量为2100立方米，不足世界人均值的三分之一，是全球人均水

资源最贫乏的国家之一。随着人口持续增长、经济规模不断扩张以及全球气候变化影响加剧,我国水资源短缺形势日益严峻,水资源供需矛盾依然突出,水资源集约节约利用水平依然偏低,节水型社会建设还存在不少短板弱项,与生态文明建设和高质量发展的要求还存在一定差距。

"十四五"时期将围绕"提意识、严约束、补短板、强科技、健机制"五个方面部署开展节水型社会建设,坚持"节水优先、空间均衡、系统治理、两手发力"治水思路,"以水定城、以水定地、以水定人、以水定产"。全面掌握水资源要素的空间分布特征以及动态变化情况,对于提升水资源管理与保护水平,促进水资源合理开发利用,深化水循环和水平衡研究具有重要意义。

降水是水资源的根本性源泉,降水量扣除蒸散量后形成的地表水及与地表水不重复的地下水,就是通常所定义的水资源总量。降水量与蒸散量的差值反映了不同气候背景下大气降水的水分盈余、亏缺特征,正值表示水分盈余,负值表示水分亏缺,水分盈亏可表征水资源量的多寡。地表水体面积很大程度上反映地表水资源状况,水体面积越大,表示水资源越丰富。陆地水储量是指储存在陆地地表以及地下的全部水量,是区域降水、径流、蒸散发、地下水和人类开发利用等相关活动的综合反映,已成为全球水循环与水资源的重要组成部分。

卫星遥感为水循环研究及水资源管理涉及的水文气象要素提供了新的技术手段,可提供长期、动态和连续的大范围资料,为了解水资源的时空分布提供了科学依据及有力的数据保证。本部分利用遥感卫星数据监测我国2001~2021年降水、蒸散发、水分盈亏、地表水体面积、陆地水储量变化等水资源要素特征,揭示我国水资源的时空动态变化,以及洪涝、干旱等极端气候事件对水资源要素的影响,水资源一级区以及省级行政区为主要统计单元。水资源一级区按北方6区,包括松花江区、辽河区、海河区、黄河区、淮河区、西北诸河区,以及南方4区,包括长江区(含太湖流域)、东南诸河区、珠江区、西南诸河区等分别进行统计。行政分区按东部13个省级行政区北京、天津、河北、上海、江苏、浙江、福建、山东、广东、海南、香港、澳门、台湾,中部6个省级行政区山西、安徽、江西、河南、湖北、湖南,西部12个省级行政区内蒙古、广西、重庆、四川、贵州、云南、西藏、陕西、甘肃、青海、宁夏、新疆,东北3个省级行政区辽宁、吉林、黑龙江等分别进行统计。

降水数据来自多源卫星遥感数据与气象站点观测数据融合的CHIRPS降水产品(50°S~50°N)和GPM全球降水产品,空间分辨率分别为5千米和10千米,时间分辨率为月,最终降水在我国50°N以南地区为CHIRPS数据,50°N以北地区为GPM数据。蒸散发数据是以多源卫星遥感数据及欧洲中期天气预报中心(ECMWF)大气再分析数据ERA5作为驱动,利用地表蒸散遥感模型ETMonitor生产的全球蒸散产品,空间分辨率为1千米，时间分辨率为1天。地表水体面积数据是基于MODIS数据构建的一套全球地表水体NDVI阈值时空参数集，使用遥感大数据云平台研发的250米/8天的全球地表动态水体产品。陆地水储量变化数据采用美国德克萨斯大学空间研究中心（CSR）发布的GRACE月尺度全球Mascons产品，数据空间分辨率为0.25度；GRACE不能直接反演水储量的绝对量，是相对于某一基准的异常，通过减去2002~2021年陆地水储量异常的平均值，获得相对于2002~2021年平均的陆地水储量异常数据。

3.1　遥感监测中国水资源要素总体特征

3.1.1　降水资源时空分布

遥感监测我国多年平均降水量（2001~2021年平均）为642.6毫米，降水资源总量为61079.5亿立方米。我国降水空间分布的总趋势是从东南沿海向西北内陆递减（见图1），总体上南方多、北方少，东部多、西部少，山区多、平原少。东南部地区包括长江区东部、东南诸河区、珠江区中东部等，大部分降水量在1600毫米以上，其中台湾达到2000毫米以上，淮河、秦岭一带以及辽东半岛东部降水量为800~1600毫米；黄河中下游、华北平原以及东北大兴安岭以东大部分地区降水量为400~800毫米；大兴安岭以西至阴山、贺兰山的半干旱区降水量为200~400毫米；西北内陆干旱区降水量通常小于200毫米，而在西北内陆地区的高大山区（如天山、祁连山），随着海拔升高降水量达到400毫米以上。

从水资源分区统计看（见图2a），2001~2021年东南诸河区平均降水量最大，为1966.8毫米；其次为珠江区、长江区，年降水量在1000毫米以上；淮河区、西南诸河区、辽河区、海河区、松花江区、黄河区的多年平均降水量在400~1000毫米；西北诸河区平均降水量最少，不足200毫米。北方6区的多年平均降水量为370.0毫米，南方4区为1195.8毫米。总体上南方降水量平均是北方的3倍多。

从行政分区统计看（见图2b），台湾多年平均降水量最大，为2358.4毫米，新疆降水量最少，年平均为146.2毫米。17个省级行政区年平均降水量超为1000毫米，分别为：台湾、澳门、海南、香港、广东、福建、浙江、江西、广西、湖南、上海、安徽、重庆、贵州、湖北、云南、江苏。11个省级行政区年平均降水量在500~1000毫米，分别为：四川、河南、山东、辽宁、陕西、吉林、北京、黑龙江、天津、河北、山西。西部6个省级行政区西藏、青海、甘肃、内蒙古、宁夏、新疆的多年平均降水量不足500毫米。东部、中部、西部以及东北地区年平均降水量分别为1281.2毫米、1229.4毫米、473.6毫米、639.4毫米，总体上东中部地区年平均降水量

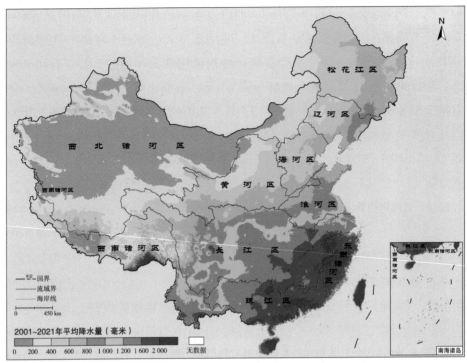

图1 2001~2021年全国平均降水量空间分布

是西部地区的近3倍。

受到雨热同期气候特征影响，我国降水具有明显的季节变化特征，总体夏季降水最多，其后是春季、秋季和冬季。我国降水平均7月最多，为124毫米，6~8月降水量均超过100毫米，夏季降水量占全年降水量的46.6%；12月降水最少，为11毫米。南方4区平均6月降水量最大，超过200毫米；北方6区平均7月降水量最大，但不足100毫米；总体南方降水季节性大于北方地区。东部地区平均8月降水量最大，为216毫米，中部、西部以及东北地区平均7月降水量最大，东部地区降水季节性大于中部、东北以及西部地区（见图3）。

我国降雨水汽主要来源于夏季风，夏季风从3月初开始影响我国华南沿海地区，7月到达黄河流域，为夏季风极盛期，9月初开始由北向南撤退，至10月中旬完全撤出中国大陆。从降水的季节空间分布看，春季降水主要集中在我国东南以及长江中下游地区，春季降水量超过400毫米（见图4a）。夏季降水量主要集中在400毫米等降雨量线以东地区，东南沿海地区以及藏东南雅鲁藏布江谷地等夏季降水量超过800毫米（见图4b）。秋季南方地区的降水量主要在200~400毫米，而北方地区为0~200毫米（见图4c）。冬季仅长江中下游以及东南诸河区的降水量超过200毫米（见图4d）。

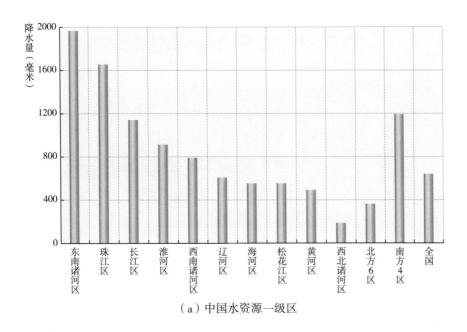

（a）中国水资源一级区

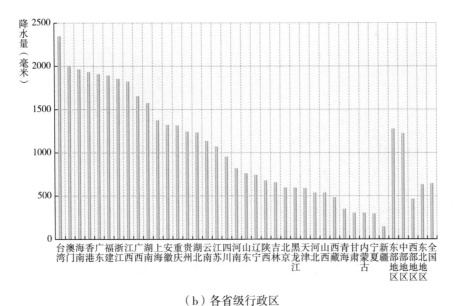

（b）各省级行政区

图 2　2001~2021 年多年平均降水量

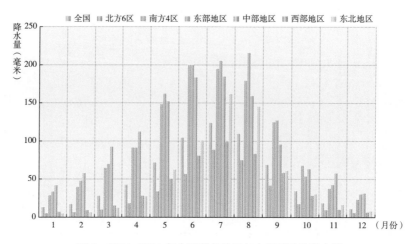

图3　2001~2021年全国及各地区年内各月平均降水量

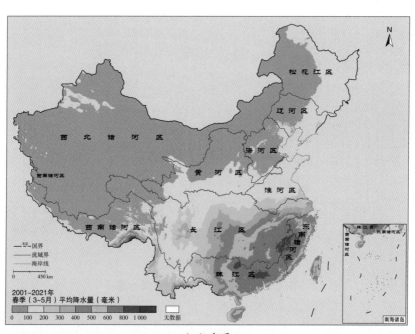

（a）春季

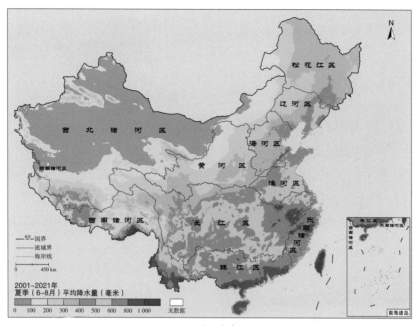

（b）夏季

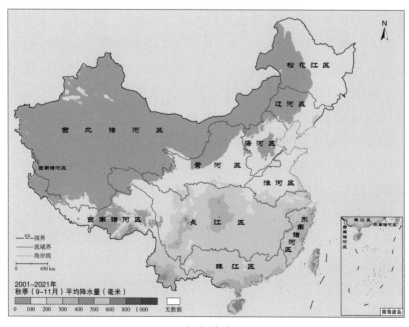

（c）秋季

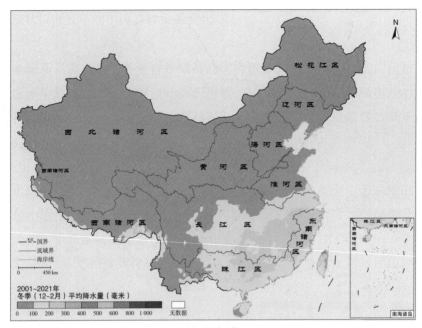

（d）冬季

图4 2001~2021年不同季节平均降水量空间分布

3.1.2 陆面蒸散发时空分布

遥感监测2001~2021年全国平均蒸散量为439.1毫米，蒸散总量为41736.7亿立方米。全国地表蒸散的空间分布格局主要由不同气候条件下的区域热量条件（太阳辐射、气温）和水分条件（降水、土壤水）所决定。受水热条件差异影响，东南沿海气候湿润地区多年平均蒸散量高达1000毫米，而西北内陆干旱区的蒸散量低于200毫米，呈现由低纬至高纬、沿海至内陆逐渐递减的趋势（见图5）。西北干旱半干旱地区地处中纬度地带的亚欧大陆腹地，以山、盆相间地貌格局为特点，河流均发源于山区，水资源时空分布和补给转化等方面特点鲜明。在山麓及山前平原地带，由于人类活动对水资源的开发和利用，依靠河流及地下水的灌溉而发育了较大面积的耕地类型，土壤肥沃，灌溉条件便利，形成温带荒漠背景下的灌溉绿洲景观，年蒸散量达到400毫米以上。

从水资源分区统计看（见图6a），2001~2021年，东南诸河区多年平均蒸散量最大，为941.1毫米。其后为珠江区、淮河区、长江区，多年平均蒸散量超600毫米。海河区、西南诸河区、黄河区、辽河区、松花江区多年平均蒸散量在400~600毫米。西北诸河区蒸散量最小，平均蒸散量为142.9毫米。北方6区平均蒸散量为302.3毫米，南方4区平均蒸散量为717.6毫米，南方地区蒸散量平均是北方地区的2倍多。

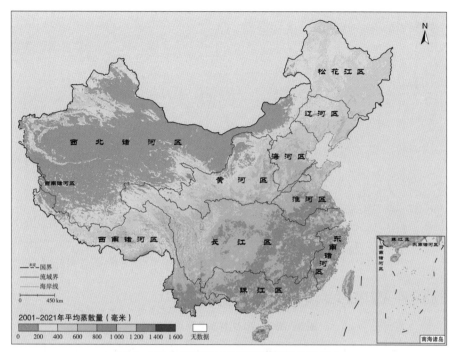

图5　2001~2021年全国平均蒸散量空间分布

　　从省级行政分区统计看（见图6b），海南多年平均蒸散量最大，为1114.1毫米；新疆蒸散量最小，为128.9毫米。除西部地区的宁夏、西藏、甘肃、青海、内蒙古5省区的蒸散量在200~400毫米外，其余省区年平均蒸散量在400~1000毫米。受降水与热量条件影响，中东部地区的蒸散量明显高于西部与东北部地区，东部、中部、西部、东北地区的多年平均蒸散量分别为：775.6毫米、785.0毫米、342.3毫米、460.7毫米。

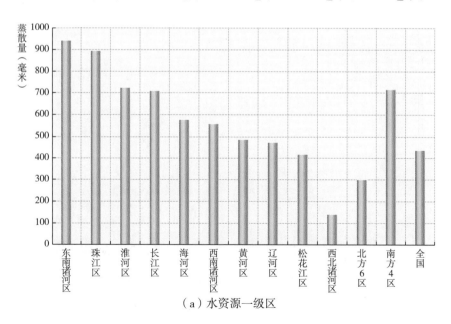

（a）水资源一级区

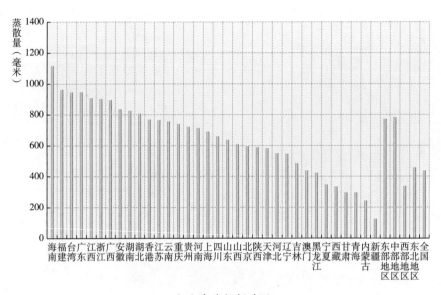

（b）各省级行政区

图6 2001~2021年多年平均蒸散量

受水热季节分配和植被生长期的影响，全国及各地区蒸散发表现出显著的季节变化特征，总体上夏季蒸散量最大，其后为春季、秋季和冬季（见图7）。全国及各地区平均7月蒸散量最大，南方4区、东部地区、中部地区以及东北地区7月蒸散量均超过100毫米，东部地区8月、中部地区6月、8月蒸散量也超过100毫米。我国1月平均蒸散量最小，不足10毫米，蒸散量大的南方4区、东部地区与中部地区，1月平均蒸散量不足20毫米，东北地区1月平均蒸散量最小，为2.0毫米。

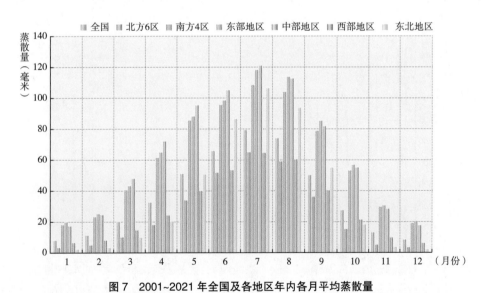

图7 2001~2021年全国及各地区年内各月平均蒸散量

蒸散发在不同季节的空间变化显著，春季在秦岭、淮河以南的地区，蒸散量在200

毫米以上，而在北方地区，大部分在100毫米以下（见图8a）。夏季蒸散发主要集中在200毫米等降水量线以南以东地区，西北的天山地区夏季蒸散量在200毫米以上(见图8b)。秋季随着降水的南退以及太阳的南移，我国蒸散发减少，仅在东南沿海地区以及云南的南部地区，秋季蒸散量大于200毫米（见图8c）。冬季受热量以及降水条件限制，全国蒸散量大部分在100毫米以下（见图8d）。

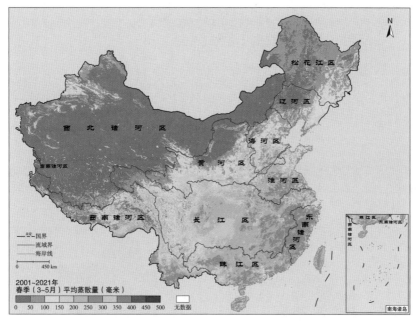

（a）春季

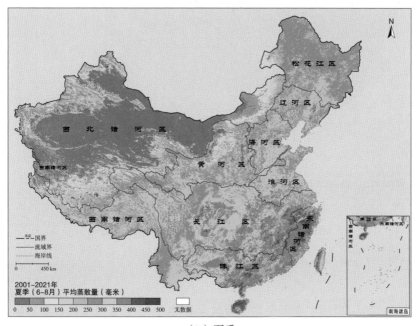

（b）夏季

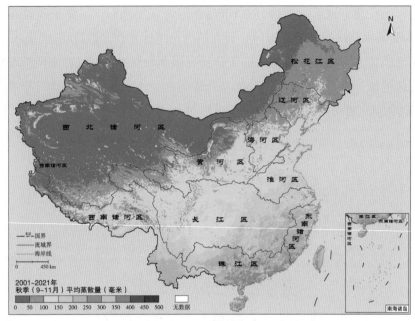

（c）秋季

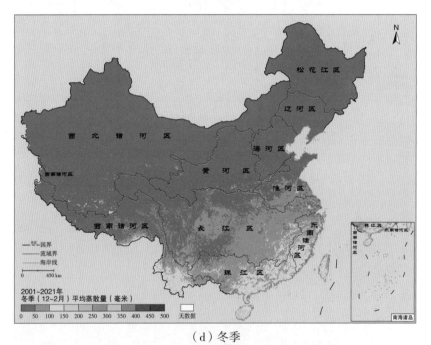

（d）冬季

图8　2001~2021年不同季节平均蒸散量空间分布

3.1.3　水分盈亏时空分布

遥感监测2001~2021年全国平均水分盈余量为203.5毫米，水分盈余总量为19342.8亿立方米。水分盈余区的整体空间分布特征与降水相一致，我国东南地区、长江中下游地区、雅鲁藏布江谷地以及青藏高原西南部水分盈余量平均超过500毫米，东部以及西北地区的水分盈余量主要在250毫米以下。水分亏损区主要分布在华北平原、青藏高原的西藏农业区以及呈斑块状散布于西北干旱地区山麓和山前平原的灌溉绿洲区，如河西走廊（石羊河、黑河、疏勒河）、塔里木河流域，以及河套平原地区等（见图9），大气降水无法满足农田蒸散耗水需求，水分亏损量达到250~750毫米。西北绿洲区农田蒸散耗水主要来自盆地周边高寒山区降水和冰雪融水灌溉补给，沿黄河分布的河套平原等农业生产所需要的灌溉用水主要依靠河流和水库的灌渠引水，华北平原的耕地除了依赖引黄灌溉以及太行山、燕山的出山径流之外，地下水是重要的水资源开发利用来源之一。

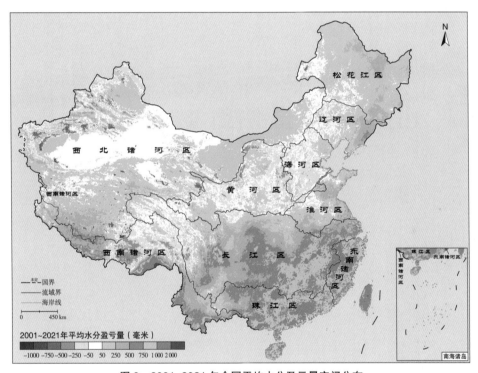

图9　2001~2021年全国平均水分盈亏量空间分布

从水资源分区统计看（见图10a），2001~2021年，除海河区多年平均水分亏损20.4毫米外，其余水资源一级区水分均处于盈余状态。东南诸河区多年平均水分盈余量最大，为1025.7毫米，其后为珠江区、长江区，水分盈余量在400~800毫米。黄河区水分盈余量最少，为11.6毫米，西北诸河区盈余量不足50毫米，淮河区、松花江区、辽河区的平均水分盈余不足200毫米。北方6区平均水分盈余量为67.7毫米，南方4区平均水分盈余量为478.2毫米，南方水分盈余平均是北方的7倍多，体现了我国水资源量南多北少的空间分布格局。

从省级行政分区统计看（见图10b），2001~2021年，澳门多年平均水分盈余量最大，为1570.4毫米；其后为台湾、香港，平均水分盈余量超1000毫米；广东、浙江、福建、江西、海南的水分盈余量均超800毫米。北京水分盈余量最少，为6.1毫米。河北、宁夏、山西的水分收支多年平均为亏损状态，山西水分亏损最多，亏损量为70.5毫米。东部、中部、西部、东北地区平均水分盈余量分别为505.5毫米、444.4毫米、131.3毫米、178.6毫米，总体上东部与中部地区的水分盈余量是西部以及东北地区的2~3倍，体现了我国水资源量东多西少的空间分布格局。

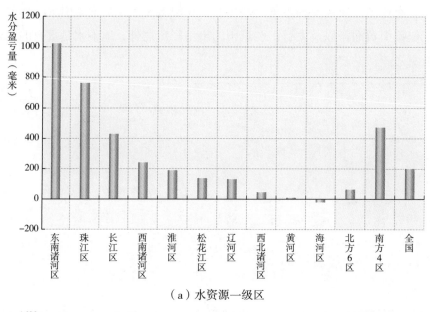

（a）水资源一级区

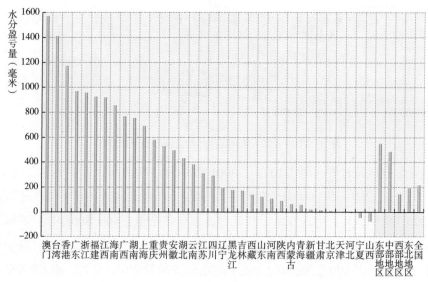

（b）各省级行政区

图10　2001~2021年多年平均水分盈亏量

全国及各地区平均水分盈亏量呈显著季节性变化，总体上夏季达到水分盈余的峰值，其后为春季、秋季和冬季（见图11）。全国总体7月水分盈余量最多，为44.4毫米，12月盈余量最少，为2.9毫米。北方6区、西部以及东北地区均是7月水分盈余最多。南方4区、中部地区6月水分盈余最多，东部地区呈现双峰季节变化，6月和8月的平均水分盈余均超过100毫米。东部地区10月蒸发量大于降水量，呈现轻微的水分亏损。

空间上，春季水分盈余区主要分布在我国东南部的东南诸河区、长江中下游地区

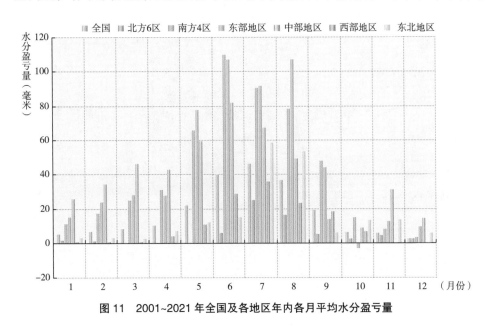

图11　2001~2021年全国及各地区年内各月平均水分盈亏量

以及珠江区中东部，水分亏损区主要分布在华北平原以及西南农业区（见图12a）。夏季水分盈余区主要集中在秦岭淮河以南地区，而沿黄灌溉区、西北绿洲区、西藏农业区等水分亏损严重（见图12b）。秋季水分盈余区集中在长江区，以及云南的南部部分地区，华北地区以及西南诸河区的中北部秋季仍旧水分亏损（见图12c）。冬季水分盈余主要在东南诸河区、长江中下游地区以及珠江区，由于冬季农业用水减少，华北地区以及西南地区的水分亏损不明显（见图12d）。

3.1.4　地表水体面积时空分布

地表水体是我国重要的地表水资源，遥感监测2001~2021年我国多年平均水体面积为77742.0平方千米，占我国陆地面积的0.8%。依水体季节性按像元统计，我国永久性水体（像元尺度上，水体在2001~2021年统计时段每8天时间分辨率出现频率大于70%）面积为48054.3平方千米，季节性水体（水体出现频率大于等于10%且小于等于70%）面积为107341.7平方千米，临时性水体（水体出现频率小于10%）面积为514070.9平方千米。从空间分布看，我国水体主要分布在西北诸河区的南部地区（主要是青藏高原内流区）、长江中下游地区以及淮河区南部地区（见图13）。

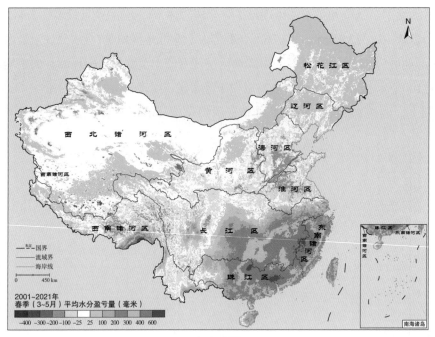

（a）春季

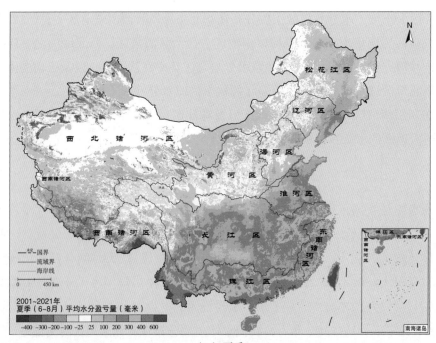

（b）夏季

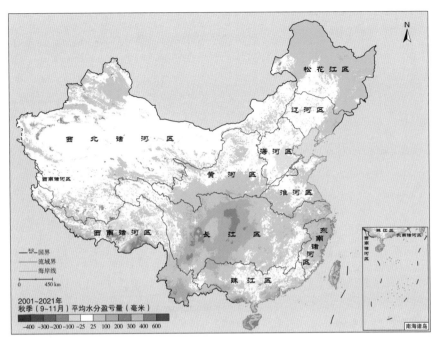

（c）秋季

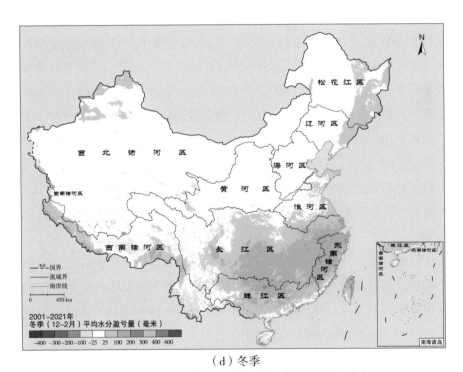

（d）冬季

图 12　2001~2021 年不同季节平均水分盈亏量空间分布

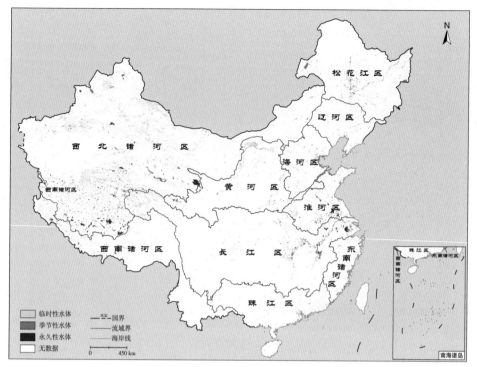

图 13　2001~2021 年我国水体分布

　　从水资源分区统计看（见图14a），西北诸河区2001~2021年多年平均水体面积最大，为39772.4平方千米，按水体季节性像元统计，西北诸河区永久性水体的面积为26786.2平方千米，季节性水体的面积为49502.1平方千米，临时性水体的面积为308461.2平方千米。其次是长江区，多年平均水体面积为15273.2平方千米，其中永久性水体的面积为10504.5平方千米，季节性水体的面积为15399.4平方千米，临时性水体的面积为54429.4平方千米。东南诸河区多年平均水体面积最小，为815.0平方千米，其中，永久性水体面积为289.4平方千米，季节性水体面积为1061.3平方千米，临时性水体面积为3142.2平方千米。北方6区水体面积占全国水体总面积的73.1%，南方4区水体面积占26.9%。

　　从省级行政分区统计看（见图14b），西藏多年平均水体面积最大，为25237.1平方千米，其中永久性水体面积为19796.4平方千米，季节性水体面积为33463.1平方千米，临时性水体面积为142176平方千米。其次为青海，多年平均水体面积为12048.2平方千米，新疆与江苏平均水体面积超5000平方千米，安徽、湖北、黑龙江、内蒙古、江西、山东、湖南、河北的平均水体面积超1000平方千米。水体面积与各省区面积的大小相关，香港和澳门是面积较小的行政单元，因此水体面积也较小，分别为3.2平方千米和0.5平方千米。从水体面积占各省区面积比例看，江苏水体面积占比最大，为

5.8%，其次为天津，水体面积占比超5%，贵州水体面积占比最小，不足0.02%。西部地区水体面积占全国水体面积的一半以上，为62.3%，中部地区、东部地区、东北地区水体面积占比分别为19.6%、12.4%、5.7%。

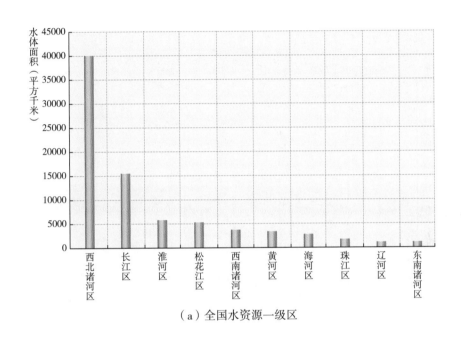

（a）全国水资源一级区

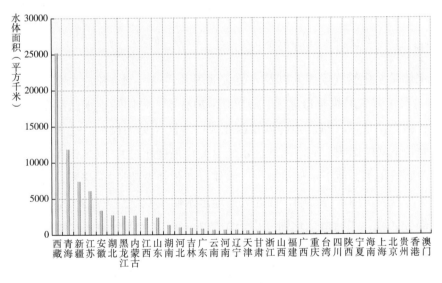

（b）各省级行政区

图14　2001~2021年平均水体面积

我国水体面积呈季节性变化特征，总体秋季平均水体面积最大，其后为夏季、春季、冬季（见图15）。平均10月水体面积最大，达到90538平方千米，5~11月水体面积

均超80000平方千米。1~2月水体面积最小，低于60000平方千米。由于结冰期的冰面不作为水体面积，受冬季结冰以及降水少的影响，北方6区、西部地区以及东北地区冬季水体面积小。而南方4区、东部地区以及中部地区秋冬季水体面积大于春夏季节，与秋冬季节水库蓄水水体面积增加有关。

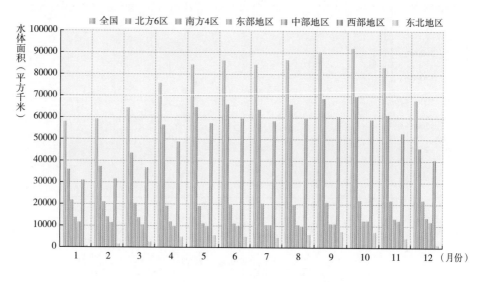

图15　2001~2021年全国各月平均水体面积

3.1.5　陆地水储量变化强度时空分布

陆地水储量变化受气候因素以及人类活动用水共同影响，陆地水储量变化强度通过GRACE月尺度异常数据标准差表达，2002~2021年，中国陆地水储量变化最为剧烈的区域为：藏东南地区、华北地区以及西北天山地区（见图16）。受气候变暖冰川融化陆地水储量下降的影响，藏东南地区水储量变化强度超过300毫米；在华北地区，由于大量农田灌溉用水，地下水储量减少，水储量变化强度超过250毫米；受气候变化冰川融化以及灌溉农田用水等影响，西北天山地区水储量变化强度超200毫米。中国北方及西北大部分区域，水储量变化强度小于50毫米，南方大部分地区水储量变化强度在50~100毫米。

从水资源分区统计看（见图17a），2002~2021年，西南诸河区陆地水储量变化强度最大，为112.6毫米，此区域主要包括藏东南地区，冰川广泛分布，受气候变化影响剧烈。其次是海河区，变化强度为105.5毫米，此区域是我国重要的农业区，灌溉农业发达。陆地水储量变化强度最小的水资源分区为西北诸河区，为39.3毫米，表明近20年间西北诸河区的陆地水储量相对稳定。总体上南方地区陆地水储量变化强度大于北方地区。

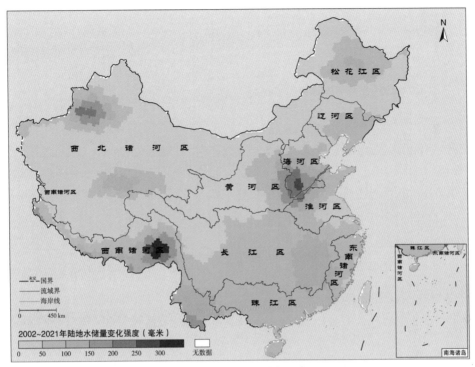

图16 2002~2021年中国陆地水储量变化强度空间分布

从省级行政分区统计看(见图17b)，位于华北平原的山西省陆地水储量变化强度最大，其后是河南、江西、云南、山东，水储量变化强度均超过100毫米。陆地水储量变化强度较小的省区为甘肃、台湾、宁夏、内蒙古、吉林，不超过40毫米。总体上，中部地区水储量变化强度大于东部、东北以及西部地区。

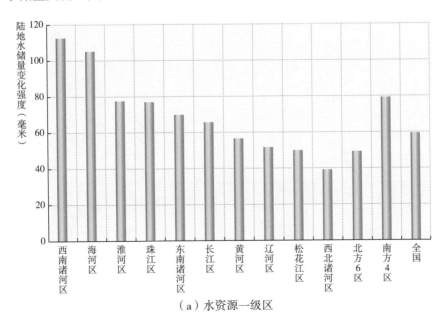

（a）水资源一级区

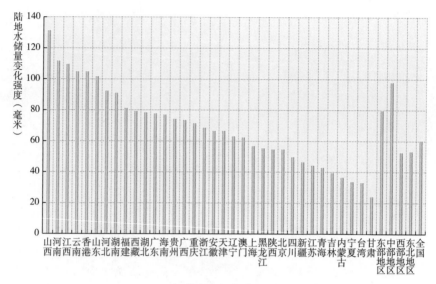

（b）各省级行政区

图17　2002~2021年陆地水储量变化强度

　　我国陆地水储量具有明显的季节性变化特征，平均11月至次年6月为负异常，7~10月正异常（见图18）。陆地水储量变化的季节性受降水的季节变化影响显著，夏季风给所到地区带来丰沛降水，增加陆地水储量。冬季、春季水储量为负异常，表明冬春季节用水压力较大。总体上，南方地区水储量的季节性变化大于北方地区，中部地区的季节性变化大于东部、西部以及东北地区。

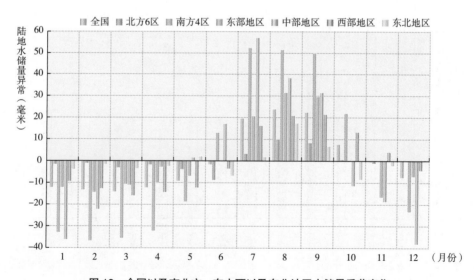

图18　全国以及南北方、东中西以及东北地区水储量季节变化

春季我国大部分地区水储量为负异常，特别是在西南地区，平均水储量负异常超50毫米（见图19a）。随着夏季风向北推进，各地降水增加，除华北部分地区外，大部分地区水储量为正异常，特别是在藏东南以及我国东南部省区，水储量较常年平均偏多100毫米以上（见图19b）。秋季，随着夏季风撤退、降水减少，北方地区以及东南部地区水储量出现负异常，较常年平均偏少（见图19c）。冬季，除北方少部分地区外，大部分地区水储量为负异常，其中东南省区以及藏东南地区水储量亏缺最为严重（见图19d）。

3.2　2021年中国水资源要素特征

3.2.1　2021年降水资源

　　遥感监测我国2021年降水量为663.9毫米（降水总量为63104.1亿立方米），较常年平均（642.6毫米）偏多3.3%。从降水距平白分比空间分布看（见图20），2021年，我国东北以及中东部大部分地区降水量多于常年平均，沿东北西部至华北海河区至长江区中部的条带区域，2021年降水量较常年平均超20%以上，部分区域如河南北部超60%以上。2021年7月，河南北部遭遇特大暴雨，降水量突破有记录以来历史极值。我国西部以及华南地区2021年的降水量大部分小于常年平均，偏少大多在20%以下，部分地

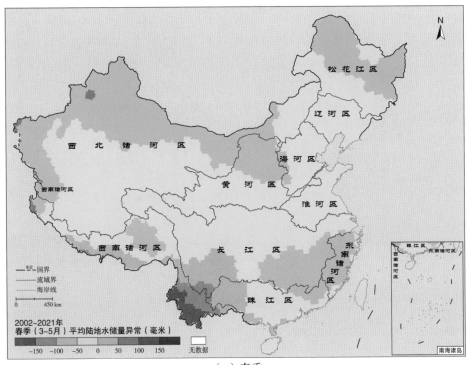

（a）春季

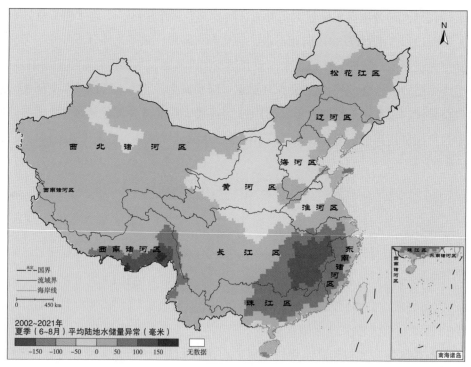

（b）夏季

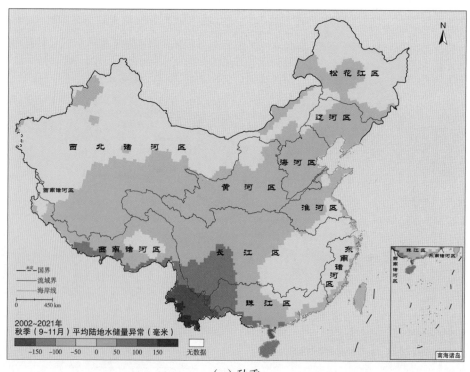

（c）秋季

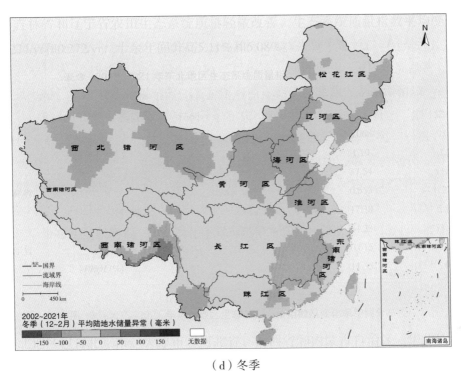

（d）冬季

图 19　2002~2021 年中国不同季节平均陆地水储量异常空间分布

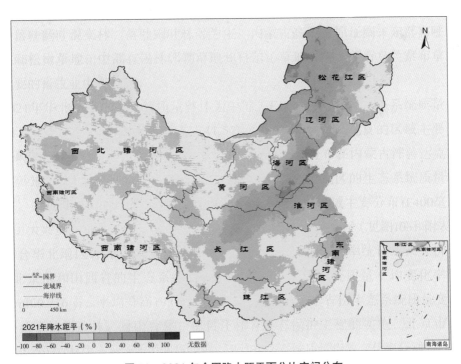

图 20　2021 年全国降水距平百分比空间分布

区偏少40%以上。

从水资源分区统计看（见图21a），海河区2021年降水量较常年平均偏多最大，偏多35%，其后是淮河区、松花江区、辽河区，偏多均超20%。黄河区、长江区分别偏多7%与4%。东南诸河区、西北诸河区、西南诸河区、珠江区较常年偏少，偏少最多的珠江区偏少13%。总体上，2021年北方地区降水量较常年平均偏多，南方地区偏少。

从行政分区统计看（见图21b），2021年全国共有19个省级行政区降水量高于多年平均值，分别为天津、河南、河北、北京、山东、陕西、辽宁、浙江、内蒙古、江苏、山西、黑龙江、吉林、重庆、上海、四川、安徽、贵州、湖北，其中天津偏多最大，接近60%。在15个降水偏少的省级行政区中，广东、香港偏少超20%。总体上2021年东部、中部、西部以及东北地区的降水量都较常年平均偏多，西部地区偏多最少。

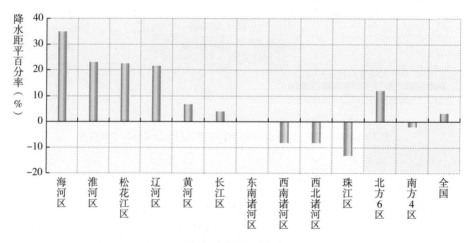

（a）水资源一级区

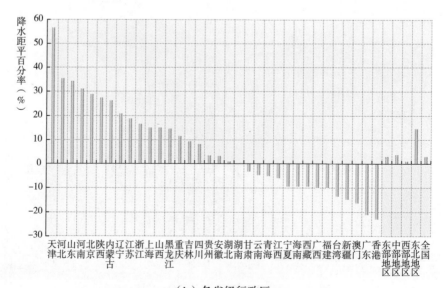

（b）各省级行政区

图21 2021年中国降水距平百分率

从季节看（见图22），2021年全国2~3月、5月、7~11月降水量较常年同期平均偏多，9月偏多最大，偏多19%；1月、4月、6月、12月降水量均少于常年同期，12月偏少最大，偏少12%。北方6区3月降水量较同期偏多最大，偏多38%，9月与11月降水量均明显偏多，超20%，12月偏少最多。南方4区8月降水量超同期23%，1月偏少达31%。东北地区11月降水量超常年同期最多，接近100%，其次是9月，偏多近60%；4月降水量比常年同期少28%。中部地区8月较常年同期偏多最大，偏多40%，12月较同期偏少最多，偏少41%。西部地区2021年各月降水量变化均在20%以内，2~4月、9~11月距平百分率为正，其余为负。

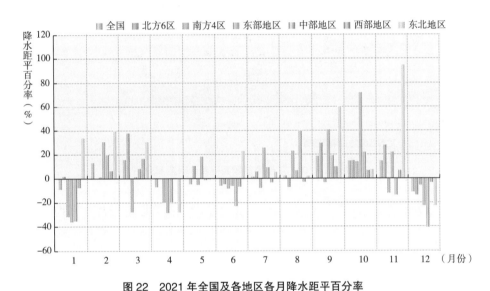

图 22　2021 年全国及各地区各月降水距平百分率

3.2.2　2021年陆面蒸散发

2021年遥感监测全国平均蒸散量为436.3毫米（蒸散总量为41467.7亿立方米），与2001~2021年平均值（439.1毫米）基本持平。2021年全国蒸散距平百分率空间分布见图23，东北地区2021年蒸散量比2001~2021年平均偏多，大部分偏多在20%以内；西北塔里木盆地由于2021年降水量偏多，部分地区蒸散量较常年平均偏多超1倍。我国西部大部地区2021年蒸散量总体较常年平均偏少，部分地区偏少60%以上；藏东南地区2021年的蒸散量也较常年偏少60%以上。

从水资源分区统计看（见图24a），2021年松花江区蒸散量较常年平均偏多最大，偏多9.5%；其后为黄河区、辽河区、海河区、淮河区、东南诸河区。西北诸河区、珠江区、长江区、西南诸河区2021年蒸散量较常年平均偏少，西南诸河区偏少最大，偏少12.1%。2021年北方6区与南方4区蒸散量分别较多年平均偏多3.8%和偏少4.5%，基本与常年持平。

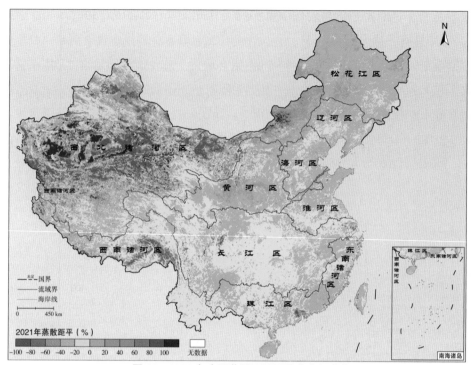

图 23　2021 年全国蒸散距平百分率空间分布

　　从省级行政分区统计看（见图24b），2021年内蒙古蒸散量较常年平均偏多最大，偏多10.7%，其后为宁夏、黑龙江，均较多年平均偏多超10%。2021年上海蒸散量偏少最大，偏少10.0%，其次为新疆，偏少9.4%。2021年东部与中部地区蒸散量与常年基本持平，西部地区偏少2.5%，东北地区由于降水偏多，蒸散量偏多7.2%。

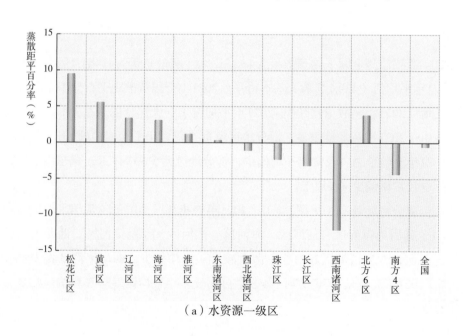

（a）水资源一级区

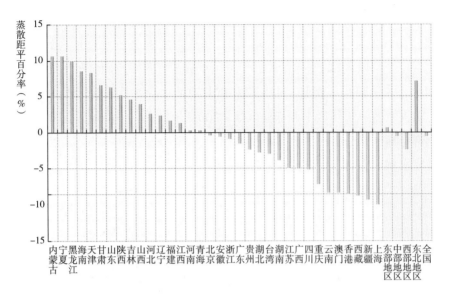

（b）各省级行政区

图 24   2021 年蒸散距平百分率

从季节看（见图25），2021年5~6月、9月、11月全国总体蒸散量较常年同期均偏多，11月偏多最大，偏多14.0%；冬季以及春夏季节的3~4月、7~8月蒸散量较常年同期均偏少，4月偏少最多，偏少12.6%。北方6区、西部地区以及东北地区冬季蒸散量明显较常年同期偏少，东北地区1月偏少达62.0%；南方4区、东部地区、中部地区冬季蒸散量较常年同期偏多，东北地区4~7月以及10月、北方6区5~7月蒸散量较常年同期偏多明显。

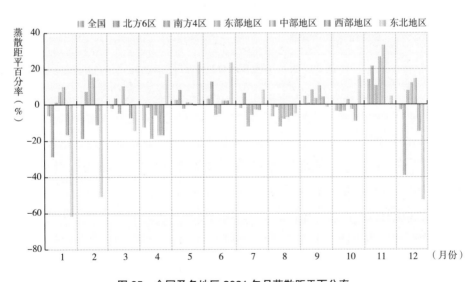

图 25   全国及各地区 2021 年月蒸散距平百分率

3.2.3 2021年水分盈亏

遥感监测2021年全国水分盈亏量为227.6毫米（水分盈亏总量为21632.5亿立方米），比常年平均偏多24.1毫米。2021年全国水分盈亏距平空间分布（见图26）与降水距平空间分布（见图20）相似。中东部和东北地区水分盈亏较常年明显偏多，东部沿海地区、黄河下游、长江区中北部地区偏多300毫米以上。华南地区受阶段性气象干旱影响，大部分地区水分盈亏量比多年平均偏少，部分地区偏少400毫米以上。西部大部分地区受降水偏少影响，水分盈亏较常年偏少，大部分在100毫米以下。

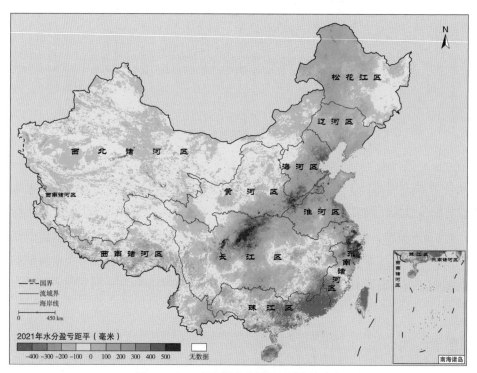

图26　2021年全国水分盈亏距平空间分布

从水资源分区统计看（见图27a），2021年淮河区水分盈亏较常年偏多最大，偏多204.3毫米；其后为海河区、辽河区，偏多100毫米以上。珠江区、西北诸河区、东南诸河区2021年水分盈亏均较常年偏少，珠江区偏少最大，偏少200.0毫米。北方6区水分盈亏量比常年偏多33.5毫米，南方4区与常年基本持平。

从省级行政分区统计看（见图27b），2021年浙江水分盈亏量较常年偏多最大，偏多321.5毫米；其后为天津、上海、河南、江苏、山东、重庆，均较常年偏多200毫米以上。受阶段性气象干旱影响，广东2021年水分盈亏量较常年同期偏少最大，偏少391.0毫米；其后为香港、海南、澳门、台湾、福建，水分盈亏量较常年均偏少200毫米以上。2021年，东部、中部、西部、东北地区水分盈余量分别为541.6毫米、497.0毫米、144.8毫米、239.7毫米，均较常年偏多，分别偏多36.1毫米、52.6毫米、13.5毫米、61.1毫米。

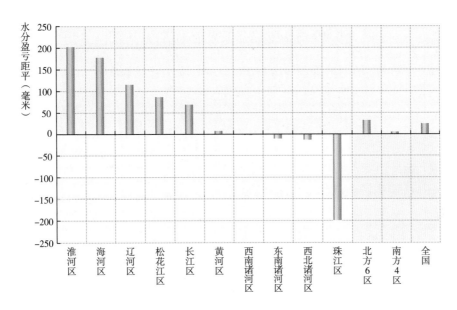

（a）水资源一级区

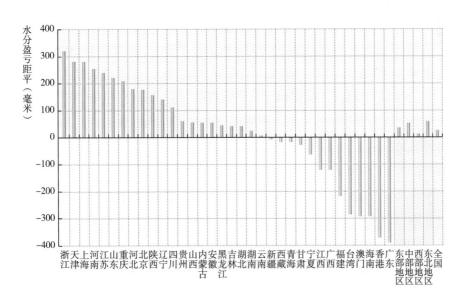

（b）省级行政区

图27 2021年水分盈亏距平

从季节看（见图28），2021年夏秋季节7~10月水分盈亏总体较常年同期偏多；东部地区偏多最为明显，均在20毫米以上；南方4区与中部地区8月较常年同期偏多最大，偏多50毫米以上；东北地区9月较其他月份偏多最大，偏多37.4毫米。春夏季节4~6月水分盈亏量较常年同期均偏少，中部地区6月水分盈亏量明显偏少，偏少45.6毫米。

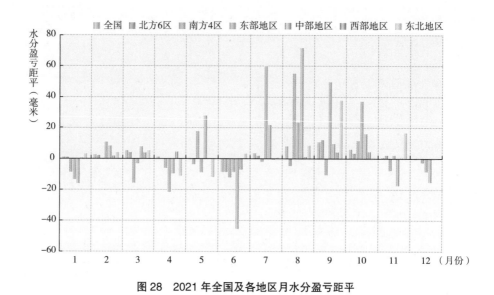

图28　2021年全国及各地区月水分盈亏距平

3.2.4　2021年地表水体面积

遥感监测2021年全国水体面积为81396.7平方千米，较2001~2021年平均偏多4.7%。从水资源分区统计看（见图29a），松花江区2021年水体面积较常年偏多最大，偏多39.4%，其次是黄河区，偏多14.2%。长江区与西北诸河区也较常年轻微偏多，淮河区与西南诸河区与常年基本持平，距平百分率在1%以内。珠江区、东南诸河区、辽河区、海河区2021年水体面积都较常年偏少，珠江区偏少最多，超20%。北方6区2021年水体面积总体上比常年偏多5.5%，南方4区偏多1.9%。

从省级行政分区统计看（见图29b），2021年我国有18个省级行政区水体面积较常年偏多，分别为吉林、黑龙江、北京、内蒙古、河南、四川、湖北、青海、重庆、陕西、湖南、江西、安徽、山东、宁夏、西藏、云南、江苏，其中吉林偏多最大，偏多50.9%，黑龙江、北京、内蒙古、河南的水体面积较常年偏多均超20%，与东北以及北方地区2021年降水偏多相关。浙江、台湾、福建、香港、广东、广西、海南、澳门等华南及东南地区2021年受阶段性干旱影响，用水增加，消耗地表水资源，2021年水体面积均较常年偏少15%以上。

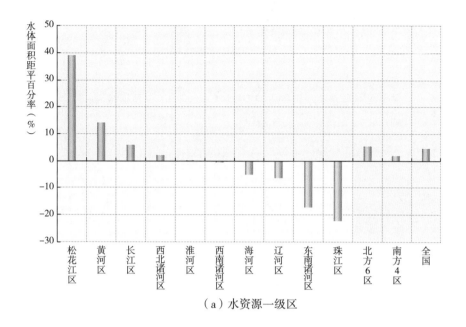

（a）水资源一级区

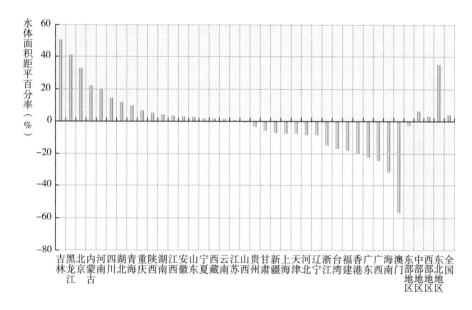

（b）省级行政区

图 29　2021 年水体面积距平百分率

2021年全国水体面积总体是夏季与秋季较常年同期偏多，冬季偏少（见图30），除3月、12月较常年同期偏小外，其余月份都较同期偏大，9月偏大最多，偏多10.5%，5~10月较常年同期均偏大7%以上，南北方类似。东北地区降水偏多，3~10月水体面积均较常年同期偏多30%以上，12月较同期偏少24.1%。西部地区水体面积除12月较常年

偏小外，其余月份水体面积均偏大。东部地区受干旱影响，1~8月、12月水体面积均较同期偏小。

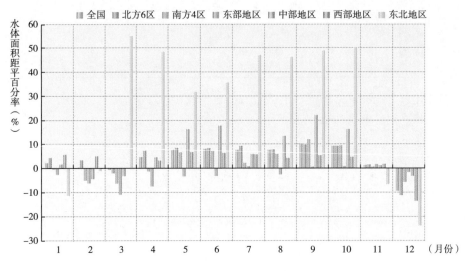

图30　2021年全国及各地区月水体面积距平百分率

3.2.5　2021年陆地水储量变化

2021年全国平均陆地水储量为负异常，处于亏缺状态。处于亏缺状态的区域主要也是陆地水储量变化强度剧烈的地区，如青藏高原南部地区、华北地区、西北天山地区，部分地区亏缺超过300毫米（见图31）。东南地区由于2021年干旱也出现水储量亏缺，水储量亏缺程度大部分在100毫米以下。青藏高原的北部、长江区以及松花江区，2021年由于降水偏多，水储量为正异常，部分地区超过100毫米。

从水资源分区统计看（见图32a），松花江区、长江区、辽河区2021年平均陆地水储量为正异常，其中松花江区偏多最大，偏多78.3毫米，其后为长江区和辽河区，分别偏多40.9毫米和10.5毫米。其余水资源分区2021年平均陆地水储量为负异常，海河区与西南诸河区亏缺最为严重，亏缺超100毫米。总体上，全国以及北方6区、南方4区2021年平均陆地水储量都处于负异常状态。

从省级行政分区统计看（见图32b），我国有18个省份2021年平均水储量为正异常，16个省份平均陆地水储量处于亏缺状态。重庆2021年平均陆地水储量偏多最大，偏多119.6毫米；其后为湖北、黑龙江，偏多均超50毫米。山西2021年水储量亏缺最为严重，偏少150.6毫米。总体上，除东北地区平均水储量为正异常外，东部、中部以及西部地区2021年平均水储量均处于亏缺状态，东部地区亏缺最为严重。

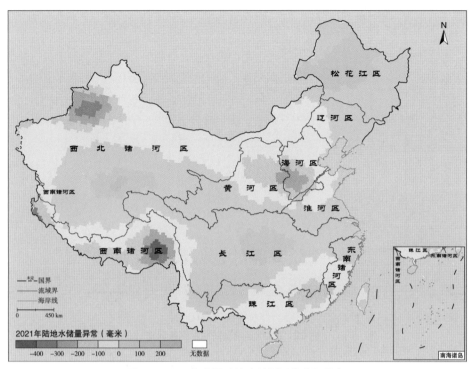

图 31　2021 年中国陆地水储量异常空间分布

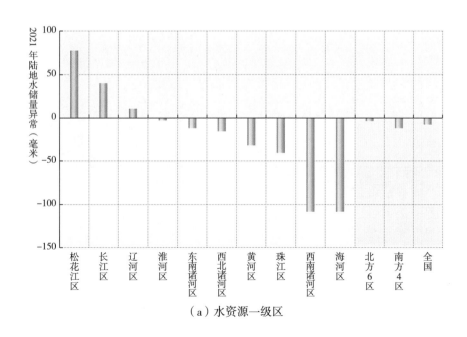

（a）水资源一级区

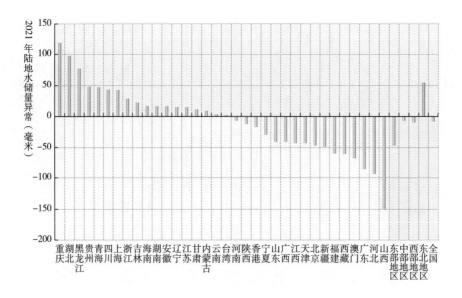

（b）省级行政区

图32　2021年中国陆地水储量异常

从季节看（见图33），2021年全国大部分地区冬、春、夏季1~9月陆地水储量均较常年同期偏少，秋冬季10~12月主要以偏多为主。东部地区水储量亏缺最为严重，仅10月为正异常，其次是中部地区。东北地区2021年水储量各月均较常年同期偏多40毫米以上，与近年来东北地区显著增加的降水相关。

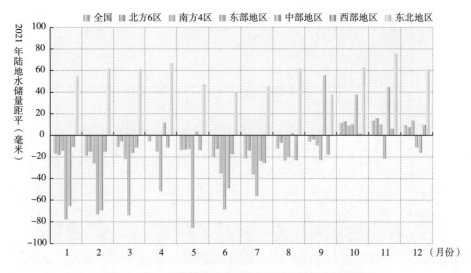

图33　2021年全国以及各地区年内各月陆地水储量距平

3.3 2001~2021年中国水资源要素变化趋势

3.3.1 年际变化趋势

2001~2021年，全国总体降水量呈显著增加趋势，每年平均增加4.39毫米（见图34a）；2016年降水量近20年最大，年降水量超过700毫米，2011年最小，不足600毫米；遥感监测降水时间序列变化结果与气象观测结果基本一致。随着一系列生态保护与恢复工程的实施，干旱半干旱地区的植被覆盖度增加，荒漠面积减少，以及受到全球气候变暖、降水增加的影响，全国整体蒸散量2001~2021年变化呈显著增加趋势（见图34b），年均增加1.76毫米。受降水增加影响，2001~2021年全国整体水分盈亏量以及水体面积都呈显著增加趋势（见图34c、图34d），年均增加分别为2.64毫米和202.05平方千米。受人口增加、经济发展、用水需求增加影响，2002~2021年，我国陆地水储量总体呈显著下降趋势（见图34e），下降速率为1.41毫米/年。

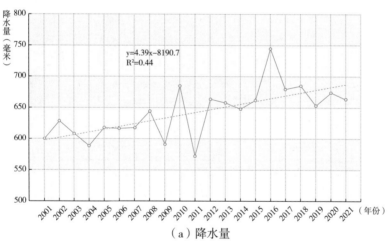

（a）降水量

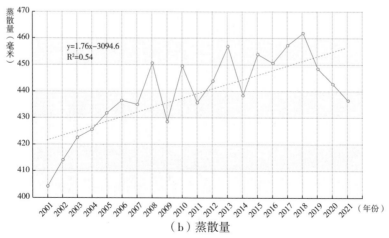

（b）蒸散量

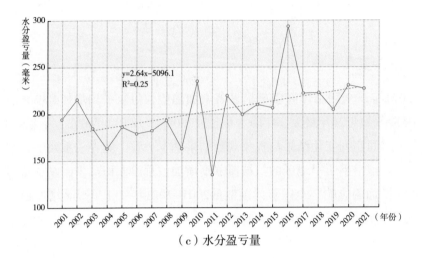

（c）水分盈亏量

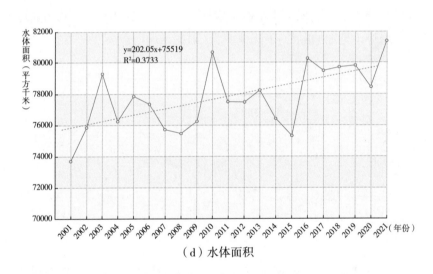

（d）水体面积

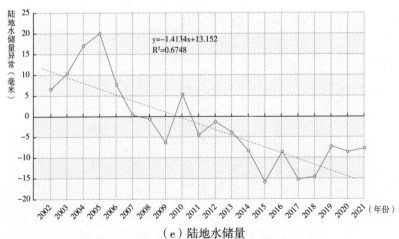

（e）陆地水储量

图34　全国2001~2021年水资源要素变化趋势

从降水变化趋势空间分布看（见图35a），2001~2021年，我国东部降水大部分呈增加趋势，长江中下游以及东南诸河区北部年降水量增加速率最为明显，超过15毫米/年；东北地区、海河区、长江区中部等部分地区降水量增加速率超过10毫米/年。东南沿海以及台湾地区降水量呈下降趋势，台湾北部地区下降速率超过15毫米/年。我国西部大部分地区降水呈现不显著下降趋势，青藏高原南部以及东南部等地区下降速率超10毫米/年，但在西北的塔里木盆地、青藏高原西部地区降水呈显著增加趋势。

2001~2021年我国蒸散量变化趋势的空间分布显示（见图35b），我国北方大部分地区蒸散量呈增加趋势，特别是沿东北至黄河区以及华北地区、西北天山地区等，2001~2021年蒸散量呈显著增加趋势，增加率超5毫米/年。南方大部分地区蒸散量呈降低趋势，但变化趋势不显著。

2001~2021年我国水分盈亏变化趋势空间分布与降水变化趋势的空间分布类似（见图35c），东部大部分区域水分盈亏呈增加趋势，特别是长江中下游以及东南诸河区，年增加超15毫米，沿东北至长江区中部的东北西南走向上，水分盈亏增加率大部分在5毫米/年以上，水分盈亏增加趋势有利于水资源利用的可持续性。我国西部大部分区域水分盈亏呈下降趋势，在10毫米/年以下，对于水资源短缺的西部地区，水分盈亏下降趋势不利于水资源利用的可持续性。

2002~2021年我国陆地水储量变化趋势呈现明显的西北—东南走向的带状分布规律(见图35d)，东北地区、青藏高原北部以及南方地区，陆地水储量呈显著增加趋势，增加速率大部分在0~10毫米/年，青藏高原北部的部分区域、三峡库区以及松嫩平原地区，增加速率超过10毫米。青藏高原南部、西北至北方以及华北地区的条带上，陆地水储量呈显著下降趋势，下降速率大部分在0~10毫米/年，藏东南地区、华北海河区南部以及天山地区等陆地水储量变化剧烈的地区，下降速率超15毫米/年。

从水资源分区统计看（见图36），2001~2021年，除西南诸河区外，其余水资源区降水量均呈增加趋势（见图36a）。东南诸河区降水量变化速率最大，为14.1毫米/年，其次为松花江区，变化速率超10毫米/年。尽管西北诸河区2001~2021年降水量呈增加趋势，但变化不显著，增加速率不足0.2毫米/年。西南诸河区降水量变化呈下降趋势，下降速率为3.8毫米/年。总体上，北方与南方降水都呈增加趋势，南方4区降水量变化速率大于北方6区。

我国蒸散量2001~2021年变化除西南诸河区外，其余水资源区也均呈增加趋势（见图36b）。黄河区变化速率最大，年均增加5.2毫米，其后为松花江区、海河区和辽河区，增加速率超3毫米/年，珠江区、东南诸河区、长江区蒸散量的增加速率不超1毫米/年。西南诸河区2001~2021年蒸散量呈不显著下降趋势，下降速率为1.0毫米/年。总体上，北方6区蒸散呈增加趋势，南方4区没有明显变化。

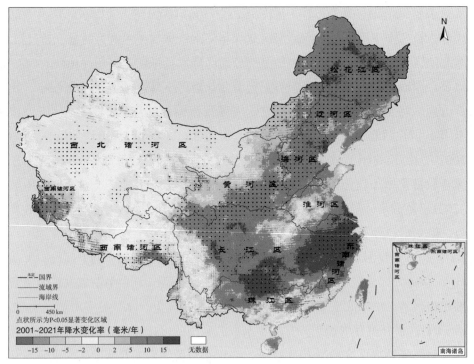

（a）降水量

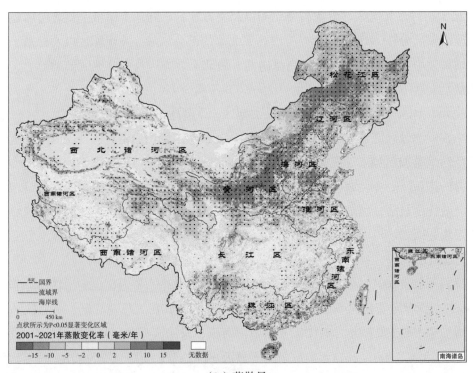

（b）蒸散量

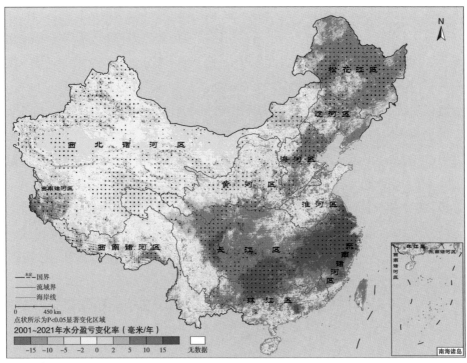

（c）水分盈亏量

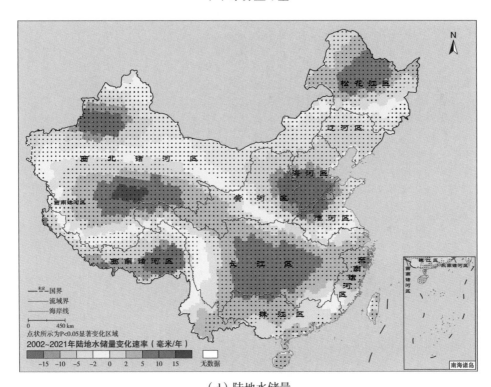

（d）陆地水储量

图 35　2001~2021 年全国水资源要素变化趋势空间分布

　　大部分水资源区2001~2021年水分盈亏量呈增加趋势，仅黄河区、西南诸河区、西北诸河区呈下降趋势（见图36c）。东南诸河区增速最大，为13.6毫米/年；西南诸河区降速最大，为2.8毫米/年。总体上，北方6区、南方4区水分盈亏均呈增加趋势，增加速率分别为1.0毫米/年和5.9毫米/年。

　　受气候变暖冰川融化以及降水增加等影响，2001~2021年西北诸河区水体面积增速最大，增加速率为170.3平方千米/年；淮河区降速最大，下降速率为47.1平方千米/年。总体北方6区的水体面积呈增加趋势，增速为241.1平方千米/年，南方4区呈下降趋势，降速为46.4平方千米/年（见图36d）。

　　2002~2021年长江区、松花江区、东南诸河区、珠江区的陆地水储量呈增加趋势，长江区增速最大，为3.8毫米/年（见图36e）。海河区、西南诸河区、淮河区、辽河区、黄河区、西北诸河区陆地水储量呈下降趋势，海河区下降速率最大，达到15毫米/年。总体上我国北方陆地水储量呈显著下降趋势，南方地区呈不显著增加趋势。下降的陆地水储量变化趋势不利于本来用水短缺的北方地区，需重点关注。

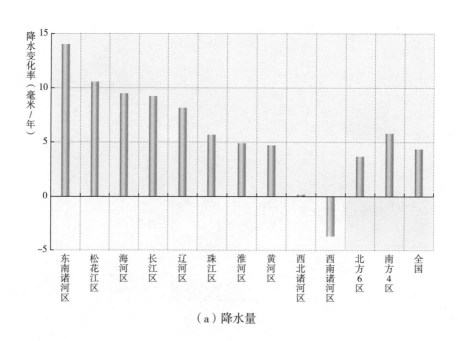

（a）降水量

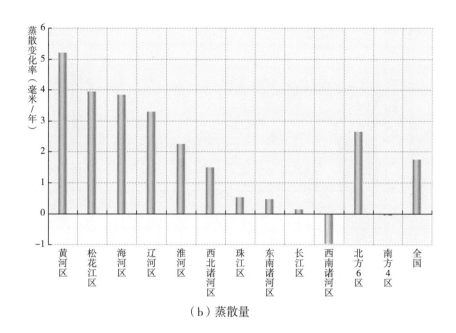

（b）蒸散量

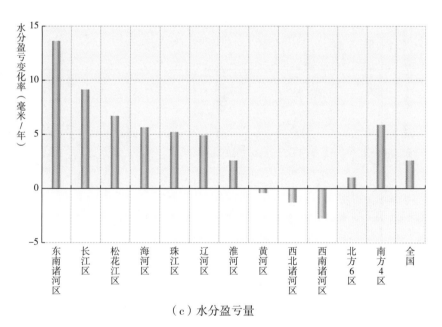

（c）水分盈亏量

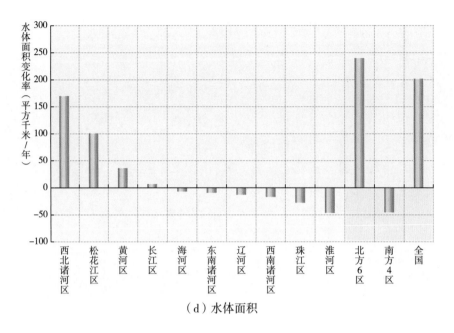

（d）水体面积

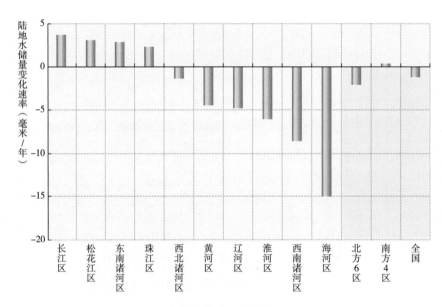

（e）陆地水储量异常

图 36　水资源一级区 2001~2021 年水资源要素变化趋势

从省级行政分区统计看（见图37），2001~2021年，有28个省级行政区降水量呈增加趋势，浙江增速最大，为27.6毫米/年（见图37a）。新疆、云南、西藏、澳门、台湾、香港降水量呈下降趋势，香港降水量下降速率最大，为19.3毫米/年。东部、中部、西部、东北地区近20年间年降水量都呈增加趋势，除西部地区外，其余地区增加速率约10毫米/年。

2001~2021年，全国有24个省级行政区蒸散量呈增加趋势，海南增速最大，年均增加7.8毫米，其后为宁夏、山西、陕西、山东增速超4毫米/年；上海蒸散量降速最大，每年平均降低1.8毫米（见图37b）。东部、中部、西部、东北地区平均蒸散量均呈增加趋势，增速分别为1.8毫米、0.9毫米、1.6毫米和3.6毫米。

与降水变化趋势类似，2001~2021年东部、中部、西部、东北地区水分盈亏量均呈增加趋势，增速分别为7.3毫米、9.2毫米、0.6毫米和6.6毫米（见图37c）。24个省级行政区水分盈亏呈增加趋势，浙江增速最大，年均增加28.8毫米；受降水减少影响，台湾水分盈亏降速最大，年均降低18.9毫米。

2001~2021年，我国西部与东北地区水体面积呈显著增加趋势，年均分别增加201.7平方千米和84.9平方千米，东部地区与中部地区呈减少趋势，东部减少更为明显，年均减少82.6平方千米（见图37d）。全国14个省级行政区水体面积呈增加趋势，青海增速最大，为98.0平方千米/年。在水体面积呈减少趋势的20个省级行政区中，江苏水体面积减少速率最大，年均减少28.1平方千米。

2002~2021年我国有20个省级行政区陆地水储量呈增加趋势，重庆增速最大，年均增加8.6毫米；处于华北地区的山西陆地水储量下降速率最大，年均下降18.4毫米，河北、广东水储量减少速率也在10毫米/年以上（见图37e）。总体上东部、中部、西部地区呈下降趋势，东部地区下降速度最大，东北地区呈增加趋势。

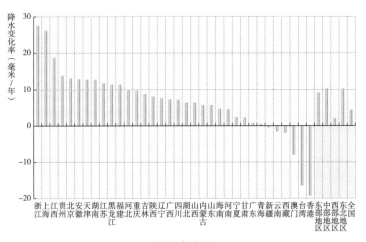

（a）降水量

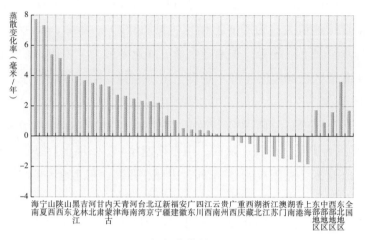

（b）蒸散量

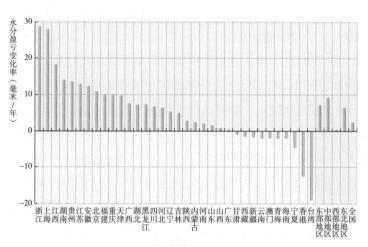

（c）水分盈亏量

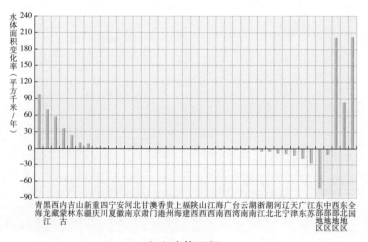

（d）水体面积

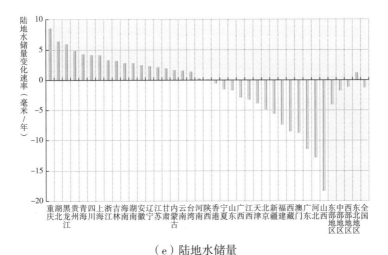

（e）陆地水储量

图 37　各省级行政区 2001~2021 年水资源要素变化趋势

3.3.2　季节变化趋势

2001~2021年全国降水的季节变化趋势同年降水量的变化趋势一致，各季节均呈增加趋势，以夏季增加速率最大，其后是秋季、春季，冬季变化率最小(见图38a)。东北地区降水季节间变化速率差别最大，夏季增加速率超过6毫米/年，大于其他地区夏季降水变化速率，冬季降水量几乎无变化。中部地区在春季与秋季的降水增加速率均大于其他地区，西部地区各季节的降水变化率总体最小。

蒸散量的季节变化趋势也以增加趋势为主，春季增速最大，其后为夏季、秋季，冬季增速最小(见图38b)。东部地区春季蒸散量增速最大，北方6区与东北地区夏季蒸散量增速最大，增速超过1毫米/年。南方4区和东部地区蒸散量在夏季呈现较为明显的下降趋势，中部地区夏季与秋季也呈下降趋势。

水分盈亏量的季节变化趋势同降水季节变化趋势基本一致，各季节以增加趋势为主，夏季增加速率最大，其次是秋季(见图38c)。受春季蒸散量增速较大影响，春季全国水分盈亏量总体呈下降趋势。东北地区水分盈亏季节间变化速率差别最大，夏季增加速率达到5毫米/年，春季、冬季水分盈亏呈下降趋势。中部地区春季与秋季的水分盈亏增加速率均大于其他地区。

水体面积在夏季、秋季的变化趋势以增加为主，秋季增加速率最大，冬季以下降趋势为主（见图38d）。北方6区水体面积秋季增加速率为504.4平方千米/年，冬季减少速率为359.4平方千米/年，均大于其他地区。南方4区各季节以下降趋势为主，冬季下降速率最大。东部地区各季节水体面积均呈下降趋势，下降速率冬季最大，为315.1平

方千米/年，是其他季节下降速率的2倍以上。

　　各季节陆地水储量以下降趋势为主，夏季下降速率最大，冬季最小（见图38e）。南方4区与东北地区春、秋、冬季节水储量变化均呈增加趋势，南方4区冬季增加速率最大，东北地区秋季增加速率最大。各地区陆地水储量夏季都处于下降趋势，东部地区在各季节的下降速率大于其他地区。

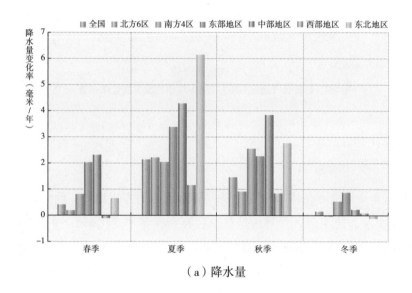

（a）降水量

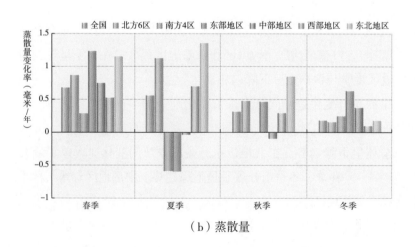

（b）蒸散量

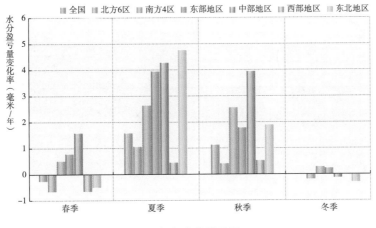

（c）水分盈亏量

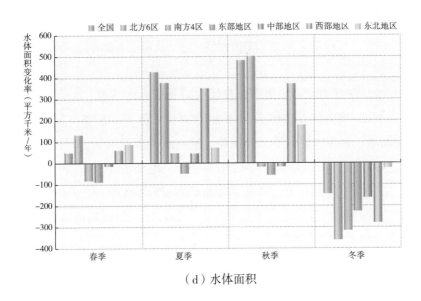

（d）水体面积

3.4 2021年极端气候事件对水资源的影响

3.4.1 河南特大暴雨极端降水事件的水资源要素特征

2021年7月17~24日，河南多地出现破纪录极端强降水事件，具有过程累计雨量大、强降水范围广、降水极端性强、短时强降水时段集中且持续时间长的特征。河南郑州1小时最大雨强（郑州201.9毫米）超过"75·8"暴雨（河南林庄198.5毫米），创下中国大陆小时气象观测降水量新纪录，多个县市此次降水事件的累计降水量超过了年均降水量，特大暴雨导致河南中北部的郑州、鹤壁、新乡、安阳等城市发生严重内

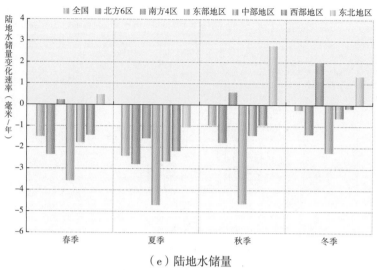

（e）陆地水储量

图38　2001~2021年全国和各地区水资源要素季节变化率

涝，交通电力中断，水库超汛限水位，给农业生产带来不利影响，造成了重大人员伤亡和巨大经济损失。

　　遥感监测2021年7月河南降水距平百分比空间分布（见图39）显示，河南中北部地区7月降水是同期的3倍多，其余绝大部分地区7月降水距平也较常年同期多1倍以上。大量降水造成湖泊、水库、河流等水体水位上涨，水体面积增加，7月20日河南水体面积从7月12日的494.7平方千米增加至674.2平方千米，增加了36.3%，特别是河南北部地区水体面积增加显著（见图40）。降水是陆地水储量的主要来源，从2002~2021年河南陆地水储量异常的时间序列变化看（见图41），2012年后河南陆地水储量基本为负异常，2018年10月至2021年7月时段一直处于亏缺状态，2020年5月亏缺最为严重，负异常214.9毫米。特大暴雨后，2021年8月河南水储量转为正异常，一直持续到2022年，2021年10月达到峰值193.6毫米。

3.4.2　2021年华南阶段性气象干旱事件的水资源要素特征

　　2021年华南地区降水量偏少，为2004年以来最少，阶段性气象干旱特点突出。1月至2月上旬，出现中度以上气象干旱；2月中旬至3月中旬，伴随华南地区大范围降水过程，气象干旱基本解除；3月下旬开始，中度强度以上气象干旱再次出现并持续至10月初；10月上半月受台风"狮子山"和"圆规"的影响，华南出现暴雨到大暴雨的降水，使气象干旱缓解。11月至12月上旬末，华南大部地区降水偏少，气象干旱又有所露头；12月下旬初台风"雷伊"给华南中东部带来降水，气象干旱缓解。气象干旱的频繁发生致使华南土壤墒情低，江河水位下降，山塘水库干涸，对农业生产、森林防火、生活生产等产生了不利影响，珠江口出现咸潮，影响对港供水和电网安全等。

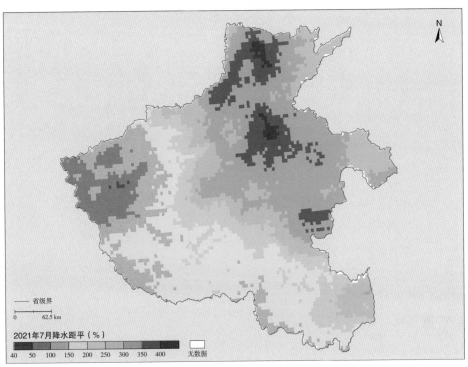

图 39 2021 年 7 月河南降水距平空间分布

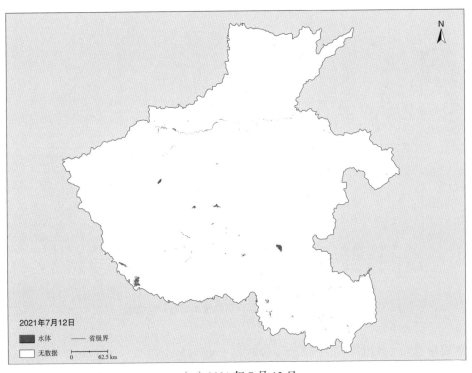

（a）2021 年 7 月 12 日

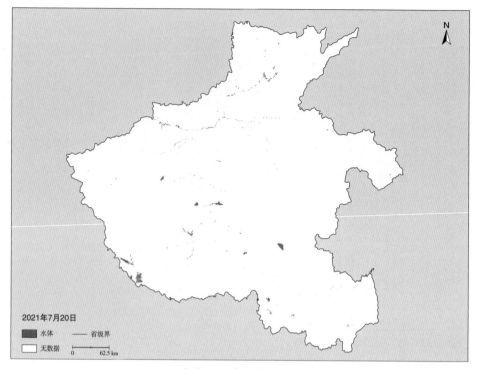

（b）2021 年 7 月 20 日
图 40　2021 年 7 月 12 日与 7 月 20 日河南水体分布

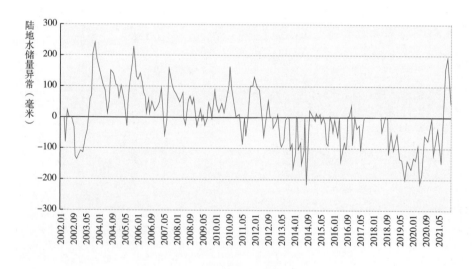

图 41　2002~2021 年河南陆地水储量异常变化

　　降水量多少是判断气象干旱的主要指标，遥感监测显示，2021年广东除2月、10月、12月降水量较常年同期偏多外，其余各月降水量都较常年同期偏少，与气象公报描述的气象干旱阶段性一致，1月降水量偏少约60%，3~9月降水量持续偏少，偏少均在20%以上，11月偏少40%以上（见图42a）。阶段性干旱发生的初期为1~2月，干旱伴随着高温，蒸发增强，广东蒸散量较常年同期偏多20%左右，随着干旱的持续，地面可供蒸发的水分减少，3~11月蒸散量较常年同期基本持平或偏少，12月随着降水的增加，蒸散量也较常年同期偏多（见图42b）。受阶段性干旱影响，2021年广东各月水体面积均较常年偏少，4月偏少最多，偏少达45%，水体面积距平变化分3个阶段（1~4月、5~9月、10~12月），每一阶段水体面积都偏少达20%以上（见图41c）。2021年广东各月水储量均较常年同期偏少（见图42d），偏少在40毫米以上，6月偏少最多，偏少167.7毫米。偏少的水体面积以及持续亏缺的陆地水储量表明水资源量的减少，将不利于该地区社会经济的可持续发展。

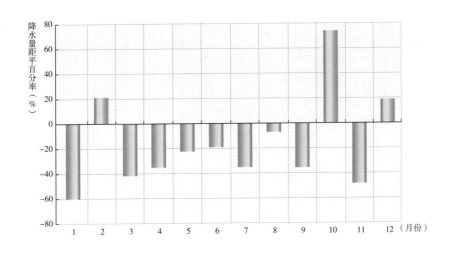

（a）降水量

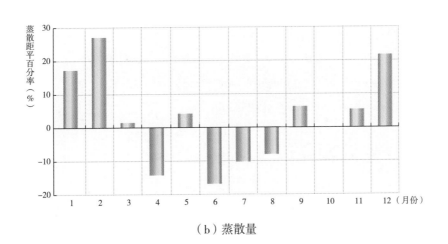

（b）蒸散量

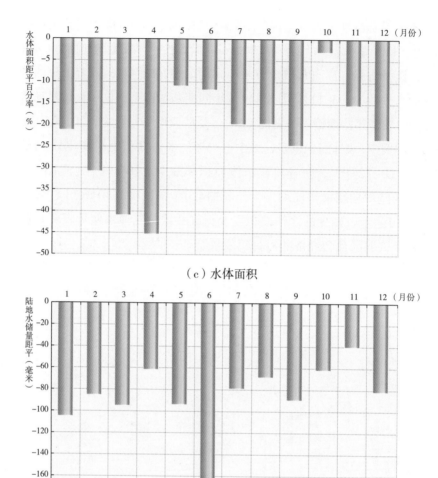

（c）水体面积

（d）陆地水储量

图42　2021年广东各月降水量、蒸散量、水体面积、
陆地水储量距平情况

参考文献

[1]　水利部：《全国水资源综合规划》，2010年10月国务院批复。

[2]　国家发展改革委等：《"十四五"节水型社会建设规划》，2021年10月。

[3]　http://www.stats.gov.cn/ztjc/zthd/sjtjr/dejtjkfr/tjkp/201106/t20110613_71947.htm.

[4]　https://data.chc.ucsb.edu/products/CHIRPS-2.0/.

[5]　https://disc.gsfc.nasa.gov/datasets/GPM_3IMERGM_06/summary.

[6]　https://data.casearth.cn/sdo/detail/6253cddc819aec49731a4bc2.

[7]　http://www.dx.doi.org/10.11922/sciencedb.00085.

[8]　https://www2.csr.utexas.edu/grace/RL06_mascons.html.

[9]　http://www.cma.gov.cn/zfxxgk/gknr/qxbg/202203/t20220308_4568477.html.

G.4
中国主要粮食作物遥感监测

摘　要： 粮食安全是"国之大者"，是经济发展、社会稳定、国家安全的重要保障。病虫害是威胁粮食安全的重要因素，年均造成全球粮食歉收40%、我国粮食损失300亿~500亿斤。本报告融合国内外GF系列、Landsat系列、Sentinel系列等卫星遥感数据、气象数据、区划数据、地面调查数据等多源数据，实现了2022年全国小麦、水稻、玉米的种植面积提取、长势状况监测、主要病虫害生境适宜性分析和作物产量估算。研究结果表明：①2022年全国水稻、玉米整体生长状况良好，与2021年相比总体长势持平，西北麦区小麦生长状况略差，但与2021年相比偏好；②2022年全国适宜小麦条锈病、赤霉病和蚜虫传播扩散的面积约1.6亿亩，适宜水稻稻飞虱、稻纵卷叶螟、稻瘟病传播扩散的面积约1.6亿亩，适宜玉米粘虫、大斑病传播扩散的面积约7106万亩；③2022年全国小麦总产量约1.3亿吨，水稻总产量约2.1亿吨，玉米总产量约2.6亿吨。

关键词： 粮食作物　种植面积　长势　病虫害生境适宜性　产量　2022年

我国是世界上最大的粮食生产国和消费国，粮食安全始终是关系国民经济发展、社会稳定和国家自立的全局性重大战略问题。保障我国粮食安全，对构建社会主义和谐社会和推进社会主义新农村建设具有十分重要的意义。粮食作物种植面积提取、长势状况监测、主要病虫害生境适宜性分析、产量估算是保障我国粮食安全生产的重要内容，对于国家粮食生产宏观调控具有重要意义。本报告融合国内外GF系列、Landsat系列、Sentinel系列等卫星遥感数据、气象数据、区划数据、地面调查数据等多源数据，综合考虑作物形态及营养状况信息、病虫害发生发展特点、地面菌源/虫源信息及历年发生情况统计资料等，建立作物长势监测模型和主要病虫害生境适宜性遥感分析模型及估产模型，完成了中国小麦、水稻、玉米的作物种植面积提取，长势状况监测，小麦条锈病、赤霉病、蚜虫，水稻稻飞虱、稻纵卷叶螟、稻瘟病，玉米粘虫、大斑病等主要病虫害生境适宜性遥感分析，以及作物产量估算，相关研究结果为指导农业生产与管理提供科学依据及数据支撑。

4.1　中国主要粮食作物种植区遥感监测

　　基于多源遥感数据，采用耕地提取和作物分类结合的方式对全国小麦、水稻和玉米种植面积进行提取。针对小麦、水稻、玉米与其他作物的光谱混合问题，利用作物在不同物候期植被指数、短波红外和红边波段反射率的差异，构建区分小麦、水稻、玉米与其他作物的特征指标集合。在耕地分布基础上，采用机器学习方法建立作物种植面积遥感监测模型并对2022年我国粮食作物种植面积进行提取和分析。结果显示，2022年全国小麦种植面积约33873万亩，主要分布在河北南部、山西南部、河南、山东西部、安徽北部、湖北中部、江苏、四川东部、新疆西部和陕西中南部等地区（见图1）；2022年全国水稻种植面积约44191万亩，主要分布在湖南、湖北、江苏、安徽、江西的大部分地区以及浙江、福建、广东、广西和四川的部分地区（见图2）；2022年全国玉米种植面积约61663万亩，主要分布在我国东北、华北和西南地区，包括黑龙江、辽宁、吉林、河北南部、河南东部、山东西部的大部分地区以及内蒙古、山西、陕西、甘肃、四川、广西、贵州和云南的部分地区（见图3）。

4.2　中国主要粮食作物长势遥感监测

　　综合考虑作物形态和营养信息，结合时序遥感数据、气象数据、作物长势状况地

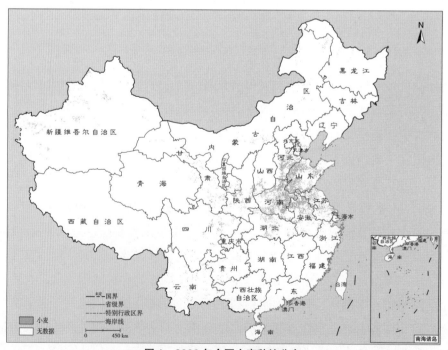

图1　2022年全国小麦种植分布

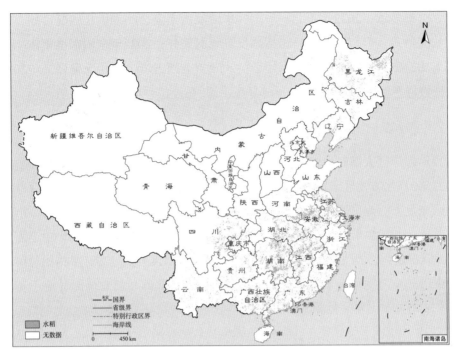

图2 2022年全国水稻种植分布

面调查数据及历年长势统计资料等，计算并优选作物不同生育期与作物叶面积指数、冠层叶绿素密度等密切相关的遥感指标，将其与作物生长模型相结合进行作物长势状

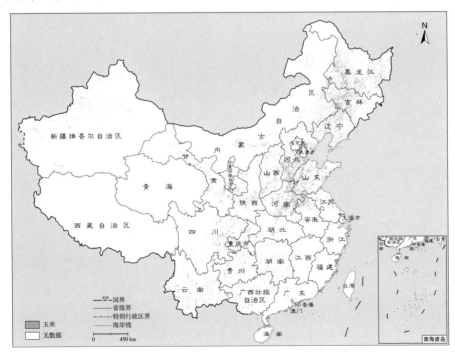

图3 2022年全国玉米种植分布

况监测。结果显示，2022年华北、华东、华中及西南麦区小麦生长状况良好，西北麦区生长状况略差，但与2021年相比整体长势状况偏好；2022年全国水稻整体生长状况良好，与2021年相比总体长势状况持平；2022年全国玉米生长状况良好，与2021年相比总体长势持平。

4.2.1　小麦长势对比分析

2022年各产区大部时段光温水条件较为适宜，总体利于小麦生长发育。2021年12月至2022年2月北方麦区气温高，大范围雨雪天气多，水热条件适宜，2月后春季北方麦区光照充足，温湿度适宜，气象条件对小麦的返青起身及拔节生长有利。小麦长势监测结果显示，2022年全国小麦种植面积约33873万亩，华北、华东及华中小麦主产区总体生长状况良好，西北地区小麦生长状况略差（见图4）；与2021年相比总体长势偏好，其中山东东部、河南东南部、安徽北部、江苏西北部、河北南部等地小麦长势与上年持平或略差于上年（见图5）。

4.2.2　水稻长势对比分析

2022年夏季，全国平均气温较常年同期偏高，降水量较常年同期偏少，水稻遭受严重高温热害，不利于水稻生长。7月以来江南和华南产区出现持续高温，不利于水稻返青分蘖和拔节孕穗。另外，受台风影响，部分地区出现暴雨或大暴雨，局部水稻受淹。华

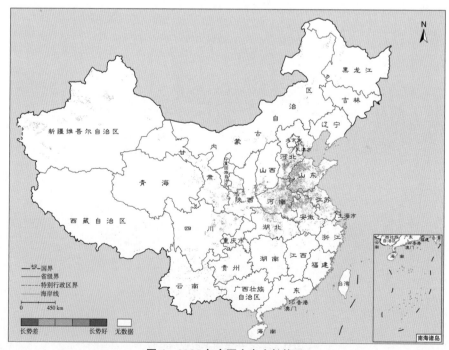

图4　2022年全国小麦生长状况

南中部和南部水稻产区降水接近常年同期，水热条件对水稻生长发育基本有利。水稻长势监测结果显示，2022年全国水稻种植面积约44191万亩，总体生长状况良好，其中甘肃、宁夏南部及江苏、安徽、广东等部分地区水稻生长状况略差（见图6）；与2021

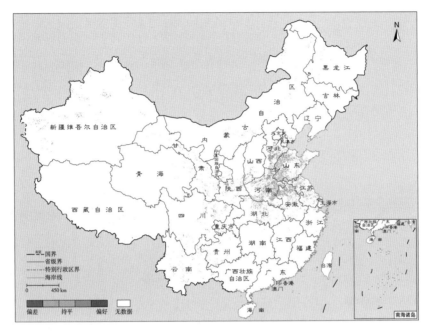

图5　2021年与2022年全国小麦长势对比分析

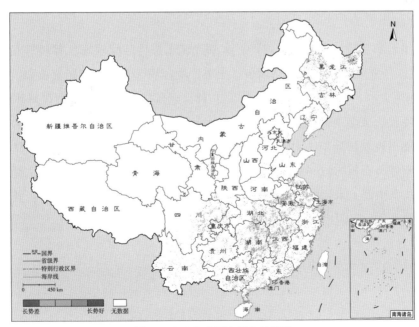

图6　2022年全国水稻生长状况

年相比总体长势持平，其中江苏南部、安徽中部、湖北中南部、湖南西部、贵州东部等地水稻长势略差于上年（见图7）。

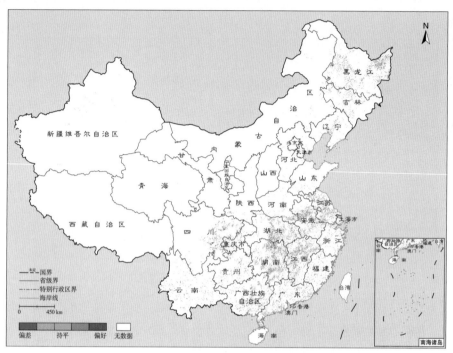

图7　2021年与2022年全国水稻长势对比分析

4.2.3　玉米长势对比分析

2022年玉米自播种以来，北方产区大部光温水条件匹配较好，有利于玉米生长。6~7月西北、华北、黄淮等地温高雨少，土壤失墒较快，对玉米苗期生长和出苗不利。8月东北地区大部、西北地区东部、华北、黄淮东部玉米产区出现明显降水过程，有利于玉米生长。黄淮南部、江淮、江汉、西南地区东部等地气温偏高、降水偏少，部分地区可能出现夏秋连旱，对玉米长势产生一定影响。玉米长势监测结果显示，2022年全国玉米种植面积约61663万亩，总体生长状况良好，其中甘肃中部、宁夏东部、陕西北部及广东中部玉米生长状况略差（见图8）；总体长势与2021年持平，其中山东东部、河北西南部、陕西中部等地玉米长势偏好（见图9）。

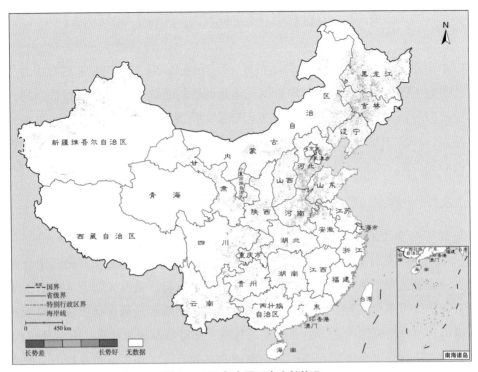

图 8   2022 年全国玉米生长状况

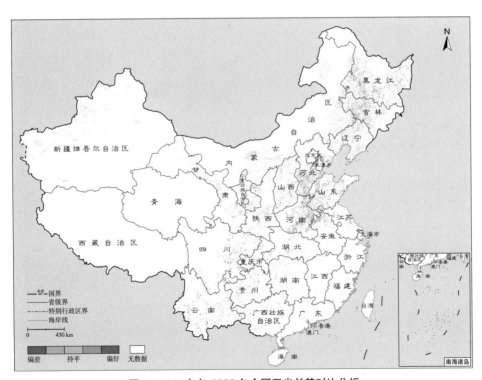

图 9   2021 年与 2022 年全国玉米长势对比分析

4.3 粮食作物重大病虫害生境适宜性分析

以中国高分GF系列、美国Landsat系列、欧盟Sentinel系列等卫星遥感数据为主要数据源，结合中国气象局的全国气象数据和地面调查的菌源/虫源基数等植保数据，病虫害传播扩散过程模型，以及作物病虫害历年发生情况统计资料等，针对病虫害的传播扩散特点，开展2022年全国小麦、水稻和玉米的主要病虫害生境适宜性遥感分析，并定量提取了小麦、水稻以及玉米病虫害的生境适宜性空间变化信息。

4.3.1 小麦病虫害生境适宜性分析

2022年春季我国大部麦区气温偏高，降水偏多，对病害发生及蚜虫繁殖有利。江汉、江淮、黄淮南部出现连续降雨现象，对赤霉病、纹枯病等病害流行十分有利；华北、西北地区东部降水偏多，利于条锈病的发生流行；黄淮大部麦区降水正常或偏少，有利于蚜虫发生为害。2022年全国小麦主产区生境较为适宜病虫害的发生发展。经生境适宜性分析可知，全国适宜小麦条锈病、赤霉病和蚜虫传播扩散的面积约1.6亿亩，其中，适宜小麦条锈病蔓延扩散的面积约2693万亩，主要分布在华中、西南和西北地区（见图10、表1），包括河南大部分麦区和陕西中部、四川东部、安徽北部、湖

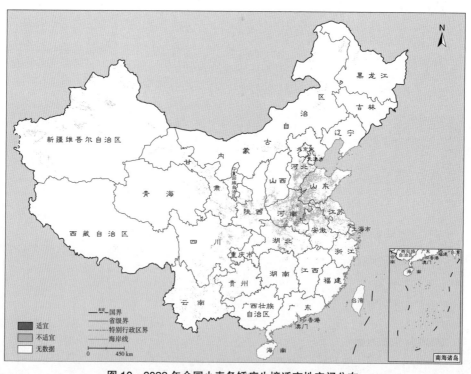

图10　2022年全国小麦条锈病生境适宜性空间分布

北南部等的零星麦区；适宜小麦赤霉病蔓延扩散的面积约1916亩，主要分布在华中、华东地区，包括河南北部、安徽北部、江苏中部、湖北南部等的零星麦区（见图11、表2）；适宜小麦蚜虫传播扩散的面积约1.2亿亩，主要分布在华北、华东、华中和西北地区，包括河北南部、山东西北部、河南大部、江苏中部大部分麦区和山西南部、陕西中部、安徽北部等的零星麦区（见图12、表3）。在适宜病虫害发生发展的区域应当加强田间监测预警，落实防控措施，防止病虫害扩散，减少产量损失。

表 1   2022 年全国小麦条锈病适宜生境情况统计

单位：%

地理分区	适宜	不适宜
东北区	0.0	100
华北区	0.1	99.9
华东区	1.6	98.4
华南区	0.0	100
华中区	19.3	80.7
西北区	8.1	91.9
西南区	11.5	88.5

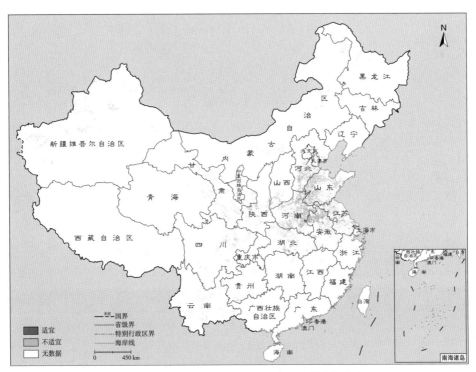

图 11   2022 年全国小麦赤霉病生境适宜性空间分布

表2　2022年全国小麦赤霉病适宜生境情况统计

单位：%

地理分区	适宜	不适宜
东北区	0.0	100
华北区	1.6	98.4
华东区	8.6	91.4
华南区	0.0	100
华中区	6.8	93.2
西北区	1.1	98.9
西南区	1.7	98.3

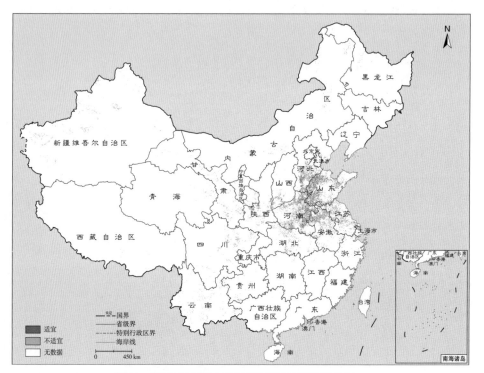

图12　2022年全国小麦蚜虫生境适宜性空间分布

表3　2022年全国小麦蚜虫适宜生境情况统计

单位：%

地理分区	适宜	不适宜
东北区	0.0	100
华北区	47.6	52.4
华东区	43.4	56.6

地理分区	适宜	不适宜
华南区	0.0	100
华中区	31.4	68.6
西北区	19.5	80.5
西南区	2.4	97.6

4.3.2 水稻病虫害生境适宜性监测

2022年中国大部分气温接近常年同期或偏高，不利于水稻病虫害的发生和流行，江南和长江中下游稻区降水偏少，田间病虫基数较往年偏低，进一步降低了害虫的扩散流行风险，但东部沿海地区存在持续降雨和局地强降雨以及大风灾害现象，华南稻区降水接近常年，水稻"两迁"害虫的繁殖以及水稻病害蔓延仍有可能。2022年全国水稻主产区生境较为适宜病虫害的发生发展。经生境适宜性分析可知，全国适宜水稻稻飞虱、稻纵卷叶螟、稻瘟病传播扩散的面积约1.6亿亩，其中，适宜水稻稻飞虱传播扩散的面积约9303万亩，主要分布在南方稻区以及江南中部稻区，包括江苏省北部、安徽省中部、湖北中部、湖南大部、江西大部、广西大部、广东南部大部分稻区和四川南部、云南、贵州东部、浙江中部、福建中部等的零星稻区（见图13、表4）；适宜水稻稻纵卷叶螟传播扩散的面积约1.1亿亩，主要分布在西南东部、华南、江南、长江

图13　2022年全国水稻稻飞虱生境适宜性空间分布

中下游和江淮稻区，包括江苏北部、安徽中部、湖北中部、湖南大部、江西北部、福建中部、广东大部、贵州南部大部分稻区和浙江、广西、云南、四川中部等的零星稻区（见图14、表5）；适宜水稻稻瘟病蔓延扩散的面积约5084万亩，主要分布在西南和江南丘陵山区、东北稻区，包括黑龙江东部、吉林中部、辽宁南部、江苏中部、安徽北部、湖南大部、江西南部大部分稻区和云南、贵州、广西、广东、福建、浙江北部等的零星稻区（见图15、表6）；应重点关注华南、东部沿海等地水稻种植区，警惕田间病虫量，及早落实防控，以防病虫害进一步发生流行。

表4　2022年全国水稻稻飞虱适宜生境情况统计

单位：%

地理分区	适宜	不适宜
东北区	0	100
华北区	0	100
华东区	23.1	76.9
华南区	36.5	63.5
华中区	28.3	71.7
西北区	2.9	97.1
西南区	17.5	82.5

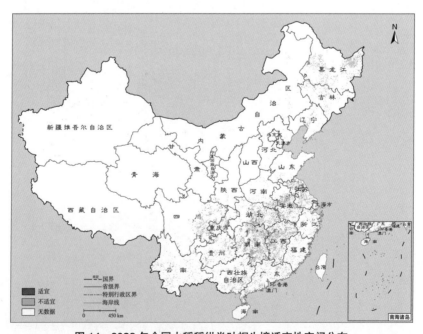

图14　2022年全国水稻稻纵卷叶螟生境适宜性空间分布

表5　2022年全国水稻稻纵卷叶螟适宜生境情况统计

单位：%

地理分区	适宜	不适宜
东北区	0	100
华北区	0	100
华东区	32.2	67.8
华南区	33.0	67.0
华中区	30.3	69.7
西北区	0.1	99.9
西南区	34.9	65.1

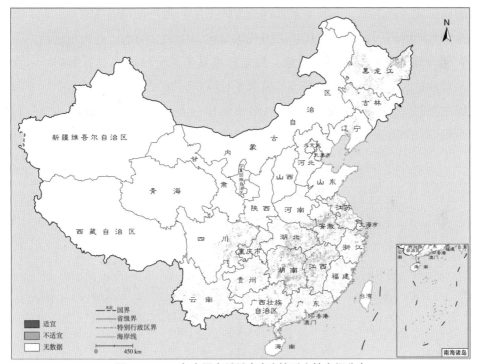

图15　2022年全国水稻稻瘟病生境适宜性空间分布

表6　2022年全国水稻稻瘟病适宜生境情况统计

单位：%

地理分区	适宜	不适宜
东北区	13.8	86.2
华北区	0	100
华东区	9.6	90.4

续表

地理分区	适宜	不适宜
华南区	9.6	90.4
华中区	12.0	88.0
西北区	10.0	90.0
西南区	14.2	85.8

4.3.3 玉米病虫害生境适宜性监测

2022年夏我国气候总体温高雨少，全国平均气温与近几年相比同期偏高，华东、华中玉米主产区出现持续高温现象。全国降水空间差异明显，大部分地区降水量较常年同期偏少或接近常年，不利于玉米病虫害的发生。此外，我国西北、江淮、华南和西南玉米主产区田间虫量低于往年，但我国东北、华北、华南、西南地区西部、西北地区东部等地仍存在大量降雨现象，加之盛夏发生北上台风、显著影响华东及以北地区玉米种植区，病虫害仍有进一步扩散蔓延风险。2022年全国玉米主产区生境较为适宜病虫害的发生发展。经生境适宜性分析可知，全国适宜玉米粘虫、大斑病传播扩散的面积约7106万亩，其中，适宜玉米粘虫传播扩散的面积约4602万亩（见图16、表

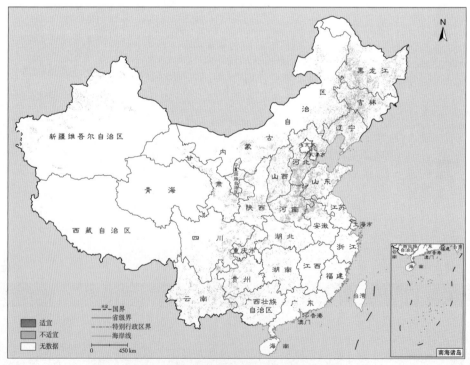

图16 2022年玉米粘虫生境适宜性空间分布

7），主要分布在东北、华北、华东北部及华中北部玉米产区，包括内蒙古东部、黑龙江西部、吉林大部、辽宁东部、河北北部、河南西部、贵州南部、四川南部、云南大部分玉米种植区和山西、山东、安徽北部等的零星玉米种植区；适宜玉米大斑病蔓延扩散的面积约2504万亩，主要分布在东北及西南玉米产区，包括内蒙古东部、黑龙江西部、吉林西部、辽宁北部、云南大部分玉米种植区和四川北部等的零星玉米种植区（见图17、表8）；应重点关注东北、华北、黄淮海地区玉米种植区，警惕田间病虫量，防止病虫害进一步流行。

表7　2022年全国玉米粘虫适宜生境情况统计

单位：%

地理分区	适宜	不适宜
东北区	7.8	92.2
华北区	8.6	91.4
华东区	4.7	95.3
华南区	11.4	88.6
华中区	8.0	92.0
西北区	5.9	94.1
西南区	8.7	91.3

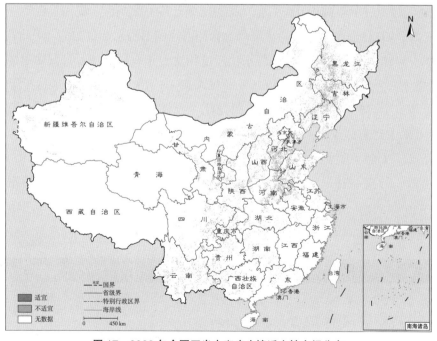

图17　2022年全国玉米大斑病生境适宜性空间分布

表8　2022年全国玉米大斑病适宜生境情况统计

单位：%

地理分区	适宜	不适宜
东北区	6.5	93.5
华北区	0.9	99.1
华东区	0.0	100.0
华南区	2.7	97.3
华中区	0.2	99.8
西北区	2.2	97.8
西南区	8.8	91.2

4.4　中国主要粮食作物产量遥感估测

综合作物长势状况及病虫害发生发展状况数据以及历年作物产量数据，结合作物生长模型进行估产建模。研究结果表明，2022年全国小麦总产量约1.3亿吨，较上年减少340万吨，占比2.5%，其中河南、山东、安徽、河北、江苏5个小麦主产省小麦产量合计占全国小麦总产量的79.9%；此外，河北、新疆、山西等省区小麦产量相比上年增长超过5.0%，河南、四川等省小麦产量略高于上年（见表9）；2022年全国水稻总产量约2.1亿吨，较上年减少105万吨，占比0.5%，其中黑龙江、湖南、江苏、江西、湖北、安徽、四川7个水稻主产省水稻产量合计占全国水稻总产量的67.7%;此外，黑龙江、安徽、吉林、云南、辽宁等省区水稻产量相比上年有所增加，且其中黑龙江相比上年增加5.1%，云南相比上年增加6.6%（见表10）；2022年全国玉米总产量约2.6亿吨，较上年减少422万吨，占比1.6%，黑龙江、吉林、内蒙古、山东、河南、河北、辽宁7个玉米主产省区玉米产量合计占全国玉米总产量的70.7%;此外，河南、辽宁、四川、新疆、安徽、陕西、甘肃等省区玉米产量低于上年，黑龙江、吉林、山东、河北、山西、云南等省玉米产量高于上年，内蒙古玉米产量与上年基本持平（见表11）。

表9　2022年全国小麦主产省区产量统计

单位：万吨，%

省/自治区	产量	增幅
河南	3819	1.9
山东	2498	−2.4
安徽	1576	−5.4

省 / 自治区	产量	增幅
河北	1533	5.7
江苏	1237	−6.7
新疆	611	5.5
陕西	413	3.9
湖北	407	3.0
甘肃	262	−4.8
四川	249	1.0
山西	247	7.0
内蒙古	167	−5.7

表 10　2022 年全国水稻主产省区产量统计

单位：万吨，%

省 / 自治区	产量	增幅
黑龙江	2923	5.1
湖南	2435	−7.2
江苏	1974	0.6
江西	1890	−7.8
湖北	1779	−4.9
安徽	1622	1.7
四川	1409	−4.3
广东	1084	−0.3
广西	999	−0.4
吉林	671	1.5
云南	565	6.6
河南	512	−0.3
辽宁	448	1.8
浙江	441	−4.9
重庆	421	−13.8
贵州	419	−0.3

表 11　2022 年全国玉米主产省区产量统计

单位：万吨，%

省 / 自治区	产量	增幅
黑龙江	3979	4.9
吉林	3036	0.9
内蒙古	2731	0.0
山东	2592	1.0
河南	2210	−3.7
河北	2027	0.4
辽宁	1832	−0.4
山西	1053	9.8
四川	1008	−5.2
云南	1004	8.1
新疆	809	−9.4
安徽	620	−5.1
陕西	585	−4.9
甘肃	529	−12.6

参考文献

［1］ Abubakar G A, Wang K, Shahtahamssebi A R, et al. "Mapping Maize Fields by Using Multi–Temporal Sentinel–1A and Sentinel–2A Images in Makarfi, Northern Nigeria, Africa". *Sustainability*, 2020, 12(6): 2539.

［2］ De Groote H, Kimenju S C, Munyua B, et al. "Spread and Impact of Fall ArmyWorm (Spodoptera Frugiperda JE Smith) in Maize Production Areas of Kenya". *Agriculture, Ecosystems & Environment*, 2020, 292: 106804.

［3］ DeChant C, Wiesner–Hanks T, Chen S, et al. "Automated Identification of Northern Leaf Blight–Infected Maize Plants from Field Imagery Using Deep Learning". *Phytopathology*, 2017, 107(11): 1426–1432.

［4］ Du X, Li Q, Shang J, et al. "Detecting Advanced Stages of Winter Wheat Yellow Rust and Aphid Infection Using RapidEye Data in North China Plain". *GIScience & Remote Sensing*, 2019, 56(7): 1093–1113.

［5］ Guo A, Huang W, Ye H, et al. "Identification of Wheat Yellow Rust Using Spectral and Texture Features of Hyperspectral Images". *Remote Sensing*, 2020, 12(9): 1419.

［6］ Habibie M I, Noguchi R, Shusuke M, et al. "Land Suitability Analysis for Maize Production in Indonesia Using Satellite Remote Sensing and GIS–Based Multicriteria Decision Support System". *GeoJournal*,

2021, 86(2): 777–807.

［7］ Han J, Zhang Z, Cao J, et al. "Prediction of Winter Wheat Yield Based on Multi–Source Data and Machine learning in China". *Remote Sensing*, 2020, 12(2): 236.

［8］ Ishengoma F S, Rai I A, Said R N. "Identification of Maize Leaves Infected by Fall Armyworms Using UAV–Based Imagery and Convolutional Neural Networks". *Computers and Electronics in Agriculture*, 2021, 184: 106124.

［9］ Jin Z, Azzari G, You C, et al. "Smallholder Maize Area and Yield Mapping at National Scales with Google Earth Engine". *Remote Sensing of Environment*, 2019, 228: 115–128.

［10］ Leroux L, Castets M, Baron C, et al. "Maize Yield Estimation in West Africa from Crop Process–Induced Combinations of Multi–Domain Remote Sensing Indices". *European Journal of Agronomy*, 2019, 108: 11–26.

［11］ Liu L, Dong Y, Huang W, et al. "A Disease Index for Efficiently Detecting Wheat Fusarium Head Blight Using Sentinel–2 Multispectral Imagery". *IEEE Access*, 2020, 8: 52181–52191.

［12］ Ma H, Huang W, Jing Y, et al. "Integrating Growth and Environmental Parameters to Discriminate Powdery Mildew and Aphid of Winter Wheat Using Bi–temporal Landsat–8 Imagery". *Remote Sensing*, 2019, 11(7): 846.

［13］ Mahlein A K, Alisaac E, Al Masri A, et al. "Comparison and Combination of Thermal, Fluorescence, and Hyperspectral Imaging for Monitoring Fusarium Head Blight of Wheat on Spikelet Scale". *Sensors*, 2019, 19(10): 2281.

［14］ Mandal N, Adak S, Das D K, et al. "Characterization of Rice Blast Disease Using Greenness Index, Canopy Temperature and Vegetation Indices". *International Journal of Agriculture, Environment and Biotechnology*, 2022, 15(1): 81–89.

［15］ Nettleton D F, Katsantonis D, Kalaitzidis A, et al. "Predicting Rice Blast Disease: Machine Learning Versus Process–Based Models". BMC Bioinformatics, 2019, 20(1): 1–16.

［16］ Pagani V, Guarneri T, Busetto L, et al. "A High–Resolution, Integrated System for Rice Yield Forecasting at District Level". *Agricultural Systems*, 2019, 168: 181–190.

［17］ Paul G C, Saha S, Hembram T K. "Application of Phenology–Based Algorithm and Linear Regression Model for Estimating Rice Cultivated Areas and Yield Using Remote Sensing Data in Bansloi River Basin, Eastern India". *Remote Sensing Applications: Society and Environment*, 2020, 19: 100367.

［18］ Skawsang S, Nagai M, K. Tripathi N, et al. "Predicting Rice Pest Population Occurrence with Satellite–derived Crop Phenology, Ground Meteorological Observation, and Machine Learning: A Case Study for the Central Plain of Thailand". *Applied Sciences*, 2019, 9(22): 4846.

［19］ Stewart E L, Wiesner–Hanks T, Kaczmar N, et al. "Quantitative Phenotyping of Northern Leaf Blight in UAV Images Using Deep Learning". *Remote Sensing*, 2019, 11(19): 2209.

［20］ Su J, Yi D, Su B, et al. "Aerial Visual Perception in Smart Farming: Field Study of Wheat Yellow Rust Monitoring". *IEEE Transactions on Industrial Informatics*, 2020, 17(3): 2242–2249.

［21］ Tian H, Qin Y, Niu Z, et al. "Summer Maize Mapping by Compositing Time Series Sentinel–1A Imagery Based on Crop Growth Cycles". *Journal of the Indian Society of Remote Sensing*, 2021, 49(11): 2863–2874.

［22］ Wahab I, Hall O, Jirström M. "Remote Sensing of Yields: Application of Uav Imagery–Derived Ndvi for

Estimating Maize Vigor and Yields in Complex Frming Systems in Sub-saharan Africa". *Drones*, 2018, 2(3): 28.

[23] Wang X, Huang J, Feng Q, et al. "Winter Wheat Yield Prediction at County Level and Uncertainty Analysis in Main Wheat-Producing Regions of China with Deep Learning Approaches". *Remote Sensing*, 2020, 12(11): 1744.

[24] Xiao Y, Dong Y, Huang W, et al. "Regional Prediction of Fusarium Head Blight Occurrence in Wheat with Remote Sensing Based Susceptible-Exposed-Infectious-Removed Model". *International Journal of Applied Earth Observation and Geoinformation*, 2022, 114: 103043.

[25] Xiao Z, Yun-xuan B A O, Lin W, et al. "Hyperspectral Features of Rice Canopy and SPAD Values Estimation under the Stress of Rice Leaf Folder". *Chinese Journal of Agrometeorology*, 2020, 41(03): 173.

[26] Xu F, Li Z, Zhang S, et al. "Mapping Winter Wheat with Combinations of Temporally Aggregated Sentinel-2 and Landsat-8 Data in Shandong Province, China". *Remote Sensing*, 2020, 12(12): 2065.

[27] Yang Q, Shi L, Han J, et al. "Deep Convolutional Neural Networks for Rice Grain Yield Estimation at the Ripening Stage Using UAV-Based Remotely Sensed Images". *Field Crops Research*, 2019, 235: 142-153.

[28] Zhan P, Zhu W, Li N. "An Automated Rice Mapping Method Based on Flooding Signals in Synthetic Aperture Radar Time Series". *Remote Sensing of Environment*, 2021, 252: 112112.

[29] Zhang J, Huang Y, Yuan L, et al. "Using Satellite Multispectral Imagery for Damage Mapping of Armyworm (Spodoptera frugiperda) in Maize at a Regional Scale". *Pest Management Science*, 2016, 72(2): 335-348.

[30] Zhang M, Lin H, Wang G, et al. "Mapping Paddy Rice Using a Convolutional Neural Network (CNN) with Landsat 8 Datasets in the Dongting Lake Area, China". *Remote Sensing*, 2018, 10(11): 1840.

[31] Zhang X, Liu J, Qin Z, et al. "Winter Wheat Identification by Integrating Spectral and Temporal Information Derived from Multi-Resolution Remote Sensing data". *Journal of Integrative Agriculture*, 2019, 18(11): 2628-2643.

[32] Zhang X, Wu B, Ponce-Campos G E, et al. "Mapping up-to-Date Paddy Rice Extent at 10 m Resolution in China through the Integration of Optical and Synthetic Aperture Radar Images". *Remote Sensing*, 2018, 10(8): 1200.

[33] Zheng Q, Ye H, Huang W, et al. "Integrating Spectral Information and Meteorological Data to Monitor Wheat Yellow Rust at a Regional Scale: A Case Study". *Remote Sensing*, 2021, 13(2): 278.

[34] Zhong L, Hu L, Zhou H, et al. "Deep Learning Based Winter Wheat Mapping Using Statistical Data as Ground References in Kansas and Northern Texas, US". *Remote Sensing of Environment*, 2019, 233: 111411.

[35] Zhou W, Liu Y, Ata-Ul-Karim S T, et al. "Integrating Climate and Satellite Remote Sensing Data for Predicting County-Level Wheat Yield in China Using Machine Learning Methods". *International Journal of Applied Earth Observation and Geoinformation*, 2022, 111: 102861.

2021年我国重大自然灾害监测

摘　要： 在全球变暖、城市化发展和社会财富增长速度逐渐加快的背景下，重特大自然灾害频发多发给社会、经济发展进程带来巨大影响。灾害管理问题已经成为区域可持续发展的重要影响因素。伴随我国空天遥感观测资源的日益丰富，遥感在灾害预测预警、应急监测评估、抢险救灾、灾后重建决策支持等方面可以发挥重要的作用。本报告针对2021年我国自然灾害发生特点，在简要介绍全年整体灾情特点的基础上，重点利用高分一号、高分二号、高分三号、高分六号、高分七号等国产卫星遥感资源，协同无人机航空遥感及地面调查数据，系统开展了青海玛多地震等重大自然灾害的监测和评估工作。研究结果表明：①2021年，中国自然灾害形势依然复杂，极端天气气候事件突发多发，自然灾害以洪涝、风雹、干旱、台风、地震、地质灾害、低温冷冻和雪灾为主；②2021年5月22日青海省果洛州玛多县地震灾害、2021年7月20日河南郑州荥阳市崔庙镇山洪灾害、2021年7月20日河南新乡洪涝灾害、2021年9月26日四川雅安天全县山洪泥石流灾害、2021年10月山西暴雨等重大灾害造成了较大的社会经济损失，也给当地的区域可持续发展带来一定挑战。

关键词： 自然灾害　灾情　灾害监测　2021年

2021年是国家"十四五"规划的开局之年，也是中国加强综合防灾减灾、促进区域可持续发展的关键一年。在前期各方的共同努力下，我国防灾减灾救灾工作取得明显成效。但在全球变暖背景下，极端性天气气候事件频发、地震活动强度增强、各类灾害隐患和安全风险交织叠加，自然灾害防灾减灾形势依然严峻复杂。

5.1　中国自然灾害2021年发生总体情况

经应急管理部会同工业和信息化部、自然资源部、住房城乡建设部、交通运输部、水利部、农业农村部、卫生健康委、统计局、气象局、银保监会、粮食和储备局、林草局、中国红十字会总会、国铁集团等部门和单位会商核定，2021年，自然灾害以洪涝、风雹、干旱、台风、地震、地质灾害、低温冷冻和雪灾为主，沙尘暴、森林草原火灾和海洋灾害等也有不同程度发生。全年各种自然灾害共造成1.07亿人次受灾，因灾死亡失踪867人，紧急转移安置573.8万人次；倒塌房屋16.2万间，不同程度损坏198.1万间；农作物受灾面积11739千公顷；直接经济损失3340.2亿元。

5.2 2021年度遥感监测重大自然灾害典型案例

针对2021年我国自然灾害发生特点，充分利用高分一号、高分二号、高分三号、高分四号、高分六号、高分七号等国产卫星遥感资源，协同无人机航空遥感及地面调查数据，系统开展了青海玛多地震等重大自然灾害的监测和评估工作，取得了系列成果。

5.2.1 2021年5月22日青海省果洛州玛多县地震灾害应急遥感监测

2021年5月22日2时4分青海果洛州玛多县（北纬34.59度，东经98.34度）发生7.4级地震，震源深度17千米。此次地震震中距黄河乡驻地7公里、距玛多县城38公里，距果洛州政府驻地175公里，距西宁市385公里。

灾害发生后，利用高分一号、高分三号、高分四号、高分六号遥感影像，迅速开展遥感数据获取、灾情应急监测与评估（见图1~8）。

图1 青海省果洛藏族自治州玛多县地震遥感监测
（灾前2021年5月5日高分四号遥感影像）

2021年5月24日高分三号遥感影像

图 2　野马滩 1、2 号大桥（灾后 2021 年 5 月 24 日高分三号遥感影像）

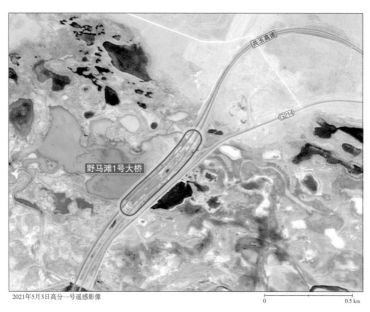

2021年5月3日高分一号遥感影像

图 3　野马滩 1 号大桥（灾前 2021 年 5 月 3 日高分一号遥感影像）

2021年5月24日高分三号遥感影像   0   0.5 km

图 4　野马滩 1 号大桥（灾后 2021 年 5 月 24 日高分三号遥感影像）

2021年6月1日高分六号遥感影像   0   0.5 km

图 5　野马滩 1 号大桥（灾后 2021 年 6 月 1 日高分六号遥感影像）

图 6　野马滩 2 号大桥（灾前 2021 年 5 月 3 日高分一号遥感影像）

图 7　野马滩 2 号大桥（灾后 2021 年 5 月 24 日高分三号遥感影像）

图 8　野马滩 2 号大桥（灾后 2021 年 6 月 1 日高分六号遥感影像）

监测结果显示，地震造成了共玉高速玛多县境内的野马滩1号桥和野马滩2号桥坍塌。两桥相距约3公里，其中野马滩1号大桥双向均已坍塌，桥面断裂塌落，桥墩受损。

5.2.2 2021年7月20日河南郑州荥阳市崔庙镇山洪灾害应急遥感监测

2021年7月20日，河南省多地遭受特大暴雨袭击。受强降雨影响，7月20日，郑州荥阳市崔庙镇王宗店村发生山洪，造成8人死亡。

灾害发生后，利用高分一号、高分六号遥感影像，迅速开展遥感数据获取、灾情应急监测与评估（见图9~10）。

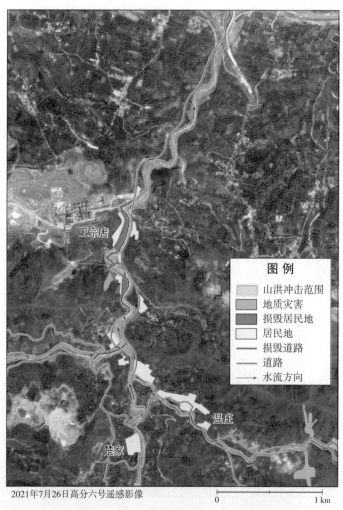

图9 河南郑州荥阳市崔庙镇王宗店村山洪遥感监测
（灾后2021年7月26日高分六号遥感影像）

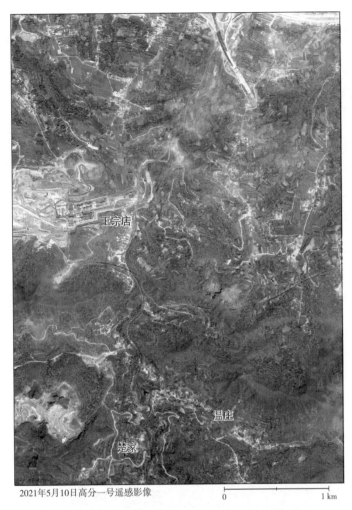

2021年5月10日高分一号遥感影像　　　　0　　　　　1 km

图10　河南郑州荥阳市崔庙镇王宗店村山洪监测
（灾前2021年5月10日高分一号遥感影像）

　　监测结果显示：短时间强降雨造成王宗店村上游河水水位暴涨，并引发多处地质灾害。监测范围内损毁居民地面积约3.5万平方米；损毁道路32处，共3880米。

5.2.3　2021年7月20日河南新乡洪涝灾害应急遥感监测

　　2021年7月20日，河南省多地遭受特大暴雨袭击。7月21日8时至21时，新乡西北部出现暴雨、大暴雨、局地特大暴雨天气，监测到最大降水量达327.2毫米。其中，新乡市区牧野站2小时降水267.4毫米（见图11~13）。

　　受强降雨影响，7月21日，共产主义渠大堤新乡牧野镇段出现决口。7月22日晚，鹤壁市浚县新镇镇彭村卫河河堤发生决口。

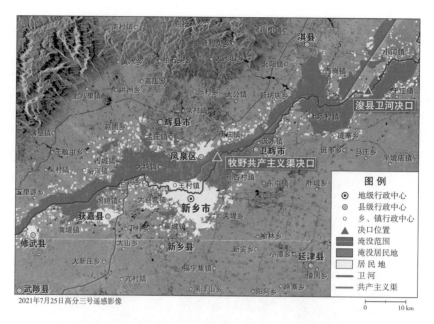

2021年7月25日高分三号遥感影像

图11 共产主义渠、卫河（新乡—鹤壁段）决口遥感监测
（灾后 2021 年 7 月 25 日高分三号遥感影像）

2021年7月24日高分一号遥感影像

图12 共产主义渠决口（灾后 2021 年 7 月 24 日高分一号遥感影像）

2021年7月26日高分六号遥感影像

图 13　共产主义渠决口合龙（灾后 2021 年 7 月 26 日高分六号遥感影像）

　　灾害发生后，利用高分一号、高分三号、高分六号遥感影像，迅速开展遥感数据获取、灾情应急监测与评估。

　　监测结果显示：7月21日，共产主义渠大堤新乡牧野镇段出现决口，决口宽约110米。洪水顺决口流入卫河，使卫河水位迅速升高，导致洪水漫过卫河大堤淹没新乡市、卫辉市城区以及周边众多村庄和农田。共产主义渠和卫河两岸大片农田、居民地被洪水淹没。农业、交通、水利、市政基础和公共服务设施受损严重。新乡市以北（牧野区北部、凤泉区南部）至卫辉市成片居民地被淹没。卫辉市区在内涝、洪水的双重作用下，大部被洪水淹没。

　　2021年7月26日，经多日抢险共产主义渠牧野镇段决口实现合龙。

5.2.4　2021年9月26日四川雅安天全县山洪泥石流灾害应急遥感监测

　　2021年9月26日凌晨3时许，四川省雅安市天全县喇叭河镇因局地大暴雨引发山洪泥石流灾害，致环线公路在建工地一工棚被冲埋。截至9月27日19时，17名失联人员已找到10人，其中2人轻伤，1人未受伤，7人遇难，7人失联。

　　灾害发生后，利用高分一号、高分二号遥感影像，迅速开展遥感数据获取、灾害应急跟踪监测（见图14~16）。

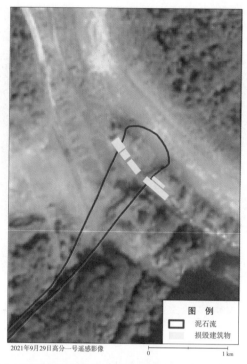

2021年9月29日高分一号遥感影像

图 14　四川省雅安市天全县喇叭河镇泥石流灾害遥感监测
（灾后 2021 年 9 月 29 日高分一号遥感影像）

2021年1月12日高分二号遥感影像

图 15　四川省雅安市天全县喇叭河镇泥石流灾害遥感监测
（灾前 2021 年 1 月 12 日高分二号遥感影像）

图 16 四川省雅安市天全县喇叭河镇泥石流灾害遥感监测
（灾后 2021 年 9 月 29 日高分一号遥感影像）

监测结果显示，山洪泥石流灾害导致2栋建筑被完全冲毁，另有3栋建筑受损。山洪导致下游锅浪跷水电站在建库区水位上升。受山洪影响库区内约有340米道路通行受阻。

5.2.5 2021年10月山西暴雨洪水灾害应急遥感监测

2021年9月以来，山西接连出现了5轮强降雨天气。特别是10月2日至7日，山西出现了有气象记录以来秋季最强的降雨过程，全省平均降水量119毫米，最大为临汾大宁县降水量285.2毫米。强降雨主要集中在4日至5日，降雨中心在吕梁、临汾、晋中三市交界处一带。10月2日20时到7日8时，省会太原降水量达到203毫米。

灾害发生后，利用高分一号、高分六号遥感影像，迅速开展遥感数据获取、灾情应急监测与评估（见图17~23）。

10月6日10时许，昌源河南同蒲铁路桥桥台尾部路基被冲空、轨枕悬空，上下行线路全部中断。

监测结果显示，受持续强降雨影响，山西省内37条河流发生洪水，高速公路、国省干线、铁路运行受到一定影响。汾河新绛段，乌马河清徐段，磁窑河汾阳段、孝义段等多处发生溃口。其中，汾河襄汾县—万荣县河段、小店区—介休市河段是此次汾河水灾最严重地区，洪水淹没大片农田和居民地。

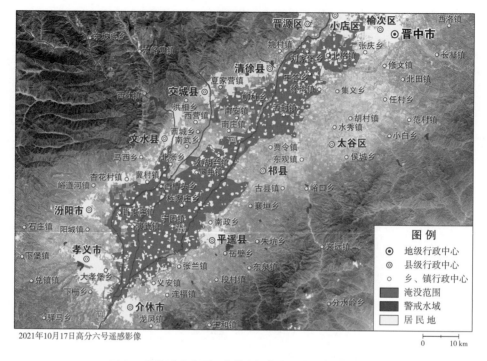

2021年10月17日高分六号遥感影像

图 17　汾河（小店区—介休市河段）洪水灾害遥感监测
（灾后 2021 年 10 月 17 日高分六号遥感影像）

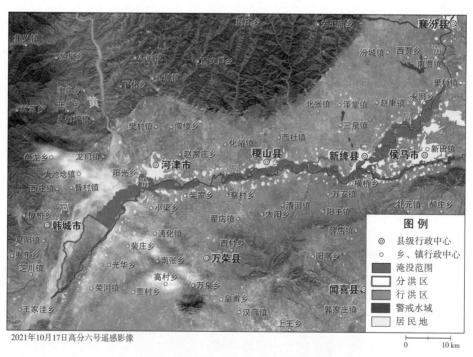

2021年10月17日高分六号遥感影像

图 18　汾河（襄汾县—万荣县河段）洪水灾害遥感监测
（灾后 2021 年 10 月 17 日高分六号遥感影像）

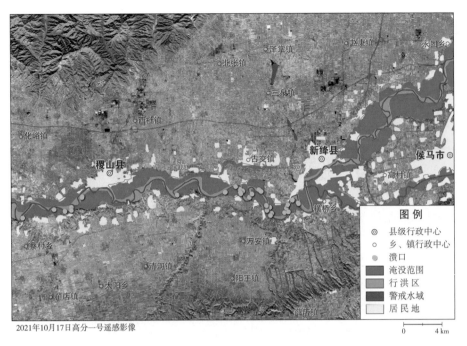

2021年10月17日高分一号遥感影像

图 19 汾河（新绛县—稷山县河段）洪水灾害遥感监测
（灾后 2021 年 10 月 17 日高分一号遥感影像）

图 20 昌源河南同蒲铁路桥损毁遥感监测

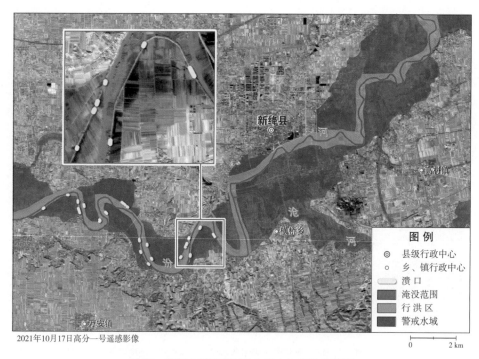

2021年10月17日高分一号遥感影像

图 21 汾河（新绛县河段）洪水灾害遥感监测
（灾后 2021 年 10 月 17 日高分一号遥感影像）

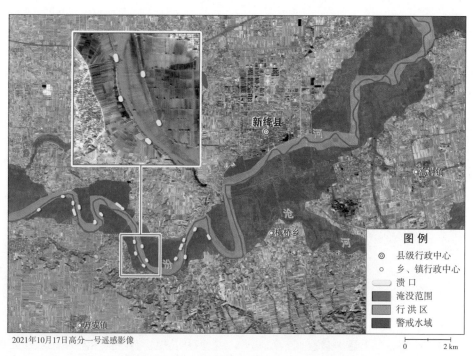

2021年10月17日高分一号遥感影像

图 22 汾河（新绛县河段）洪水灾害遥感监测
（灾后 2021 年 10 月 17 日高分一号遥感影像）

2021年10月17日高分一号遥感影像

图 23　汾河（新绛县河段）洪水灾害遥感监测
（灾后 2021 年 10 月 17 日高分一号遥感影像）

参考文献

《应急管理部发布2021年全国自然灾害基本情况》，https://www.mem.gov.cn/xw/yjglbgzdt/202201/
t20220123_407204.shtml。

G.6

中国细颗粒物浓度卫星遥感监测

摘　要： PM2.5是直径小于2.5微米的大气气溶胶颗粒物，可到达肺泡区，导致心血管和哮喘疾病的增加，而且在大气中的停留时间长、输送距离远，因而对人体健康和大气环境质量的影响大。本报告基于卫星遥感数据、气象数据和地面PM2.5浓度数据，研制了2021年、2020年和2013年的PM2.5浓度卫星遥感数据集，并分析了PM2.5浓度变化趋势。研究结果表明：①2021年中国区域PM2.5年平均浓度为26.25，整体值偏低，其中南方大部分地区、西藏和内蒙古的PM2.5浓度明显小于其他地区；②相比2020年，2021年全国PM2.5浓度下降了9.3%，全国50.0%的国土面积上空PM2.5浓度有所下降；③2013年中国仅有22%的区域PM2.5浓度达到了WHO中期目标，而2021年有78%的区域PM2.5浓度达到了WHO中期目标，说明中国的空气污染情况自2013年以来已得到显著改善。

关键词： PM2.5浓度　卫星遥感　2021年　WHO　变化趋势

6.1　2021年中国细颗粒物浓度卫星遥感监测

6.1.1　2021年全国陆地上空细颗粒物浓度分布

本报告结论基于生态环境部地面PM2.5浓度观测站点与MODIS气溶胶光学厚度产品，同时结合相对湿度、大气边界层高度等气象因素，通过计算这些因素与PM2.5浓度的相关关系，估算了2021年中国区域PM2.5年平均浓度，并定量化分析了全国PM2.5浓度的空间分布特性。

研究结果显示，2021年中国区域PM2.5年平均浓度为26.25μg/m³，相对2020年同比下降了9.3%。如图1所示，2021年中国PM2.5浓度整体偏低，其中南方大部分地区、西藏和内蒙古的PM2.5浓度明显小于其他地区，说明这些地区的空气质量相对较好。空气质量相对较差的区域主要分布在华北平原地区、四川盆地、新疆塔克拉玛干沙漠地区。华北平原地区地形特殊，大气扩散能力受地理条件限制，外部污染物容易向内堆积，本地污染物又不易向外扩散，使华北平原的空气污染程度高于周边区域。四川盆地受气候条件和地形因素的影响，也使得污染物向内堆积。新疆地区由于塔克拉玛干沙漠粉尘污染较为严重，其PM2.5年平均浓度也相对较高。

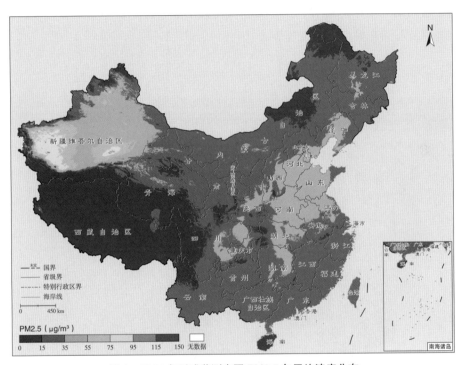

图1　2021年遥感监测中国PM2.5年平均浓度分布

6.1.2　2021年重点城市群细颗粒物浓度分布

（1）中原城市群

2021年中原城市群PM2.5平均浓度为42.10μg/m³，相对2020年同比下降了16.0%。由图2可见，中原城市群的空气污染程度由北向南递减，并且从城市群中心区域开始，向东西两侧辐射递减。该区域污染主要受以下因素影响：高密集人口压力带来的燃煤排放、机动车尾气、工业排放和扬尘等。

（2）长江中游城市群

2021年长江中游城市群PM2.5平均浓度为30.70μg/m³，相对2020年同比下降了6.6%。如图3所示，长江中游城市群的北部和西部空气污染程度相对较高，并向南部以及东部逐级递减，PM2.5浓度呈现"西北高、东南低"的分布特点。

（3）哈长城市群

2021年哈长城市群PM2.5平均浓度为26.36μg/m³，相对2020年同比下降了21.7%。由图4可见，哈长城市群的PM2.5浓度呈现"南北低、中心高"的分布特点，空气污染呈现由中心向南北递减的趋势，其污染主要受以下因素影响：冬季采暖燃煤燃烧、生物质燃烧以及石油开采产生的废气等。

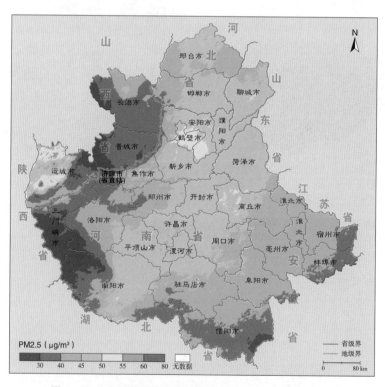

图2　2021年遥感监测中原城市群PM2.5年平均浓度分布

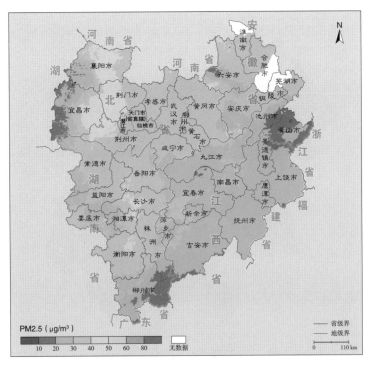

图 3 2021 年遥感监测长江中游城市群 PM2.5 年平均浓度分布

（4）成渝城市群

2021年成渝城市群PM2.5平均浓度为30.28 μg/m³，相对2020年同比下降了2.0%。如图5所示，成渝城市群的空气污染由中心向周围辐射递减， PM2.5浓度呈现"中心高、四周低"的分布特点。成渝城市群的空气污染主要来自移动源；由于成渝城市群处于降水充沛、相对湿度较高的四川盆地区域，细颗粒物吸湿膨胀使污染物富集；另外，盆地地形阻碍了污染物的向外扩散，使当地PM2.5浓度升高。

（5）关中城市群

2021年关中城市群PM2.5平均浓度为30.87 μg/m³，相对2020年同比下降了14.0%。

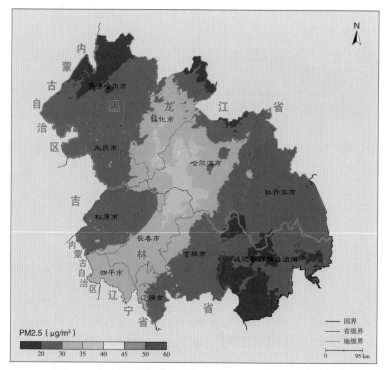

图4　2021年遥感监测哈长城市群PM2.5年平均浓度分布

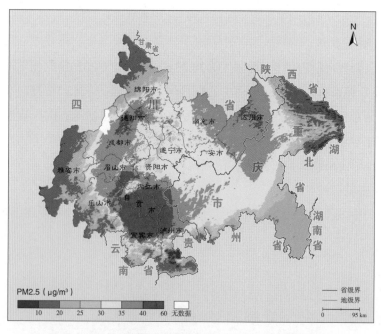

图5　2021年遥感监测成渝城市群PM2.5年平均浓度分布

由图6可知，关中城市群的PM2.5浓度呈现"中东高，西南低"的分布特点，其中心及东部地区的空气污染程度明显高于其他区域。化石燃料燃烧、汽车尾气、工地和马路扬尘以及其他工业企业的排放，是关中城市群空气污染的主要来源。

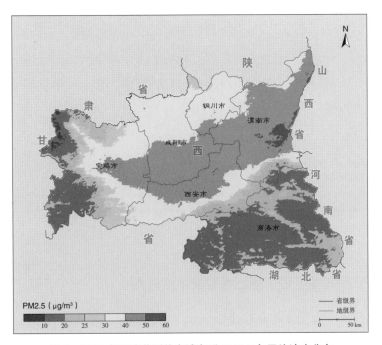

图 6　2021 年遥感监测关中城市群 PM2.5 年平均浓度分布

（6）山东半岛城市群

2021年山东半岛城市群PM2.5平均浓度为39.14μg/m³，相对2020年同比下降了9.2%。如图7所示，山东半岛城市群的空气污染由西部向东部递减，PM2.5浓度呈现"西高东低"的分布特点。

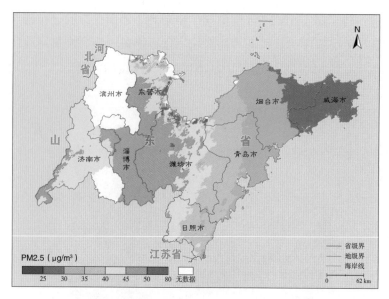

图7　2021年遥感监测山东半岛城市群PM2.5年平均浓度分布

6.1.3　2021年主要经济圈细颗粒物浓度分布

中国主要经济圈包括京津冀经济圈、长三角经济圈、粤港澳大湾区经济圈（珠三角经济圈与香港、澳门）。

2021年京津冀地区的PM2.5平均浓度为35.70μg/m³，长三角地区的PM2.5平均浓度为29.22μg/m³，粤港澳大湾区的PM2.5平均浓度为21.73μg/m³。如图8、图9、图10所示，京津冀地区的PM2.5浓度呈现"南高北低"的分布特点，空气污染由北部向南部逐渐加重；长三角地区的PM2.5浓度也具有"南高北低"的分布特征；粤港澳大湾区的PM2.5浓度呈现"西部高、东部低"的分布特点，空气污染由西部向东部递减。

6.2　2020~2021年全国陆地上空细颗粒物浓度变化分析

6.2.1　2020~2021年全国区域细颗粒物浓度变化分析

总体而言，2021年全国细颗粒物浓度相比2020年下降了2.68μg/m³，同比下降率达到9.3%。相较于2020年，2021年全国有50.0%的国土面积上空PM2.5浓度有所下降，由图11可知，新疆塔克拉玛干沙漠地区和内蒙古部分地区的PM2.5浓度显著下降，华北平原地区和东北地区的PM2.5浓度也有所降低。

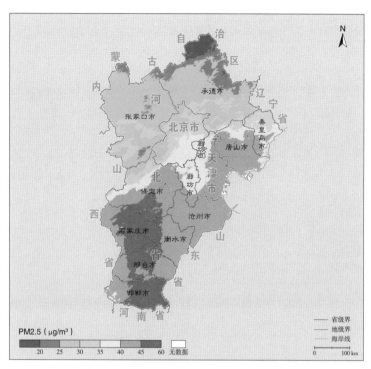

图 8 2021 年遥感监测京津冀地区 PM2.5 年平均浓度分布

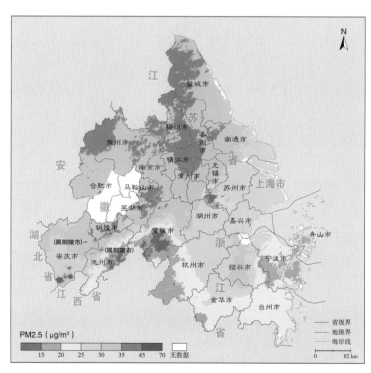

图 9 2021 年遥感监测长三角地区 PM2.5 年平均浓度分布

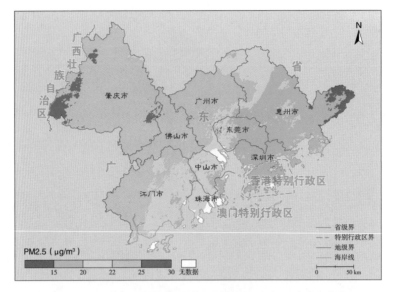

图 10　2021 年遥感监测粤港澳大湾区 PM2.5 年平均浓度分布

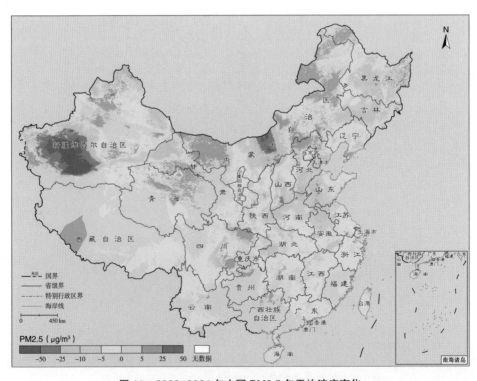

图 11　2020~2021 年中国 PM2.5 年平均浓度变化

2021年世界卫生组织发布了《全球空气质量指导方针》（*WHO Global Air Quality Guidelines*），规定了"空气质量指导水平"（AQG levels）这一指标；为实现"空气质量指导水平"指标，该方针还为6种主要空气污染物浓度设置了中期渐进目标。WHO建议PM2.5的年平均浓度应维持在5以下，同时给出了4项PM2.5浓度中期目标（Interim Targets，IT）。如图12所示，2020年中国有70%的区域PM2.5浓度达到了WHO中期目标，2021年有78%的区域的PM2.5浓度达到了WHO中期目标，相比2020年，2021年全国除了满足WHO AQG标准的区域面积有所减少外，达到中期目标的区域面积占比均保持不变或略有增加。

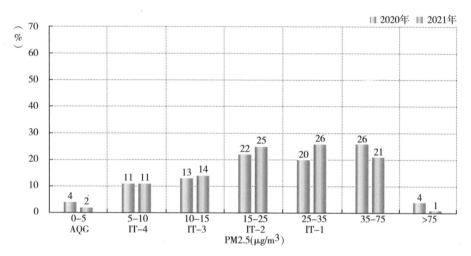

图12　2020~2021年中国PM2.5年平均浓度WHO AQG指标达成情况变化
（IT-1、IT-2、IT-3、IT-4为中期目标）

6.2.2　2020~2021年重点城市群细颗粒物浓度变化分析

相比2020年，2021年重点城市群PM2.5浓度的下降幅度普遍较小，如图13所示，哈长城市群的PM2.5浓度下降幅度最大，同比下降了21.7%，其后是中原城市群和关中城市群，分别下降了16.0%和14.0%。

6.2.3　2020~2021年主要经济圈细颗粒物浓度变化分析

图14~16分别展示了京津冀地区、长三角地区、粤港澳大湾区2020~2021年PM2.5浓度变化的空间分布特征。相比2020年，2021年中国主要经济圈的PM2.5浓度下降幅度较小，由图17可知，长三角的PM2.5浓度下降最多，同比下降了10.0%，京津冀和粤港澳大湾区的下降幅度分别为6.3%和1.1%。

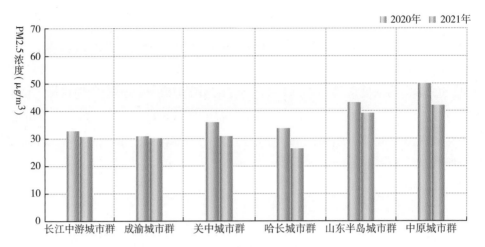

图 13　2020~2021 年中国各城市群细颗粒物年平均浓度变化

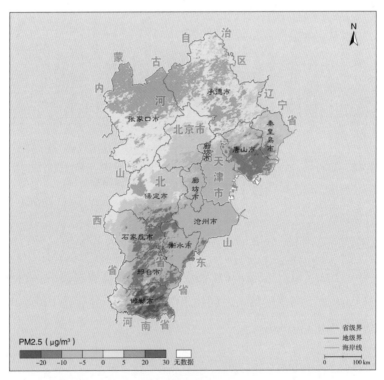

图 14　2020~2021 年京津冀地区 PM2.5 年平均浓度变化

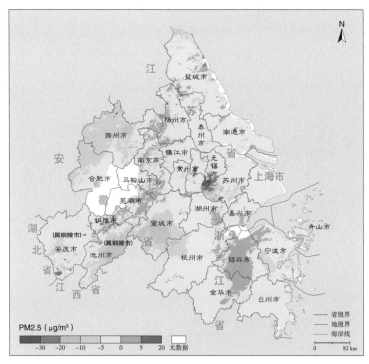

图 15　2020~2021 年长三角地区 PM2.5 年平均浓度变化

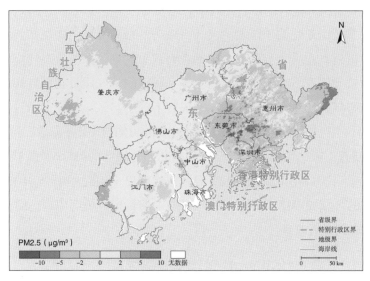

图 16　2020~2021 年粤港澳大湾区 PM2.5 年平均浓度变化

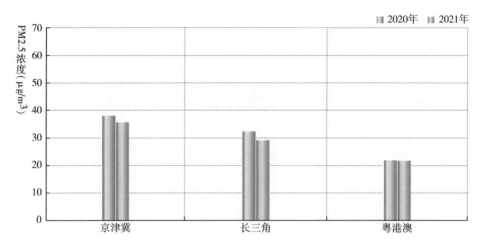

图17 2020~2021年中国主要经济圈细颗粒物年平均浓度变化

6.3 2013~2021年全国陆地上空细颗粒物浓度变化分析

6.3.1 2013~2021年全国区域细颗粒物浓度变化分析

随着全球能源资源和环境压力的日益突出，环保已成为世界各国关注的焦点问题。自2012年底全国灰霾事件开始，国家治理大气污染的步伐逐步加快，2013年9月10日国务院下发了《国务院关于印发〈大气污染防治行动计划〉的通知》，制定了大气污染防治十条措施，此后又迅速出台了一系列政策规划，如《生态环境监测网络建设方案》《打赢蓝天保卫战三年行动计划》等。我国的空气质量状况自2013年以来不断改善。相比2013年，2021年全国细颗粒物浓度下降了29.33μg/m³，而且2021年全国有95.8%的国土面积上空的PM2.5浓度有所下降。由图18可知，华北平原地区和四川盆地地区的PM2.5浓度显著下降，而河南、内蒙古和东北部分地区的PM2.5浓度略有升高。

如图19所示，2013年中国仅有22%的区域的PM2.5浓度达到了WHO中期目标，而2021年有78%的区域的PM2.5浓度达到了WHO中期目标，说明中国的空气污染情况自2013年以来已得到显著改善。

6.3.2 2013~2021年重点城市群细颗粒物浓度变化分析

相比2013年，2021年重点城市群PM2.5浓度的下降幅度普遍较大。如图20所示，成渝城市群的PM2.5浓度下降幅度最大，同比下降了67.6%，其后是长江中游城市群和山东半岛城市群，分别下降了60.0%和62.1%；而中原城市群和哈长城市群的PM2.5浓度下降幅度相对偏小，分别为48.1%和50.7%。

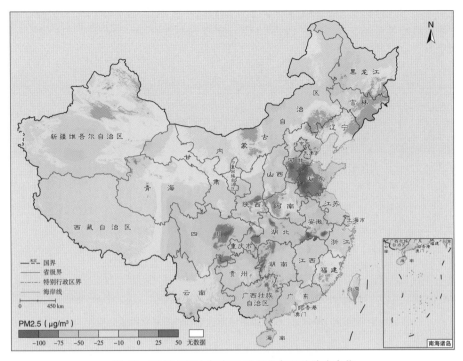

图 18　2013~2021 年中国 PM2.5 年平均浓度变化

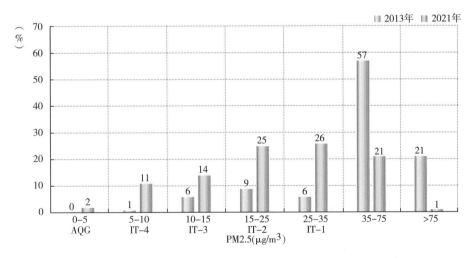

图 19　2013~2021 年中国 PM2.5 年平均浓度 WHO AQG 指标达成情况变化
（IT-1、IT-2、IT-3、IT-4 为中期目标）

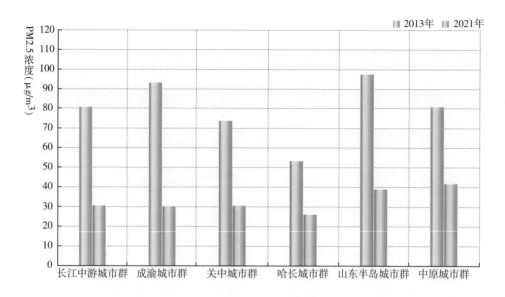

图20 2013~2021年中国各城市群细颗粒物年平均浓度变化

6.3.3 2013~2021年主要经济圈细颗粒物浓度变化分析

图21~23分别展示了京津冀地区、长三角地区、粤港澳大湾区2013~2021年PM2.5浓度变化的空间分布特征。相比2013年，2021年中国主要经济圈的PM2.5浓度下降幅度较大，由图24可知，三大经济圈的PM2.5浓度下降幅度相近，长三角的PM2.5浓度下降幅度为61.0%，京津冀和粤港澳大湾区的PM2.5浓度分别下降了58.5%和59.1%。

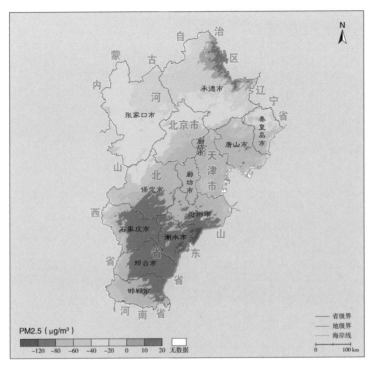

图 21　2013~2021 年京津冀地区 PM2.5 年平均浓度变化

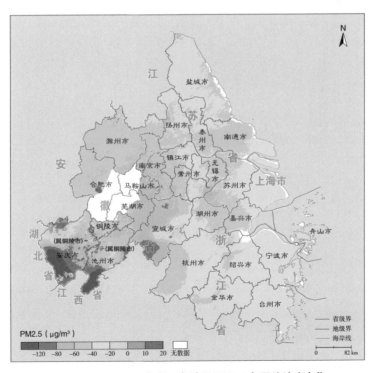

图 22　2013~2021 年长三角地区 PM2.5 年平均浓度变化

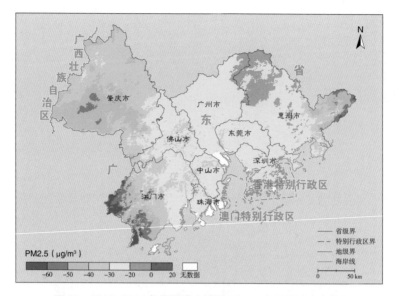

图 23　2013~2021 年粤港澳大湾区 PM2.5 年平均浓度变化

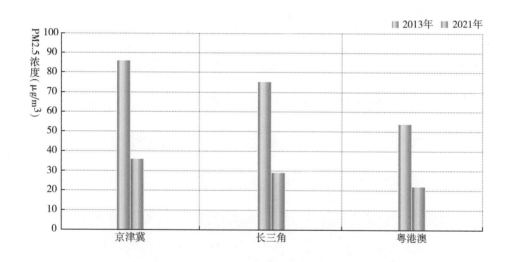

图 24　2013~2021 年中国主要经济圈细颗粒物年平均浓度变化

参考文献

[1]　A. van Donkelaar, R. V. Martin, M. Brauer, and B. L. Boys, "Use of Satellite Observations for Long-Term Exposure Assessment of Global Concentrations of Fine Particulate Matter," *Environ. Health Perspect.*, vol. 123, no. 2, pp. 135–43, 2015.

[2]　J. Wei, W. Huang, Z. Li, W. Xue, Y. Peng, L. Sun, and M. Cribb, "Estimating 1-km-Resolution PM2.5 Concentrations Across China Using the Space-Time Random Forest Approach," *Remote Sens. Environ.*,

vol. 231, pp. 111221, 2019.

[3] Z. Ma, Y. Liu, Q. Zhao, M. Liu, Y. Zhou, and J. Bi, "Satellite-Derived High Resolution PM2.5 Concentrations in Yangtze River Delta Region of China Using Improved Linear Mixed Effects Model," *Atmospheric Environ.*, vol. 133, pp. 156–164, 2016.

[4] Y. Zheng, Q. Zhang, Y. Liu, G. Geng, and K. He, "Estimating Ground-Level PM2.5 Concentrations Over Three Megalopolises in China Using Satellite-Derived Aerosol Optical Depth Measurements," *Atmospheric Environ.*, vol. 124, pp. 232–242, 2016.

[5] B. Zou, and Q. Pu, Bilal, M., Weng, Q., Zhai, L., & Nichol, J., "High Resolution Satellite Mapping of Fine Particulates Based on Geographically Weighted Regression," *IEEE Trans. Geosci.Remote Sens.*,vol. 13, no. 4, pp. 495–499, 2016.

[6] M. Jiang, W. Sun, G. Yang, and D. Zhang, "Modelling Seasonal GWR of Daily PM2.5 with Proper Auxiliary Variables for the Yangtze River Delta," *Remote Sens.*, vol. 9, no. 4, pp. 346, 2017.

[7] K. Huang, Q. Xiao, X. Meng, G. Geng, Y. Wang, A. Lyapustin, D. Gu, and Y. Liu, "Predicting Monthly High-Resolution PM2.5 Concentrations with Random Forest Model in the North China Plain," *Environ. Pollut.*, vol. 242, no. Pt A, pp. 675–683, 2018.

[8] X. Li, and X. Zhang, "Predicting Ground-Level PM2.5 Concentrations in the Beijing-Tianjin-Hebei Region: A Hybrid Remote Sensing and Machine Learning Approach," *Environ Pollut.*, vol. 249, pp. 735–749, 2019.

[9] H. Liu, and C. Chen, "Prediction of Outdoor PM2.5 Concentrations Based on Athree-Stage Hybrid Neural Network Model," *Atmos. Pollut.* Res., vol. 11, no. 3, pp. 469–481, 2020.

[10] J. Wei, Z. Li, A. Lyapustin, L. Sun, Y. Peng, W. Xue, T. Su, and M. Cribb, "Reconstructing 1-km-Resolution High-Quality PM2.5 Data Records from 2000 to 2018 in China:Spatiotemporal Variations and Policy Implications," *Remote Sens. Environ.*, vol. 252, pp. 112–136, 2021.

[11] A. Lyapustin, Y. Wang, S. Korkin, and D. Huang, "MODIS Collection 6 MAIAC Algorithm," *Atmospheric Meas. Techn.*, vol. 11, no. 10, pp. 5741–5765, 2018.

[12] N. C. Hsu, M. J. Jeong, C. Bettenhausen, A. M. Sayer, R. Hansell, C. S. Seftor, J. Huang, and S. C. Tsay, "Enhanced Deep Blue Aerosol Retrieval Algorithm: The Second Generation," J. Geophys. Res., Atmos., vol. 118, no. 16, pp. 9296–9315, 2013.

[13] C. Zhou, J. Chen, and S. Wang, "Examining the Effects of Socioeconomic Development on Fine Particulate Matter (PM2.5) in China's Cities Using Spatial Regression and the Geographical Detector Technique," *Sci. Total Environ.*, vol. 619–620, pp. 436–445, 2018.

[14] Z. Ma, X. Hu, L. Huang, J. Bi, and Y. Liu, "Estimating Ground-Level PM2.5in China Using Satellite Remote Sensing," Environ. Sci. Technol., vol. 48, no. 13, pp. 7436–7444, 2014.

[15] W. Song, H. Jia, J. Huang, and Y. Zhang, "A Satellite–Based Geographically Weighted Regression Model for Regional PM2.5 Estimation over the Pearl River Delta Region in China," *Remote Sens. Environ.*, vol. 154, pp. 1–7, 2014.

[16] W. You, Z. Zang, L. Zhang, Y. Li, X. Pan, and W. Wang, "National–Scale Estimates of Ground–Level PM2.5 Concentration in China Using Geographically Weighted Regression Based on 3 km Resolution MODIS AOD," *Remote Sens.*, vol. 8, no. 3, p. 184, 2016.

[17] X. Hu, L. A. Waller, M. Z. Al–Hamdan, W. L. Crosson, M. G. Estes, Jr., S. M. Estes, D. A. Quattrochi, J. A. Sarnat, and Y. Liu, "Estimating Ground–level PM(2.5) Concentrations in the Southeastern U.S. Using Geographically Weighted Regression," *Environmental Res.*, vol. 121, pp. 1–10, Feb, 2013.

[18] Q. Zhou, C. Wang, S. Fang, "Application of Geographically Weighted Regression (GWR) in the Analysis of the Cause of Haze Pollution in China". *Atmos. Pollut. Res.*, vol. 10, pp.835–846, 2019.

[19] S. Wang, J. Xing, B. Zhao, C. Jang, and J. Hao, "Effectiveness of National Air Pollution Control Policies on the Air Quality in Metropolitan Areas of China," *J. Environ. Sci*, vol. 26, no. 1, pp. 13–22, 2014.

[20] Z. Wang, L. Chen, J. Tao, Y. Liu, X. Hu, and M. Tao, "An Empirical Method of RH Correction for Satellite Estimation of Ground–level PM Concentrations," *Atmospheric Environ.*, vol. 95, pp. 71–81, 2014.

[21] Bai K, Li K, Chang N B, et al. Advancing the Prediction Accuracy of Satellite–Based PM2. 5 Concentration Mapping: A Perspective of Data Mining Through in Situ PM2. 5 Measurements. *Environmental Pollution*, 2019, 254: 113047.

[22] Bai K, Ma M, Chang N B, et al. Spatiotemporal Trend Analysis for Fine Particulate Matter Concentrations in China Using High–Resolution Satellite–Derived and Ground–Measured PM2. 5 Data. *Journal of Environmental Management*, 2019, 233: 530–542.

中国主要污染气体和秸秆焚烧遥感监测

摘　要： 随着工业进步，人类活动在大气污染排放溯源中占比增大，日益严峻的大气污染问题逐渐成为世界各国关注的焦点。准确、及时监测大气污染成分是掌握大气污染空间分布、研究大气污染生成及传输、治理大气污染问题的重要前提。相比直接探测技术，遥感监测技术具有远距离、近实时的立体监测优势，能够提供大空间尺度、长时间序列的三维立体时空分布结果。遥感技术已用于监测多种大气成分，如气溶胶、臭氧（O_3）、二氧化氮（NO_2）、一氧化碳（CO）、甲醛（HCHO）和二氧化硫（SO_2）等。本报告基于卫星遥感数据，研制了2021年NO_2、SO_2柱浓度以及秸秆焚烧卫星遥感数据集，并对中国地区及重点城市区分析了不同时间尺度的NO_2、SO_2变化趋势，总结秸秆焚烧时空分布规律。研究结果表明：①中国地区2021年全年NO_2柱浓度均值为$2.24×10^{15}$ molec./cm^2，污染高值区主要集中在人口密集的重点城市群区域，全年NO_2污染具有显著的季节性差异，冬季污染高（12月份NO_2月均值$3.51×10^{15}$molec./cm^2），春季次之，夏秋季节良好；②中国地区2021年全年SO_2柱浓度均值为0.056 DU。全年1~7月SO_2污染逐渐降低，7~12月SO_2排放逐渐增多，3月份出现SO_2高污染天气，SO_2柱浓度值为0.18DU；③中国地区2021年秸秆焚烧火点东三省地区数量占比为50.34%，该地区秸秆焚烧高发时段为2~4月。

关键词： NO_2　SO_2　秸秆焚烧

7.1　大气NO_2遥感监测

NO_2是一种有毒大气污染物，严重影响大气环境和人体健康。NO_2与空气中的其他有机化合物会发生复杂化学反应，造成大气的二次污染；NO_2是臭氧的重要前体物，在足够的光照条件下与挥发性有机物VOCs发生反应就会产生臭氧和光化学烟雾，引发二次颗粒物污染，加剧空气PM2.5污染。不仅如此，NO_2也是城市酸雨的罪魁祸首之一。除此之外，NO_2浓度超标会引起人体显著的健康效应，处于高浓度NO_2

环境下，人体呼吸道会受到不同程度的损伤，引起一系列呼吸道疾病。大气中大部分的NO_2是由NO迅速被O_3氧化后产生的，人为活动排放的NO_2打破自然界NO的相对平衡，化石燃料燃烧、废品处理、机动车辆等人为活动均会产生大量NO_2。随着国家一系列污染治理政策的颁布，通过对NO_2的来源分析，从生产环节进行整治。利用卫星遥感技术，通过大尺度空间范围NO_2的有效监测，为污染整治过程中的NO_2溯源、扩散、预防提供科学的依据。

7.1.1　2021年中国NO_2柱浓度监测

（1）2021年中国NO_2柱浓度年均值监测

基于AURA/OMI卫星数据，在晴空大气条件下，使用差分光学吸收光谱反演算法（DOAS）反演NO_2对流层柱浓度，由于OMI传感器较高的光谱分辨率、空间分辨率、时间分辨率和信噪比等优点，可以获得中国地区OMI长时间序列的NO_2污染监测结果，该数据可应用于污染气体的监测和空气预报。中国地区2021年大气NO_2对流层柱浓度遥感监测结果见图1。

中国大气NO_2柱浓度的高值区主要集中在京津冀地区、长江三角洲地区和珠江三角洲地区，河南北部、山东西部、陕西西安等地也存在不同程度的NO_2柱浓度高值区（见图1）。NO_2柱浓度的高低与研究区域的机动车数量、煤炭消耗、气象条件、地理环境等因素密切相关，在一定程度上可以反映当地的工业排放量。2021年全国NO_2柱浓度年均值为2.24×10^{15} molec./cm^2。

（2）2021年中国NO_2柱浓度月均值监测

2021年中国地区NO_2柱浓度月均值卫星监测结果见图2。中国地区NO_2高值分布区域与人口分布、城市群、城市工业水平存在相关性，NO_2柱浓度的高低，与当地机动车数量、工业活动强度、气象条件、地形等因素密切相关。逐月的NO_2高值区域基本分布在京津冀及周边地区、汾渭平原及周边地区、长三角及周边地区、四川及周边地区、珠三角及周边地区。受气候和人为活动的影响，NO_2污染存在季节差异性，春季（3~5月）、冬季（12~2月）污染严重，秋季（9~11月）污染水平次之，夏季（6~8月）污染水平最低。珠三角等南方地区受夏季高温高湿气候的影响，NO_2柱浓度存在夏季急剧降低的现象，该现象也存在于其他重点城市群，但下降幅度较小。冬季，NO_2污染最严重，这是由于冬季取暖，化石燃料需求大，煤炭燃烧导致大量的NO_2排放到大气中。

2021年中国地区NO_2柱浓度月均值卫星监测统计结果见图3。2021年中国区域12月份NO_2柱浓度达到最高值3.51×10^{15} molec./cm^2，9月份NO_2柱浓度达到最低值1.67×10^{15} molec./cm^2。从时间趋势看，NO_2具有明显的季节差异性，冬季NO_2污染严重，3月份NO_2柱浓度开始降低，9月份NO_2柱浓度降至最低值，然后随着化石燃料消耗增多等原因，

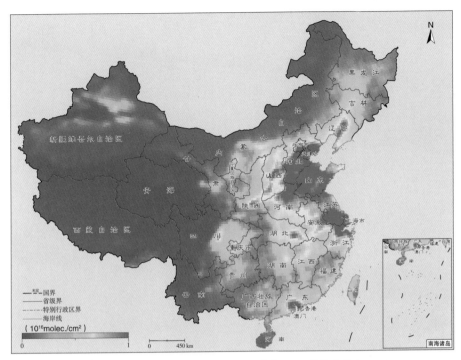

图1　2021年卫星遥感监测中国大气 NO₂ 柱浓度分布

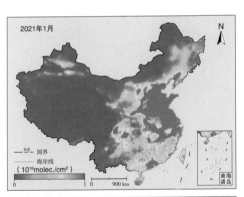

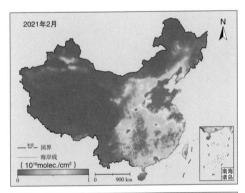

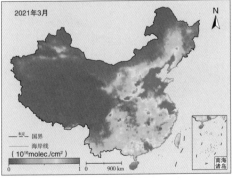

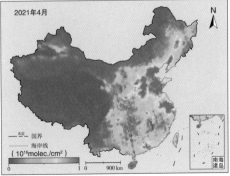

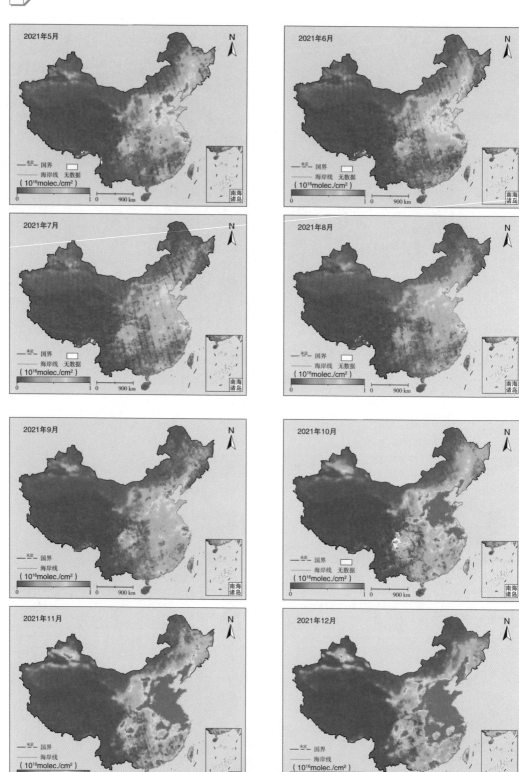

图 2　2021 年卫星遥感监测中国大气 NO$_2$ 柱浓度月均值分布

NO_2柱浓度开始升高，中国全年NO_2污染严重月份分别为1月（3.17×10^{15} molec./cm^2）、11月（3.22×10^{15} molec./cm^2）、12月（3.51×10^{15} molec./cm^2）。

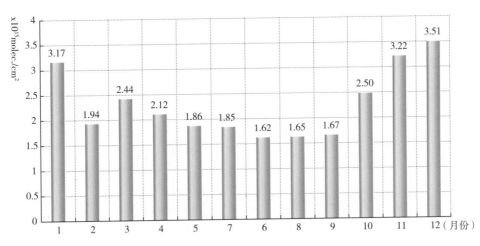

图3　2021年中国地区NO_2柱浓度月均值卫星监测统计结果

7.1.2　2021年重点地区NO_2柱浓度监测

（1）2021年重点地区NO_2柱浓度年均值监测

人为源NO_2排放量可以近似反映一个城市的工业生产能力。因此，中国不同工业产能等级的城市群NO_2排放量的数值也存在明显差异。中国典型城市群分别为"2+26"城市、长三角、珠三角、汾渭和成渝地区，通过对以上5个城市群进行NO_2柱浓度卫星遥感监测，可以反映节能减排、绿色生产的污染治理效果。图4~8分别为"2+26"城市、长三角、珠三角、汾渭和成渝地区2021年大气NO_2柱浓度分布情况，NO_2柱浓度分别为10.3×10^{15} molec./cm^2、7.87×10^{15} molec./cm^2、7.37×10^{15} molec./cm^2、5.66×10^{15} molec./cm^2、1.85×10^{15} molec./cm^2。"2+26"城市NO_2柱浓度值最高，高值区域为天津市、淄博市；成渝地区NO_2柱浓度值最低。上海市西北部及江苏省东南部、珠三角中部、吕梁市晋中市交接处、成都市、重庆市等地存在NO_2柱浓度高值区。

（2）2021年重点地区NO_2柱浓度月均值监测

2021年重点地区NO_2柱浓度月均值卫星监测统计结果见图9。重点区域NO_2柱浓度值时间变化趋势与中国区域NO_2柱浓度月均值时间变化趋势一致，冬季NO_2柱浓度月均值高、夏季NO_2柱浓度月均值低。"2+26"城市群NO_2柱浓度全年月均值均高于其他城市群，长三角地区NO_2柱浓度月均值次之。成渝地区NO_2柱浓度月均值最低。

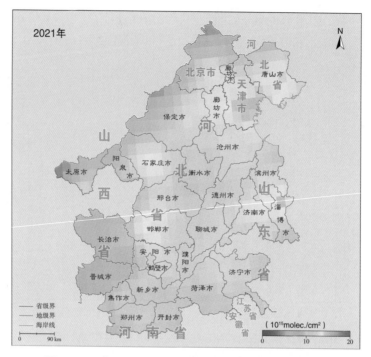

图4 2021年"2+26"城市地区大气 NO$_2$ 柱浓度年均值分布

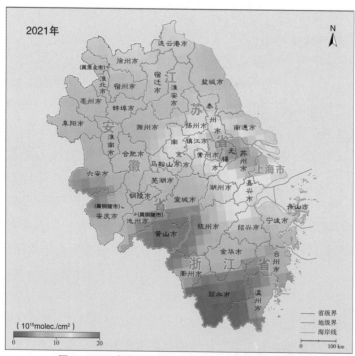

图5 2021年长三角地区大气 NO$_2$ 柱浓度年均值分布

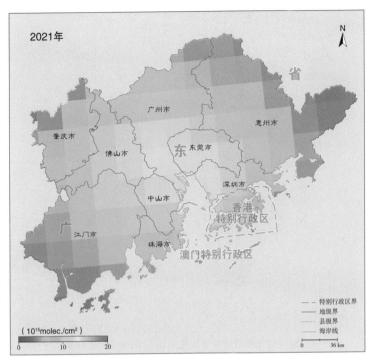

图6 2021年珠三角地区大气NO₂柱浓度年均值分布

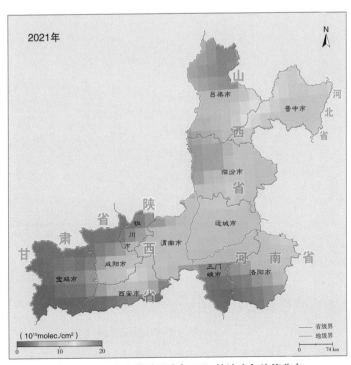

图7 2021年汾渭地区大气NO₂柱浓度年均值分布

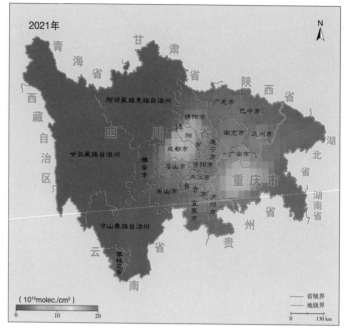

图8　2021年成渝地区大气 NO_2 柱浓度年均值分布

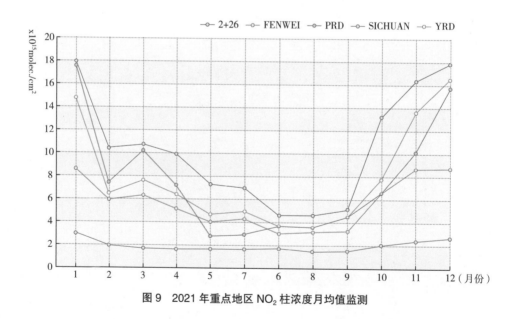

图9　2021年重点地区 NO_2 柱浓度月均值监测

　　2021年重点地区 NO_2 柱浓度月均值卫星监测结果分别见图10~14。"2+26"城市群1月（ $17.93 \times 10^{15} molec./cm^2$ ）、11月（ $16.35 \times 10^{15} molec./cm^2$ ）、12月（ $17.85 \times 10^{15} molec./cm^2$ ） NO_2 柱浓度较高，区域整体 NO_2 污染严重。天津市、淄博市、滨州市、济南市在2~4月存在污染高值。

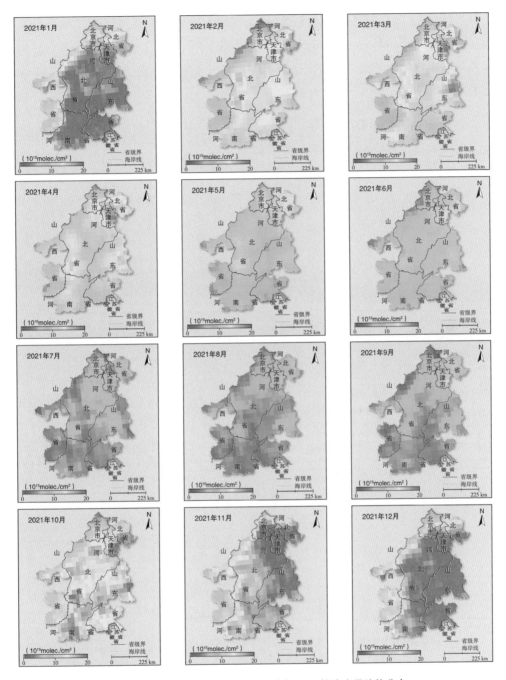

图10 2021年"2+26"城市地区大气 NO_2 柱浓度月均值分布

长三角地区2021年 NO_2 柱浓度月均值卫星监测结果显示，NO_2 污染高值区主要集中在上海市和江苏省、浙江省、安徽省的交界处，尤其是江苏省东南部和上海市西北部区域，该区域常年 NO_2 柱浓度高于周边区域。

珠三角地区2021年NO$_2$柱浓度月均值卫星监测结果显示，1月（14.78×10^{15}molec./cm^2）、12月（16.53×10^{15}molec./cm^2）NO$_2$污染较为严重，NO$_2$柱浓度远高于其他月份。NO$_2$柱浓度高值区主要集中于珠三角中部区域（广州市、东莞市、佛山市、中山市）。

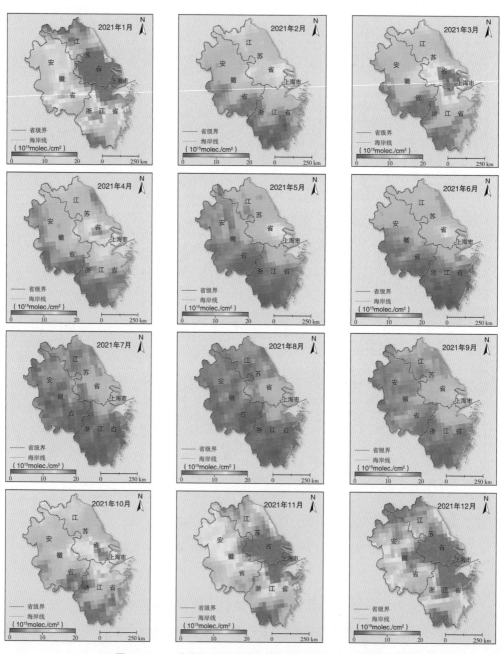

图11　2021年长三角地区大气 NO$_2$ 柱浓度月均值分布

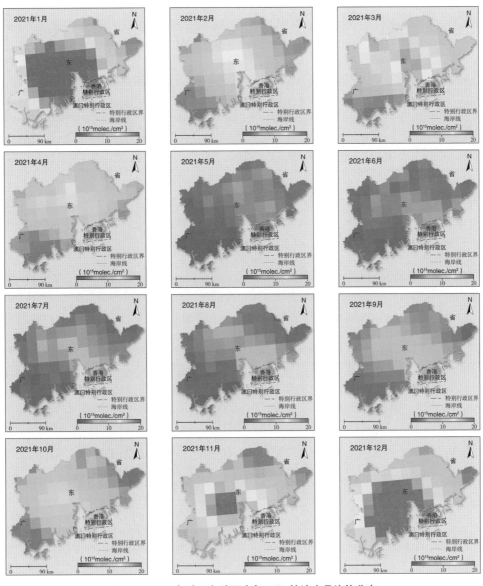

图 12　2021 年珠三角地区大气 NO$_2$ 柱浓度月均值分布

　　汾渭地区2021年NO$_2$柱浓度月均值相比以上3个区域较低。1月、10~12月NO$_2$柱浓度值低于同时间段"2+26"城市、珠三角、长三角NO$_2$柱浓度。高值区集中于晋中市、洛阳市、西安市。

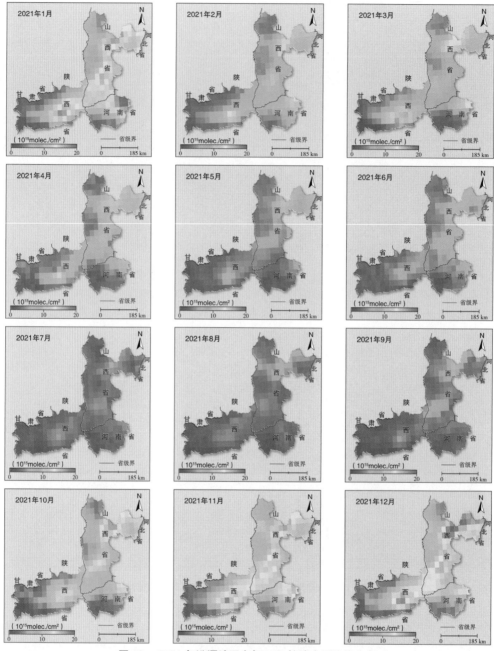

图 13　2021 年汾渭地区大气 NO$_2$ 柱浓度月均值分布

　　成渝地区2021年NO$_2$柱浓度月均值相比以上4个城市群最低。成渝地区受地形和高温高湿气候影响，该地区NO$_2$柱浓度整体较低，主要集中于重庆市和成都市人口密集区域，以上两个区域NO$_2$柱浓度季节差异性仍十分明显。

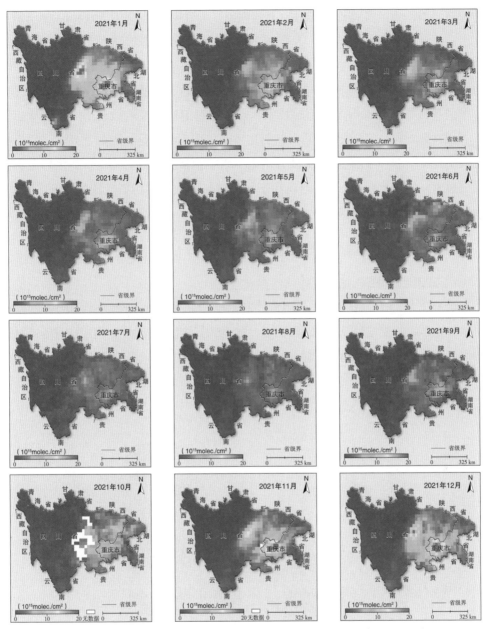

图 14 2021 年成渝地区大气 NO₂ 柱浓度月均值分布

7.2 大气 SO₂ 遥感监测

SO₂是一种简单、无色、有刺激性的硫氧化物污染气体，是大气环境中主要的污染物之一。SO₂溶于水会产生亚硫酸，亚硫酸进一步与PM2.5发生氧化反应，生成硫酸雾或硫酸盐气溶胶，是环境酸化的重要前驱物。SO₂不仅对大气环境具有污染性，而且对人体健康具有严重的危害性。SO_2是3类致癌物,大气中SO_2浓度超过0.5ppm便会对人体产生潜在影响,随着浓度提高,人体呼吸道疾病发病率逐渐提高。大气中 SO_2 排放源主要有自然源(含硫矿石的分解,浮游植物产生的硫酸二甲酯,火山喷发以及非喷发期岩浆挥发等)和人为源(含硫矿石的冶炼,煤、油、天然气的燃烧,工业废气和机动车辆的排气等)。根据卫星遥感技术特点,通过卫星影像可以获得大尺度空间范围的SO_2污染分布情况,弥补地面站点监测在空间尺度上的不足;除此之外,卫星遥感技术能够实现SO_2长时间序列持续监测,可以为污染预报提供具有参考价值的历史数据。卫星遥感SO_2监测结果可以被广泛应用于城市群与区域尺度污染气体的监测,为SO_2污染治理提供准确的数据支撑。

7.2.1 2021年中国SO_2柱浓度监测

(1)2021年中国SO_2柱浓度年均值监测

基于AURA/OMI卫星数据,利用紫外312 – 327nm窗口或以其为中心的扩展窗口,使用差分光学吸收光谱反演算法(DOAS)反演SO_2对流层柱浓度,由于OMI传感器较高的光谱分辨率、空间分辨率、时间分辨率和信噪比等优点,可以获得中国地区长时间序列的SO_2污染监测结果。该数据应用于污染气体的监测和空气预报等方面。2021年,中国地区大气SO_2柱浓度遥感监测详细情况见图15。中国地区2021年大气SO_2柱浓度高

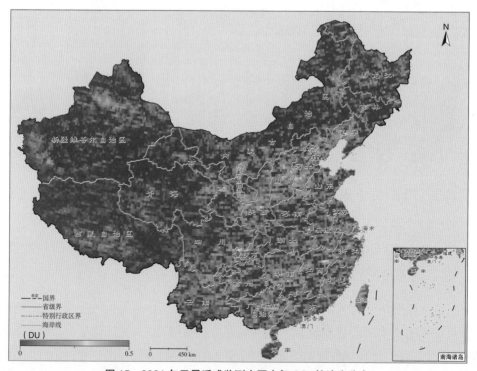

图15 2021年卫星遥感监测中国大气 SO_2 柱浓度分布

值区主要位于山西省中部和南部、河北省西南部、河南省北部和山东省北部、辽宁省、江西省东北部等地区。2021年SO_2柱浓度为0.056 DU。

（2）2021年中国SO_2柱浓度月均值监测

大气中人为源排放的SO_2总量，与人类活动密切相关。其中SO_2主要来源于含硫矿石的冶炼，煤、油、天然气的燃烧，工业废气和机动车辆的排气等。因此，中国不同季节、不同地区的SO_2排放量存在差异。2021年中国地区SO_2柱浓度月均值卫星监测结果见图16。2021年中国地区SO_2不同月份污染程度差距较少，3月份山西省及周边地区出现SO_2严重污染天气，其余月份SO_2高值区均零散分布在各省市城市群，不存在大范围区域SO_2污染严重现象。相比其他季节，冬季SO_2高值区数量增多，这与冬季取暖化石燃料需求增多有关；其他季节存在较低高值区，较高高值区数量远少于冬季高值区数量。2021年中国地区SO_2柱浓度月均值卫星监测统计结果见图17。中国地区SO_2柱浓度月均值存在季节差异性。其中，1~7月份SO_2柱浓度值呈现下降趋势，8~12月份SO_2柱浓度值呈现上升趋势。2021年3月出现SO_2柱浓度月均值极高值，SO_2柱浓度月均值为0.18DU，11月（0.17DU）、12月（0.16DU）次之。5~9月份SO_2柱浓度月均值处于较低水平，7月份SO_2柱浓度月均值最低，为0.1DU。

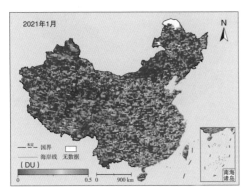

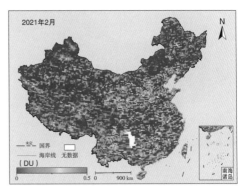

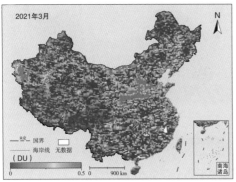

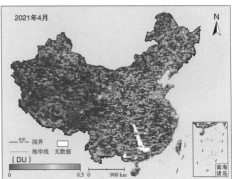

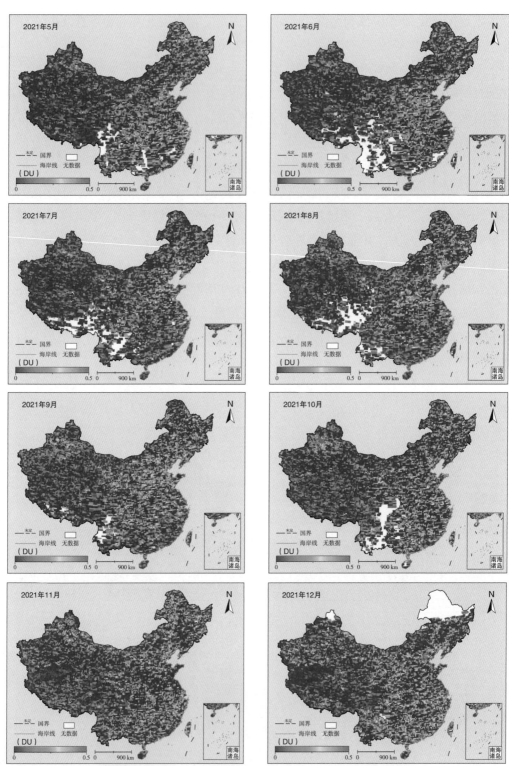

图 16　2021 年卫星遥感监测中国大气 SO$_2$ 柱浓度月均值分布

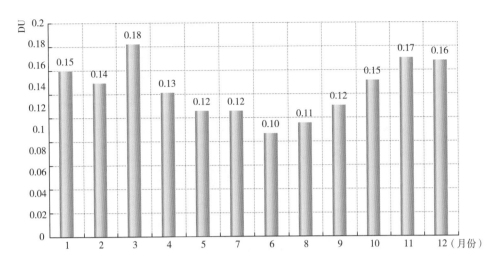

图 17　2021 年中国地区 SO_2 柱浓度月均值卫星监测统计结果

7.2.2　2021年重点地区SO_2柱浓度监测

（1）2021年重点地区SO_2柱浓度年均值监测

2021年"2+26"城市、长三角、珠三角、汾渭和成渝地区SO_2柱浓度年均值分别为0.104DU、0.076DU、0.074DU、0.103DU和0.062DU（见图18~22）。随着我国污染防控措施的完善，煤炭脱硫等绿色生产技术普及，新型清洁能源逐渐替换原始化石燃料，我国大部分地区SO_2污染得到很好治理，2021年我国大部分地区大气SO_2柱浓度水平普遍偏低。长三角、珠三角城市群无明显的SO_2柱浓度高值区，"2+26"城市、成渝地区大部分区域SO_2柱浓度处于较低水平，其中邢台市、阳泉市、重庆市存在SO_2柱浓度高值区。作为煤炭能源消耗占比较高、SO_2污染问题突出的汾渭地区SO_2柱浓度也降低了，除去3月份SO_2严重污染天气，其余时间，汾渭地区SO_2柱浓度处于较低水平，咸阳市、晋中市仍存在SO_2柱浓度高值区。

（2）2021年重点地区SO_2柱浓度月均值监测

2021年重点地区SO_2柱浓度月均值卫星监测统计结果见图23。重点区域SO_2柱浓度值时间趋势变化不大，3月份"2+26"城市群、汾渭平原出现SO_2严重污染天气，SO_2柱浓度值远高于其他月份。其他月份，重点城市群SO_2柱浓度相差不大，存在轻微季节性差异，春季、冬季SO_2柱浓度略高于夏季、秋季。

2021年重点地区SO_2柱浓度月均值卫星监测结果分别见图24~28。"2+26"城市群1月（0.25DU）、3月（0.42DU）SO_2柱浓度较高，3月份区域整体SO_2污染严重。唐山市—廊坊市周边市县、襄阳市周边市县SO_2柱浓度高值区出现频率较高。

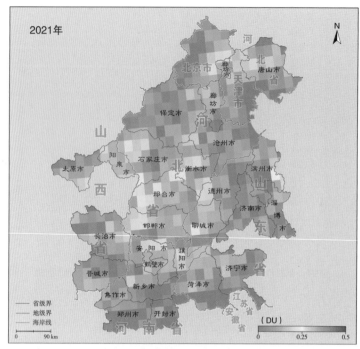

图18　2021年"2+26"城市地区大气 SO_2 柱浓度年均值分布

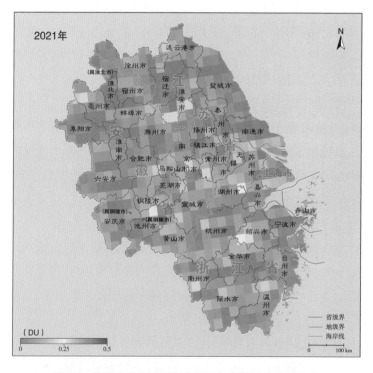

图19　2021年长三角地区大气 SO_2 柱浓度年均值分布

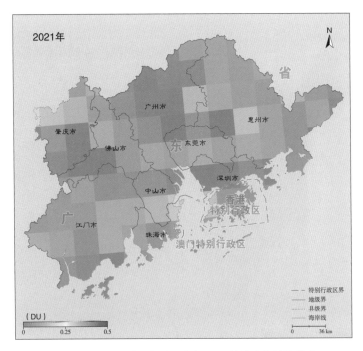

图 20　2021 年珠三角地区大气 SO$_2$ 柱浓度年均值分布

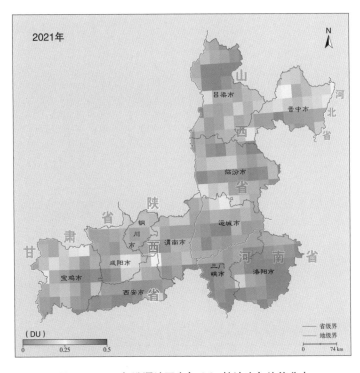

图 21　2021 年汾渭地区大气 SO$_2$ 柱浓度年均值分布

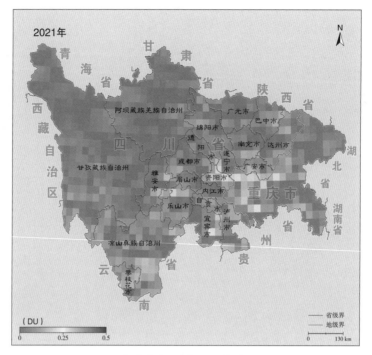

图 22　2021 年成渝地区大气 SO₂ 柱浓度年均值分布

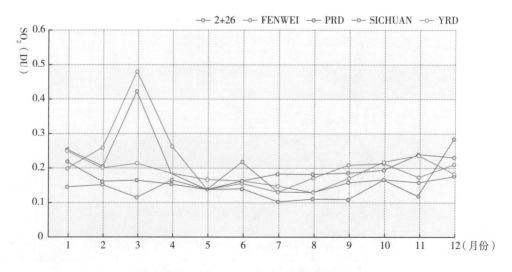

图 23　2021 年重点地区 SO₂ 柱浓度月均值监测

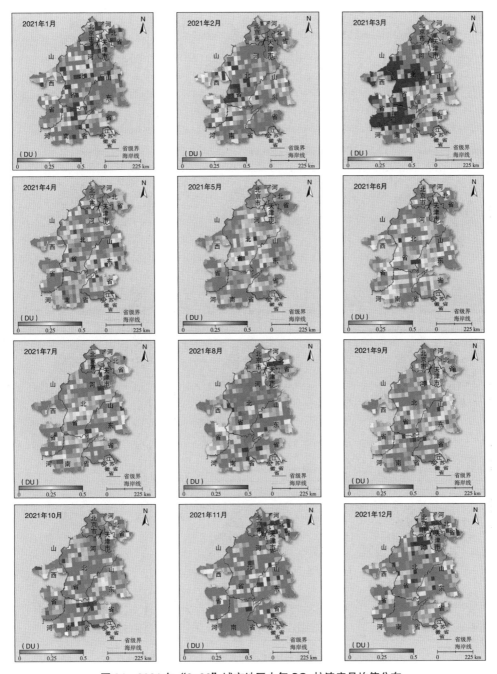

图 24　2021 年"2+26"城市地区大气 SO$_2$ 柱浓度月均值分布

长三角城市群1~3月SO$_2$柱浓度较高，1月份区域整体多地出现SO$_2$污染，SO$_2$柱浓度为0.25DU，5~8月上海及浙江省、安徽省、江苏省SO$_2$污染较轻。安徽省、浙江省SO$_2$柱浓度高值区出现频率较高。

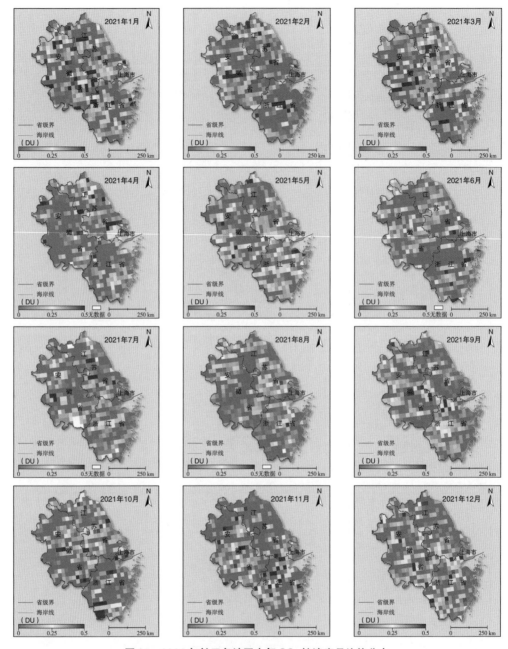

图25　2021年长三角地区大气SO₂柱浓度月均值分布

　　珠三角城市群1月（0.22DU）、12月（0.28DU）SO₂柱浓度较高，SO₂柱浓度高值区主要分布在江门市、佛山市、东莞市。其余月份，珠三角地区SO₂柱浓度普遍较低。

　　汾渭城市群2~4月SO₂柱浓度较高，3月份出现了大面积SO₂柱浓度高值区，SO₂柱浓度为0.48DU，SO₂污染高值区主要分布在晋中市、运城市、临汾市、咸阳市、宝鸡市。其余月份，汾渭地区SO₂柱浓度普遍较低。

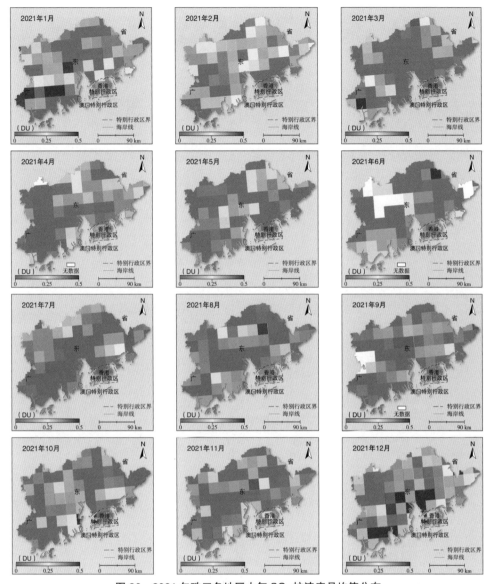

图 26　2021 年珠三角地区大气 SO₂ 柱浓度月均值分布

成渝地区全年SO₂柱浓度较高区域分布在重庆市和四川省交界处，高值区域出现在人口密集聚集地。

7.3　秸秆焚烧遥感监测

秸秆通常指小麦、玉米、水稻、油菜、棉花等成熟粗粮、农作物茎叶部分。传统上农民处理秸秆的主要方式之一是就地焚烧，但是该方法会造成大气污染，秸秆不充分燃烧

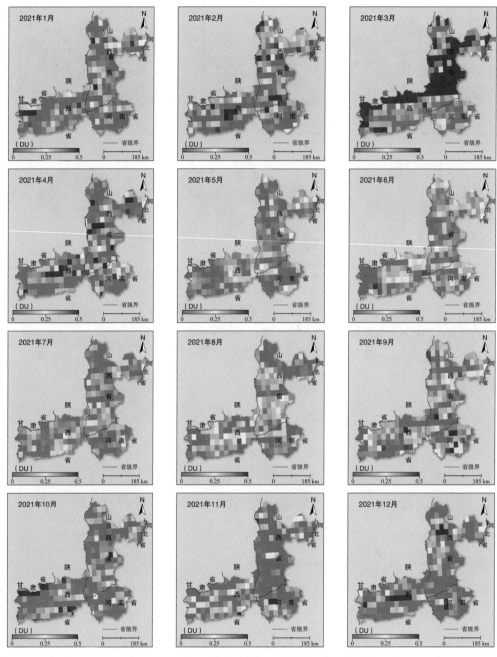

图 27　2021 年汾渭地区大气 SO$_2$ 柱浓度月均值分布

过程中会产生氮氧化合物、碳氢化合物、可吸入颗粒物，以及光化合反应的二次臭氧污染等，危害人体健康；不规范秸秆焚烧活动还会导致林火等火灾。国家出台了一系列农作物秸秆禁烧政策，我国总体秸秆焚烧活动已经减少，但由于部分省市存在极端的气候环境，秸秆自然分解缓慢，秸秆就地焚烧情况仍然存在。农作物收获季节发生的集中秸秆焚烧活动，是局部地区大气污染严重的主要原因。

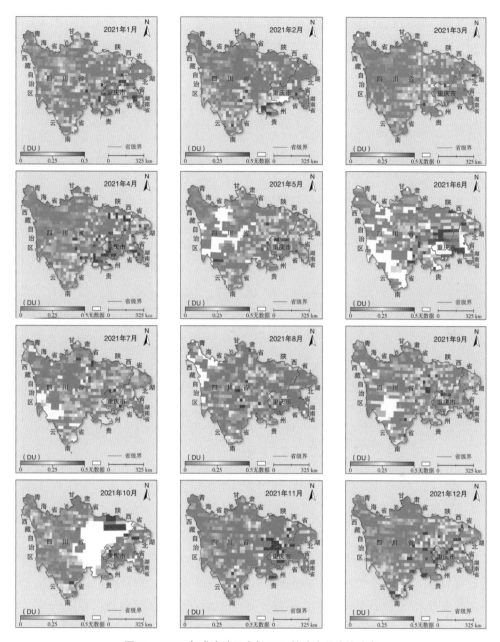

图 28　2021 年成渝地区大气 SO$_2$ 柱浓度月均值分布

7.3.1　2021年中国秸秆焚烧年度监测

基于Terra/MODIS和Aqua/MODIS数据，对2021年中国地区秸秆焚烧点进行监测，获取的2021年全国秸秆焚烧点密度分布情况见图29，各省份监测到的秸秆焚烧点总量见图30、表1。2021年中国地区秸秆焚烧点总量为26718个，上午、下午时间段均存在秸

秆焚烧活动。重点秸秆焚烧区域空间分布相对固定，主要位于东北地区的黑龙江省西南部和三江平原、吉林省西北部、辽宁省中部，以及内蒙古、山西、河南、河北、山东、广西部分地区。

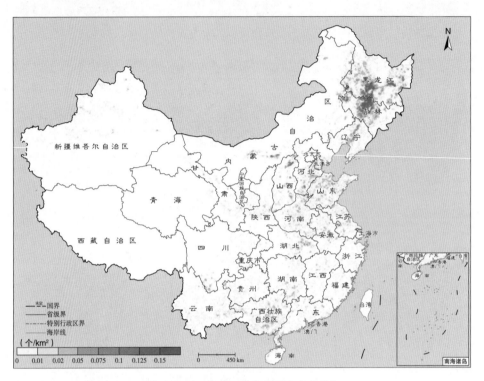

图 29　2021 年中国秸秆焚烧点密度分布

7.3.2　2021年东北地区秸秆焚烧年度监测

东北地势平坦，拥有肥沃的黑土地，适合耕种的土地面积占比高，优越的地理环境适合机械化大面积耕种，是我国重要的农作物生产地。该地区的耕作制度为一年一熟，主要农作物为春小麦、玉米、稻谷，年均产量占该地区粮食总产量的90%以上。东北地区在提供大量粮食的同时，也留下如何处理大量农作物秸秆的问题。作为秸秆焚烧重点区，2021年东北地区秸秆焚烧总量占全国的比例为50.34%。

黑龙江省2021年秸秆焚烧情况较为严重，2021年黑龙江省秸秆焚烧点总量为6687个，其中，黑河市、伊春市、牡丹江市、大兴安岭地区秸秆禁烧控制效果最为显著（见图31）。绥化市东南部、哈尔滨市西部地区以及七台河市、佳木斯市、哈尔滨市交界处，秸秆焚烧活动最为密集。

吉林省2021年秸秆焚烧点数量少于黑龙江省，秸秆焚烧点总量为5689个，吉林省焚烧火点集中在以吉林市—辽源市为界的西北地区，尤其是长春市、四平市和白城市

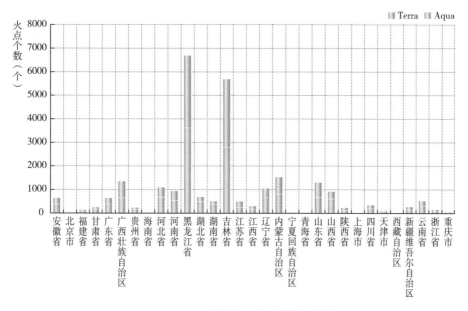

图 30　2021 年各省份秸秆焚烧点统计

表 1　2021 年各省份秸秆焚烧点总量

单位：个

2021 年			
省份	Aqua	Terra	总计（个）
安徽省	380	268	648
北京市	4	11	15
福建省	85	81	166
甘肃省	174	95	269
广东省	396	261	657
广西壮族自治区	659	698	1357
贵州省	163	87	250
海南省	28	22	50
河北省	674	434	1108
河南省	553	402	955
黑龙江省	3623	3064	6687
湖北省	503	204	707
湖南省	391	122	513
吉林省	2809	2880	5689

续表

2021 年			
省份	Aqua	Terra	总计（个）
江苏省	256	269	525
江西省	191	127	318
辽宁省	658	416	1074
内蒙古自治区	814	727	1541
宁夏回族自治区	16	9	25
青海省	24	19	43
山东省	681	642	1323
山西省	610	315	925
陕西省	144	99	243
上海市	5	7	12
四川省	212	146	358
天津市	85	54	139
西藏自治区	5	6	11
新疆维吾尔自治区	135	164	299
云南省	312	238	550
浙江省	107	73	180
重庆市	54	27	81
总计	14751	11967	26718

三个地区最为严重。

辽宁省2021年的秸秆焚烧点总量均大幅低于黑龙江省和吉林省，秸秆焚烧点总量为1074个，秸秆焚烧区主要集中在辽宁省中部地区"盘锦—辽阳—沈阳—铁岭"一带。

通过分析东北地区三个省份的秸秆焚烧月变化发现（图32），东北地区的秸秆焚烧峰期主要集中在3月、4月和10月份，这三个月的焚烧数量达到该地区全年总量的88%以上。秸秆焚烧峰期与东北地区三个省份的农事活动以及气候条件有关，10月份为东北农作物秋收时间，受国家秸秆焚烧管理政策的约束，该时间段秸秆焚烧火点数较少。由于东北三省位于我国高寒地带，积雪覆盖时间久，导致农作物秸秆分解缓慢，3月、4月为东北小麦、玉米播种期，农田中残留的秋收农作物秸秆仍需焚烧清理，导致3月、4月出现秸秆焚烧高峰，火点量大、焚烧面积广。相比辽宁省、吉林省，黑龙江省

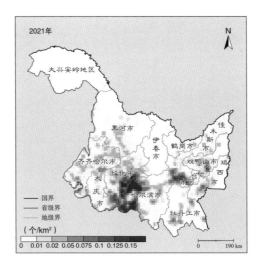

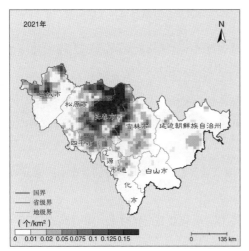

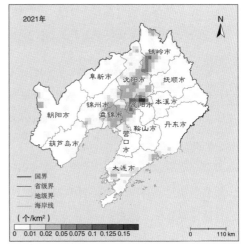

图31　2021年黑龙江省、吉林省和辽宁省秸秆焚烧点密度分布

冰期更长，所以，3月份火点数量低于吉林省。4月份，黑龙江省秸秆焚烧火点数为5419个，吉林省为4789个，分别占各区域全年秸秆焚烧点个数的81%、84%。

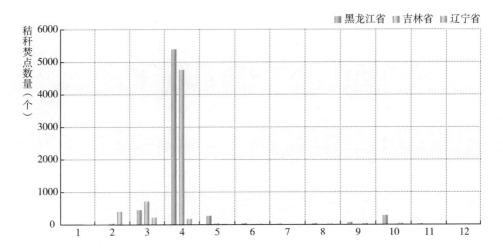

图32　2021年黑龙江省、吉林省和辽宁省秸秆焚烧点数量月变化柱状图

参考文献

[1]　Cheng L ,Tao J,Valks P, et al. "NO$_2$ Retrieval from the Environmental Trace Gases Monitoring Instrument (EMI): Preliminary Results and Intercomparison with OMI and TROPOMI". *Remote Sensing*, 2019, 11(24): 3017.

[2]　徐奔奔、范萌、陈良富等：《2013年—2017年主要农业区秸秆焚烧时空特征及影响因素分析》，《遥感学报》2020年第10期，第1221~1232页。

[3]　程良晓、陶金花、余超等：《高分五号大气痕量气体差分吸收光谱仪对流层NO$_2$柱浓度遥感反演研究》，《遥感学报》2021年第25期，第2313~2325页。

[4]　Yan Huanghuan, Chen L, Tao J, et al. "Corrections for OMI SO$_2$ BRD Retrievals Influenced by Row Anomalies". *Atmospheric Measurement Techniques*, 2012, 5(11): 2635–2646.

G.8
温室气体遥感监测

摘　要： 联合国政府间气候变化专门委员会（IPCC）第6次评估报告第一工作组报告指出，2010~2019年全球表面温度较1850~1900年升高了超过1℃，温室气体变化对全球变暖的贡献最大。自1750年至2019年，二氧化碳增长到409.9±0.4ppm（增加了131.6±2.9ppm，47.3%），甲烷增长到1866.3±3.3ppm（增加了1137±10ppm，增长156%）。利用卫星遥感监测温室气体形成一种综合的"自上而下"的约束，可以减少国家排放清单报告的不确定性，为国家自主贡献（NDC）的进展提供及时的量化指导，并且可以跟踪人类活动（森林砍伐、生态系统退化、火灾）和气候变化（干旱、温度压力、永久冻土融化以及海洋热力、动力结构的变化等）引起的自然碳循环变化。本报告基于多源卫星遥感数据以及地面TCCON站点观测数据，研制了2019年至2021年近地面XCO_2和XCH_4柱浓度卫星遥感数据集，并分析了重点城市的XCO_2和XCH_4浓度变化趋势。研究结果表明：2019年至2021年中国区域XCO_2柱浓度年均值分别为408.13ppm、410.47ppm和414.03ppm，2021年较2020年增长了近1%。2019年、2020年和2021年全国XCH_4柱浓度年均值分别为1.86ppm、1.88ppm和1.90ppm，平均每年增长约1%。大气温室气体的高值区域和人口密集区域重叠，而且温室气体浓度增速未减，说明我国温室气体减排压力还很大。北方"2+26"城市、长三角、珠三角、汾渭平原和成渝地区等主要经济区域的温室气体浓度高于全国平均值，但部分城市平均增速略低于全国平均值，说明国家能源结构改革在大城市试点已初见成效。

关键词： XCO_2　XCH_4　卫星遥感

8.1　大气二氧化碳（XCO_2）遥感监测

8.1.1　2019~2021年中国区近地面XCO_2柱浓度监测

卫星可以使用短波红外和热红外波段遥感监测XCO_2，由于近红外波段对近地面的二氧化碳敏感度更高，为探测人类活动对大气二氧化碳的影响，目前使用短波近红外波段。

目前可以探测近地面XCO_2的主要有日本GOSAT/ GOSAT-2、欧洲航天局ENVISAT卫星上的扫描成像光谱仪SCIAMACHY以及美国航空航天局的OCO-2，国产碳卫星、高分5号01星和02星、风云3D上搭载的GAS，以及2022年4月我国发射的大气一号卫星，其搭载了全球首个主动探测XCO_2激光雷达。本文内容基于2014年至2022年在轨运行的GOSAT/ GOSAT-2、OCO-2/3、碳卫星、高分5号01星和02星等数据，通过质量控制以及地面验证，利用高精度曲面模型融合多星的遥感数据，制作中国区2019~2021年XCO_2数据集。中国大气XCO_2柱浓度遥感监测详细情况见图1、图2和图3。

中国大气XCO_2柱浓度的高值区主要集中在京津冀地区、长江三角洲地区和珠江三角洲地区，山东、新疆乌鲁木齐和陕西关中等地也存在不同程度的XCO_2柱浓度高值区（见图1、图2、图3）。XCO_2柱浓度的高低，与当地的化石燃料消耗等工业活动强度、气象条件、地形等因素密切相关。2019年、2020年和2021年全国XCO_2柱浓度年均值分别为407.21ppm、409.98ppm和414.35ppm。

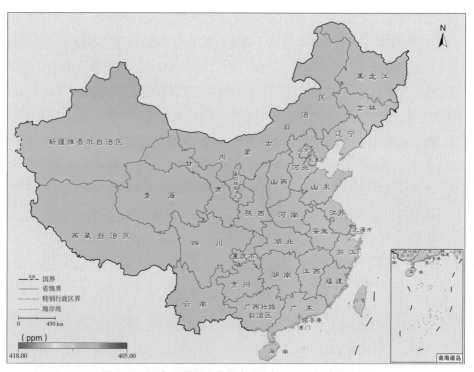

图1 2019年卫星遥感监测中国大气XCO_2柱浓度分布

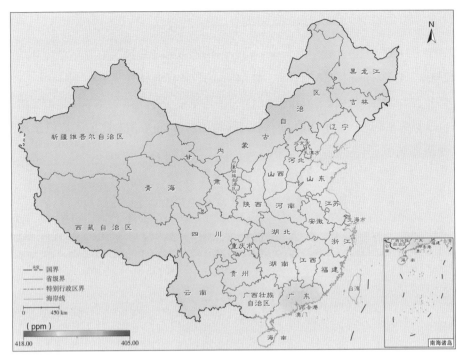

图 2　2020 年卫星遥感监测中国大气 XCO$_2$ 柱浓度分布

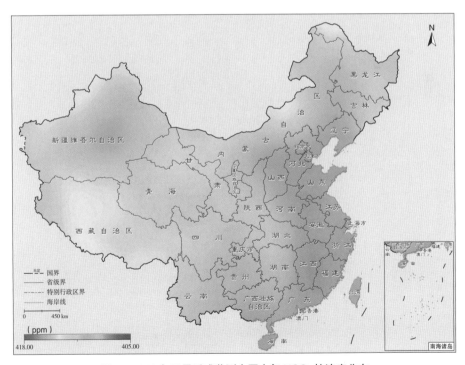

图 3　2021 年卫星遥感监测中国大气 XCO$_2$ 柱浓度分布

8.1.2 重点地区XCO$_2$柱浓度监测

2021年"2+26"城市、长三角、珠三角、汾渭地区和成渝地区XCO$_2$柱浓度年均值分别为416.12 ppm、415.92 ppm、416.22 ppm、414.45 ppm和414.09ppm（见表1、图4~8）。

2019年至2021年"2+26"城市群XCO$_2$的平均浓度分别为409.56 ppm、412.10 ppm、416.12 ppm（见表1）。年平均值高于中国区均值2~3ppm。相对高值区域位于河南北部和河北西南部城市。

表 1 重点地区 XCO$_2$ 柱浓度

单位：ppm

区域	中国区	"2+26"城市	长三角	珠三角	汾渭地区	成渝地区
2019 年	407.21	409.56	411.02	409.23	407.63	407.98
2020 年	409.98	412.10	412.23	413.41	412.05	411.88
2021 年	414.35	416.12	415.92	416.22	414.45	414.09

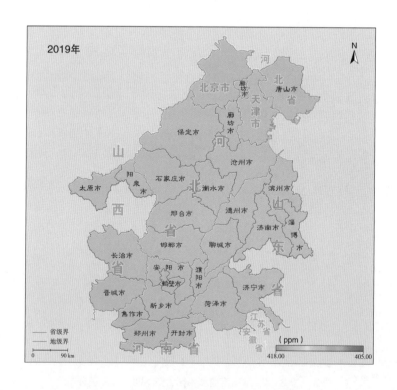

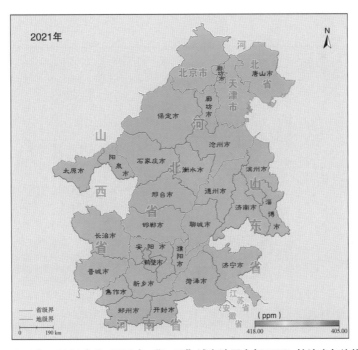

图4　2019年、2020年和2021年"2+26"城市地区大气XCO$_2$柱浓度年均值分布

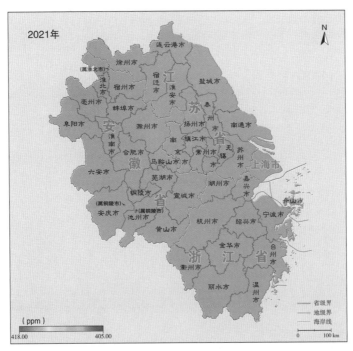

图5　2019 年、2020 年和 2021 年长三角地区大气 XCO$_2$ 柱浓度年均值分布

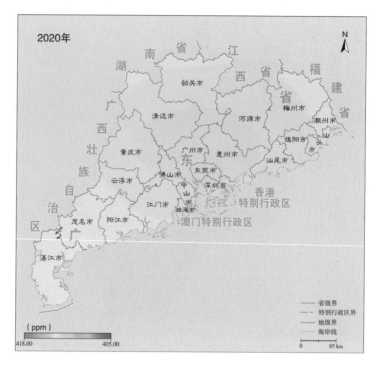

图 6　2019 年、2020 年和 2021 年珠三角地区大气 XCO$_2$ 柱浓度年均值分布

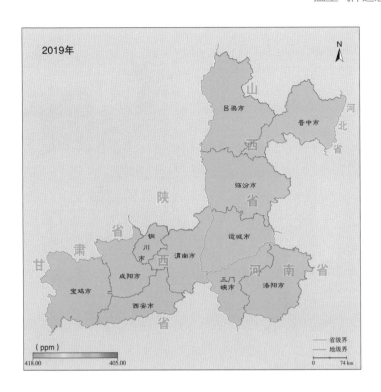

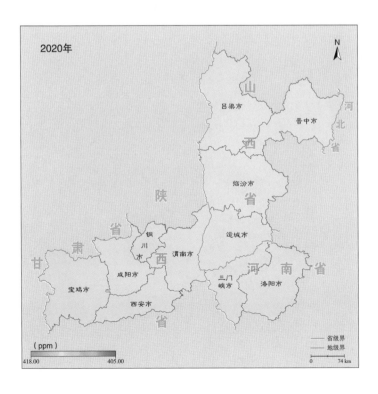

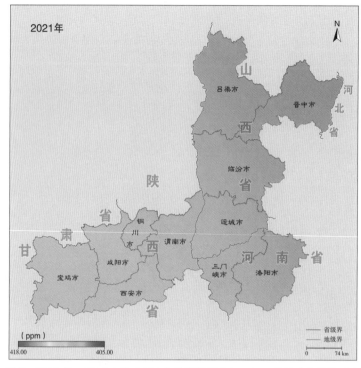

图 7　2019 年、2020 年和 2021 年汾渭地区大气 XCO_2 柱浓度年均值分布

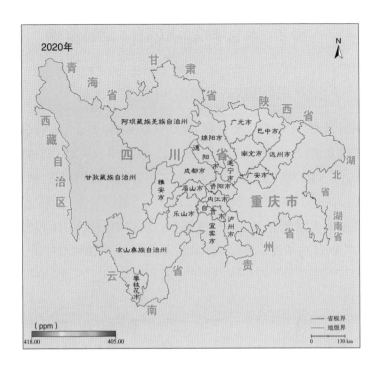

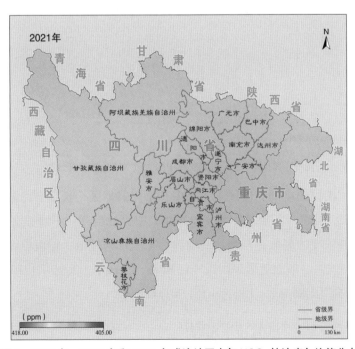

图 8　2019 年、2020 年和 2021 年成渝地区大气 XCO₂ 柱浓度年均值分布

8.2　大气甲烷（XCH₄）遥感监测

8.2.1　2019~2021年中国区近地面XCH₄柱浓度监测

目前可以探测近地面CH_4的主要有日本GOSAT/ GOSAT-2、欧洲航天局ENVISAT卫星上的扫描成像光谱仪SCIAMACHY、Sentinel-5P上搭载的TROPOMI，以及我国的高分5号01星和02星、FY3D上搭载的GAS。本文内容基于2014年至2022年在轨运行的GOSAT/ GOSAT-2、Sentinel-5P、高分5号01/02星等数据，通过质量控制以及地面验证，使用高精度曲面模型融合多星的遥感数据，制作中国区XCH_4数据集。2019年至2021年，中国大气XCH_4柱浓度遥感监测详细情况见图9、图10和图11。

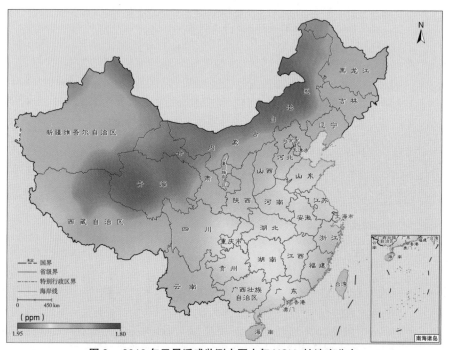

图9　2019年卫星遥感监测中国大气 XCH₄ 柱浓度分布

中国大气XCH_4柱浓度的高值区主要集中在京津冀地区、长江三角洲地区和珠江三角洲地区、山东、川渝，新疆乌鲁木齐和陕西关中等地也存在不同程度的XCH_4柱浓度高值区。XCH_4柱浓度的高低，与当地的动物养殖、水稻种植、垃圾填埋场分布等人类活动强度、气象条件、本地地形等因素密切相关。2019年、2020年和2021年全国XCH_4柱浓度年均值分别为1.86ppm、1.88ppm和1.90ppm。

8.2.2　重点地区XCH₄柱浓度监测

2021年"2+26"城市、长三角、珠三角、汾渭地区和成渝地区XCH_4柱浓度年均值

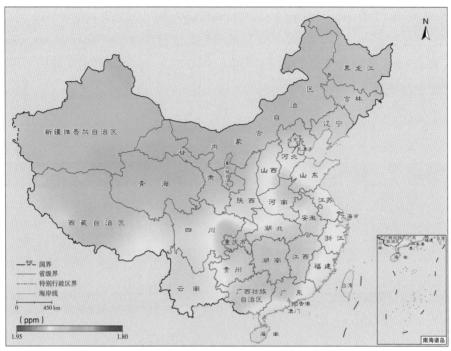

图 10　2020 年卫星遥感监测中国大气 XCH$_4$ 柱浓度分布

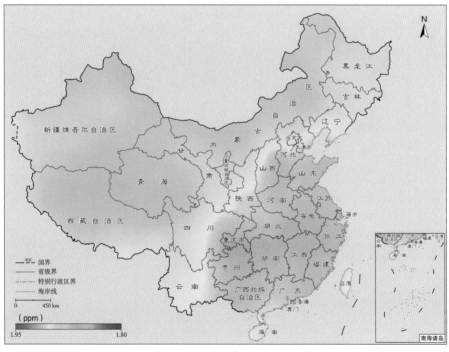

图 11　2021 年卫星遥感监测中国大气 XCH$_4$ 柱浓度分布

分别为1.91ppm、1.93ppm、1.93ppm、1.91ppm和1.92ppm（见表2、图12~16）。

2019年至2021年"2+26"城市XCH₄的平均浓度分别为1.88 ppm、1.90 ppm、1.91 ppm（见表2）。年平均值高于中国区均值0.01~0.02ppm。相对高值区域位于河南北部和河北西南部城市。

表 2 重点地区 XCH₄ 柱浓度

单位：ppm

区域	中国区	"2+26" 城市	长三角	珠三角	汾渭地区	成渝地区
2019 年	1.86	1.88	1.91	1.91	1.87	1.90
2020 年	1.88	1.90	1.92	1.92	1.89	1.91
2021 年	1.90	1.91	1.93	1.93	1.91	1.92

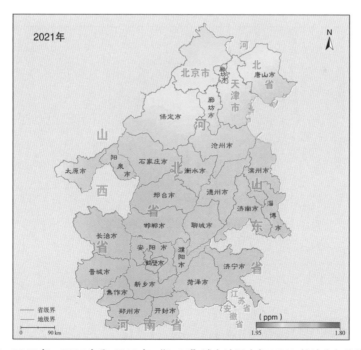

图 12　2019 年、2020 年和 2021 年 "2+26" 城市地区大气 XCH$_4$ 柱浓度年均值分布

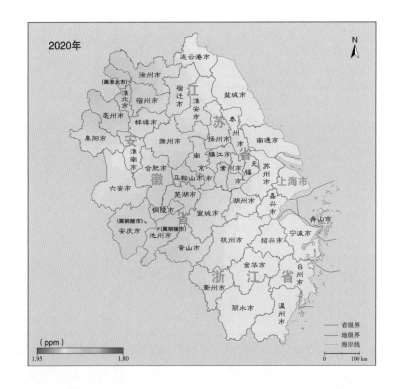

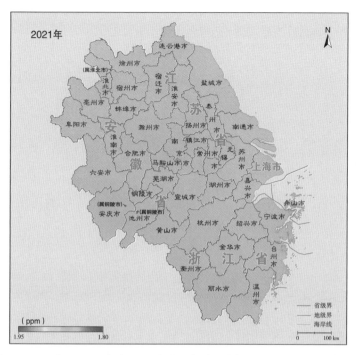

图 13　2019 年、2020 年和 2021 年长三角地区大气 XCH₄ 柱浓度年均值分布

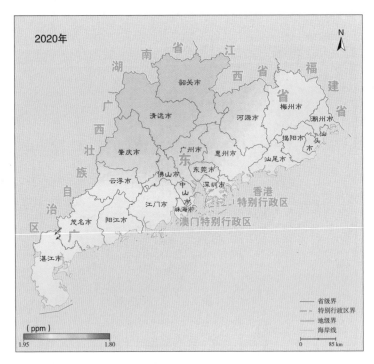

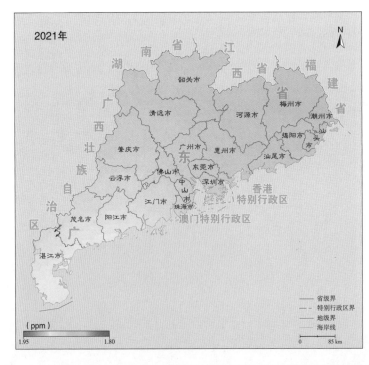

图14　2019年、2020年和2021年珠三角地区大气XCH₄柱浓度年均值分布

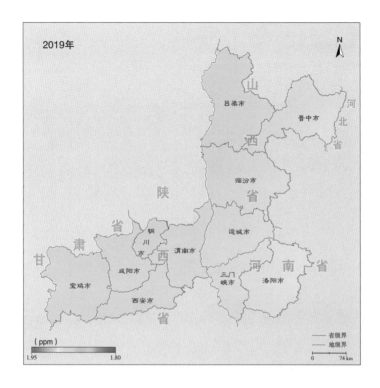

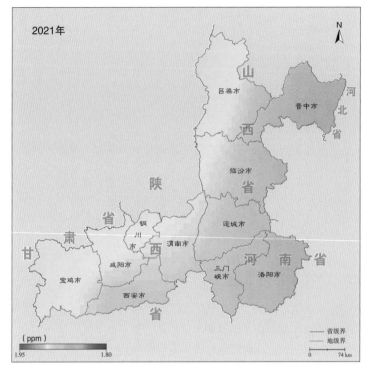

图15 2019年、2020年和2021年汾渭地区大气XCH₄柱浓度年均值分布

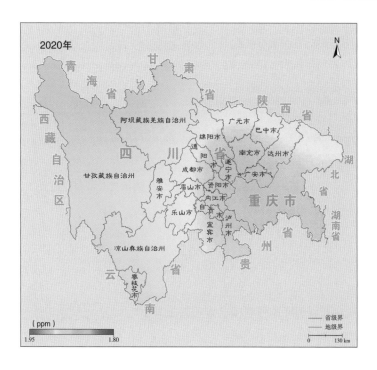

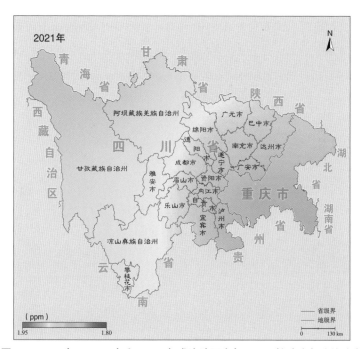

图 16　2019 年、2020 年和 2021 年成渝地区大气 XCH₄ 柱浓度年均值分布

参考文献

[1] Schneising O. "Analysis and Interpretation of Satellite Measurements in the Near-Infrared Spectral Region: Atmospheric Carbon Dioxide and Methane" [D]. Universität Bremen, 2008.

[2] Kuai L, Natraj V, Shia R L, et al. Channel Selection Using Information Content Analysis: A Case Study of CO_2 Retrieval from Near Infrared Measurements[J]. *Journal of Quantitative Spectroscopy and Radiative Transfer*, 2010, 111(9): 1296-1304.

[3] 张兴赢、孟晓阳、周敏强等：《卫星高光谱大气CO_2探测精度验证研究进展》，《气候变化研究进展》2018年第14期，第602~612页。

[4] Connor B, Bösch H, McDuffie J, et al. "Quantification of Uncertainties in OCO-2 Measurements of XCO_2: Simulations and Linear Error Analysis" [J]. *Atmospheric Measurement Techniques*, 2016, 9(10): 5227-5238.

[5] Butz A, Guerlet S, Hasekamp O, et al. "Toward Accurate CO_2 and CH_4 Observations from GOSAT" [J]. *Geophysical Research Letters*, 2011, 38(14).

[6] Wang H , Jiang F , Liu Y , et al. "Global Terrestrial Ecosystem Carbon Flux Inferred from TanSat XCO_(2) Retrievals". *International Journal of remote Sensing*, 2022(000-001).

[7] Shi H, Li Z, Ye H, et al. "First Level 1 Product Results of the Greenhouse Gas Monitoring Instrument on the GaoFen-5 Satellite". *IEEE Transactions on Geoscience and Remote Sensing*, 2020, 59(2): 899-914.

[8] 赵明伟：《基于优化高精度曲面建模(HASM)的全球二氧化碳时空模拟》[D]，中国科学院大学。

[9] Liu M, van der A R, van Weele M, et al. "A New Divergence Method to Quantify Methane Emissions Using Observations of Sentinel‐5P TROPOMI". *Geophysical Research Letters*, 2021, 48(18): e2021GL094151.

G.9
粤港澳大湾区遥感监测

摘　要： 粤港澳大湾区是我国主要城市群之一，是继纽约湾区、旧金山湾区、东京湾区之后的世界第四大湾区城市群。 粤港澳大湾区城市化起步早、经济发展和基础设施建设速度迅猛，随着城市化进程的持续，已经形成大面积连续分布的城市建成区，生态空间被不断挤占，对城市群气候和生态系统功能产生深刻影响，资源环境和生态安全亟须维护。本报告选取粤港澳大湾区作为城市群生态环境监测的重点区域，从热环境、湿地、水源涵养、碳储量、生境质量5个维度进行生态环境遥感监测。研究结果表明：粤港澳大湾区生态环境总体状况呈现"核心—外围"二元结构，以"广佛廊道"、"莞深廊道" 和 "珠澳廊道"为代表的大湾区核心区生态环境压力较大，而大湾区外围腹地生境状况良好。研究结果可为粤港澳大湾区的城市生态功能维护、生态环境建设和规划提供重要参考，在可持续发展目标和"双碳"目标指引下实现湾区城市群的协调发展。

关键词： 粤港澳大湾区　城市群　生境质量　遥感监测

　　粤港澳大湾区（Guangdong–Hong Kong–Macao Greater Bay Area），简称大湾区（The Greater Bay Area，GBA），是围绕珠江三角洲地区组成的城市群，包括广东省九个相邻城市广州、深圳、珠海、佛山、东莞、中山、江门、惠州、肇庆，以及香港与澳门两个特别行政区，总面积约5.6万平方千米。截至2018年人口达7000万，是中国人均GDP最高、经济实力最强的地区之一。自成立以来，粤港澳大湾区内城镇化高度发达，经济社会发展水平高，是世界上最具发展潜力的湾区之一。四十多年高速的经济发展，极大地改变了区域资源环境条件，出现局部环境恶化，在气候变化的大背景下，极端气象事件频发。本报告基于多源遥感数据和反演模型，对粤港澳大湾区的生态环境开展了多个专题的遥感分析和评估，相关研究结果与应用对实现大湾区可持续发展和生态环境保护具有一定的科学指导意义和数据支持价值。

9.1 热环境报告

粤港澳大湾区地处亚热带沿海，属于夏热冬暖地区，该区域内长夏无冬，高温高湿，高度城市化带来的城市热岛效应十分明显。本报告基于热红外遥感数据，分析了粤港澳大湾区近几年的下垫面地表温度差异。2019年，粤港澳大湾区全域全年平均地表温度（Land Surface Temperature, LST）介于17.15℃至26.53℃，全域平均值为22.41℃（见图1）。从LST的空间分布来看，2019年粤港澳大湾区LST呈现明显的空间异质性。地市尺度上（见图2），位于珠江口沿岸、大湾区核心的广州、东莞、深圳、佛山、中山、珠海6个地级市（以下简称"珠江口6市"）2019年LST均超过22.5℃，其中东莞市最高，为24.25℃。位于大湾区外围的肇庆、江门、惠州3个地级市（以下简称"外围3市"）城市化水平较大湾区核心城市低，绿地、水体等生态空间保持良好的气候调节功能，因此2019年LST也较大湾区核心城市低，其中肇庆市最低，为21.49℃。香港和澳门同样是城市化高度发展的区域，但由于生态空间保持良好，2019年LST维持在大湾区核心城市中较低的水平，分别为22.71℃和23.70℃。1千米格网尺度上，粤港澳大湾区2019年LST的空间分布呈现"核心—外围"二元结构，LST高值区主要分布在广州中部和南部、东莞北部和西部、深圳西部、佛山东部以及中山北部等区域，LST低值区则分布在大湾区外围的肇庆、广州北部以及江门、惠州的边缘地带区域。在粤港澳大湾区全域所划分的56074个有效1千米格网单元中，有27129个格网单元LST高于全域平均值，占比48.38%，说明粤港澳大湾区在2019年存在大规模的高地表温度区。结合图3的冷热点分析结果可以得出，粤港澳大湾区2019年LST呈现显著的空间集聚特征。置信度为90%以上的"高—高"集聚热点分布区域与LST高值区分布区相一致。此外，高温热点区域呈现明显的廊道特征，主要是广州中部南部—佛山东部的"广佛廊道"和东莞北部西部—深圳西部北部"莞深廊道"。置信度为90%以上的"低—低"集聚冷点区域则主要分布在肇庆非主城区区域、广州北部和惠州、江门的边缘地带。

图4显示了2020年粤港澳大湾区地表温度空间分布。粤港澳大湾区全域全年LST介于15.17℃~26.04℃，全域平均值为21.84℃，地表热环境较2019年有所好转。2020年粤港澳大湾区LST的空间分布格局与2019年相似。地市尺度上（见图5），珠江口6市2020年LST仍然较高，均超过22℃，其中东莞市最高，为24.07℃。外围3市2020年LST继续保持较低水平，其中肇庆市最低，为20.51℃。香港和澳门作为高度城市化区域继续保持相对适宜的地表热环境，2020年LST分别为22.20℃和23.17℃。在1千米格网尺度上，粤港澳大湾区2020年LST的"核心—外围"二元结构继续保持，高值与低值区空间分布较2019年变化不显著。粤港澳大湾区2020年的有效格网单元中，

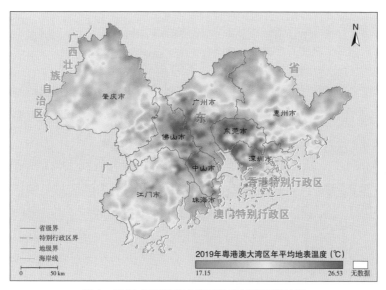

图 1　2019 年粤港澳大湾区地表温度反演结果

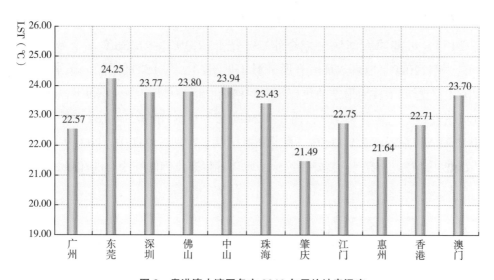

图 2　粤港澳大湾区各市 2019 年平均地表温度

有32737个格网单元LST高于平均值，占比58.38%，较2019年增加10个百分点。此外，粤港澳大湾区2020年LST的空间集聚特征仍然显著。如图6所示，置信度为90%以上的"高—高"集聚热点区域较2019年呈现扩大趋势，由2019年的13323个格网单元扩展到2020年的13842个格网单元，扩展了3.90%。在空间分布上，粤港澳大湾区LST热点区域空间格局呈现紧凑趋势。位于珠海西部、珠海北部和澳门的LST热点零散分布区在2020年连成一体，形成了LST热点区的"珠澳廊道"；位于惠州中部主城区的LST零散热点区则与已经形成的"莞深廊道"连接在一起，使该廊道得到进一步延伸。同时，"广佛廊道"延伸至江门的部分也呈现扩大趋势。置信度为90%以上的"低—低"集聚冷点区

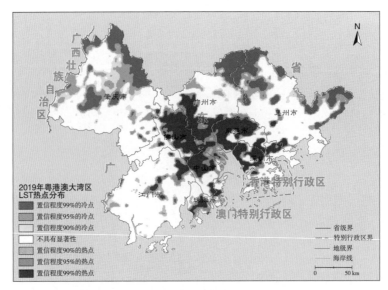

图 3　2019 年粤港澳大湾区地表温度"冷热点"分布

域则较2019年变化不大，仍主要分布在肇庆市郊区、广州北部和惠州部分地区。

2021年，粤港澳大湾区全域全年LST介于17.39℃~26.66℃，全域平均值为22.68℃，相较2020年地表热环境有所升温（见图7）。从LST的空间分布来看，粤港澳大湾区已经形成了较为稳定的热环境空间格局。地市尺度上（见图8），珠江口6市的LST均超过23℃，其中东莞市最高，为24.94℃。外围3市2021年LST仍较珠江口6市低，其中肇庆市最低，为21.31℃。香港和澳门两个特别行政区中，2021年LST分别为22.68℃和23.80℃，说明保持良好的绿地、水体等生态空间继续为香港和澳门稳定提供

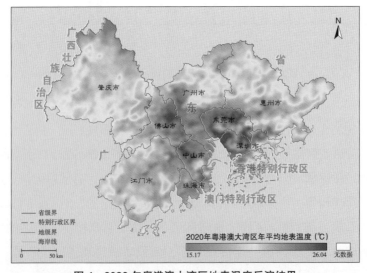

图 4　2020 年粤港澳大湾区地表温度反演结果

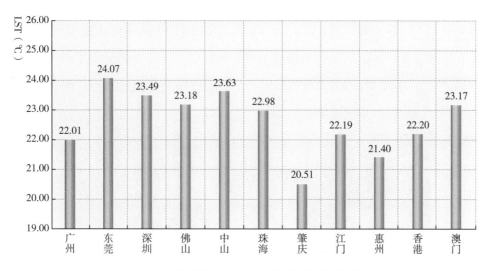

图 5　粤港澳大湾区各市 2020 年平均地表温度

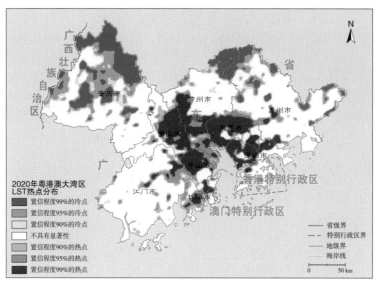

图 6　2020 年粤港澳大湾区地表温度"冷热点"分布

热环境调节功能。1千米格网尺度上，粤港澳大湾区2021年LST的"核心—外围"二元结构持续巩固。在粤港澳大湾区全域的56074个有效格网单元中，26928个格网单元LST高于全域平均值，占比48.02%，未来的生态环境政策制定需继续着重考虑高地表热环境对生态系统功能、城市宜居度和居民福祉的显著影响。结合图9的冷热点分析结果可以看出，粤港澳大湾区2021年LST的显著空间集聚特征继续发展。置信度为90%以上的"高—高"集聚热点区域继续呈现三大廊道区，即"广佛廊道"、"莞深廊道"和

"珠澳廊道"，其中"莞深廊道"延伸至惠州中部和南部的分支进一步扩大，整体热点区域更趋紧凑。置信度为90%以上的"低—低"集聚冷点区则仍然分布在大湾区外围城市化水平较低、地形起伏、植被覆盖度高的区域，包括肇庆大部以及广州和惠州北部郊区。

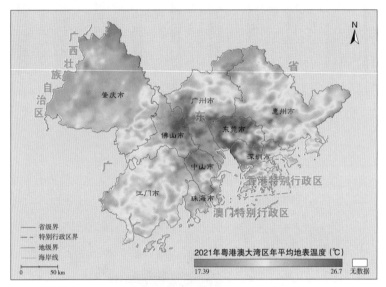

图7 2021年粤港澳大湾区地表温度反演结果

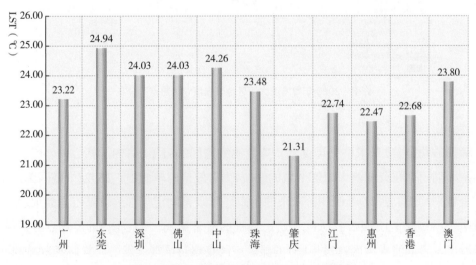

图8 粤港澳大湾区各市2021年平均地表温度

图 9 2021 年粤港澳大湾区地表温度"冷热点"分布

9.2 湿地报告

粤港澳大湾区位于广东省（21° 25' N~24° 30' N，111° 12' E~115° 35' E），是继纽约湾区、旧金山湾区、东京湾区之后的世界第四大湾区，包括广州、佛山、肇庆等9市和香港、澳门2个特别行政区（"9+2"格局），总面积65010.5平方千米。以亚热带和热带季风气候为主，多年平均降水量在1300~2500毫米，多年平均气温为22.3℃，夏季高温多雨，冬季温和少雨，光、热、水资源充沛。粤港澳大湾区湿地资源丰富，但近年来随着社会经济的快速发展，湿地遭到城镇化、围垦和水环境污染等多种外界因素的干扰，粤港澳大湾区湿地资源变化剧烈。及时监测湿地资源的变化，有助于了解湿地生态系统的演变及其对自然和人为活动的响应情况，是湿地保护及制定湿地生态修复政策的基础。

基于粤港澳大湾区2010年的SPOT 5遥感影像，经过多光谱和全色影像合成获得2.5 米空间分辨率影像，经过拼接处理、面向对象分类和人工判读纠正获得粤港澳大湾区湿地空间分布（见图10）。粤港澳大湾区2021年的湿地面积约为5091平方千米，其中河渠面积占比最大，达到了65%，面积约为3305平方千米；基塘面积占比也达到了14%；水库面积约为688平方千米，占比约为13%；湖泊和红树林的面积占比在1%左右，面积分别为65平方千米和23平方千米。此外，从城市的湿地面积对比结果来看（见图11），江门市的湿地面积最大，达到了1144平方千米，佛山市（807平方千米）和肇庆市（776平方千米）的湿地面积均高于700平方千米，处于第二梯队；广州市和惠州市的湿地面积处于第三梯队，分别为632平方千米和578平方千米；中山市、珠海

市和东莞市的湿地面积处于第四梯队，面积分别为379平方千米、351平方千米和280平方千米；深圳市和香港特别行政区的湿地面积较少，仅为86平方千米和55平方千米；澳门特别行政区由于面积限制，湿地面积最低，不足6平方千米。

图10 2010年粤港澳大湾区湿地空间分布

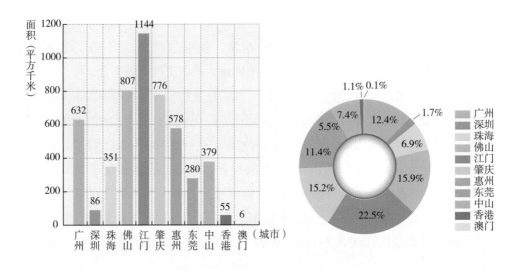

图11 2010年粤港澳大湾区各市湿地面积及其占比

基于粤港澳大湾区2021年的高分系列遥感影像，经过多光谱和全色影像合成、影像镶嵌、面向对象分类和人工判读纠正获得2021年粤港澳大湾区湿地空间分布（见图

12）。结果显示，粤港澳大湾区2021年的湿地面积约5366平方千米，较2010年增长了5.4%。其中，河渠面积达到了3496平方千米，占比约为65%；基塘面积约为936平方千米，占比为17%；水库面积为593平方千米，占比为11%；沿海滩涂和内陆滩涂面积分别为222平方千米和89平方千米，占比分别为4%和2%；红树林和湖泊面积占比均不足1%，分别为12平方千米和19平方千米。从城市尺度的湿地面积对比结果来看（见图13），2021年江门市的湿地面积最大，达到了1199平方千米，肇庆市（822平方千米）、惠州市（774平方千米）和广州（731平方千米）的湿地面积均高于700平方千米，处于第二梯队；佛山市的湿地面积处于第三梯队，为620平方千米；中山市、珠海市和东莞市的湿地面积处于第四梯队，面积分别为420平方千米、339平方千米和285平方千米；深圳市和香港特别行政区的湿地面积较少，仅为120平方千米和53平方千米；澳门特别行政区的湿地面积相较于2010年略有下降，约为4平方千米（见图13）。

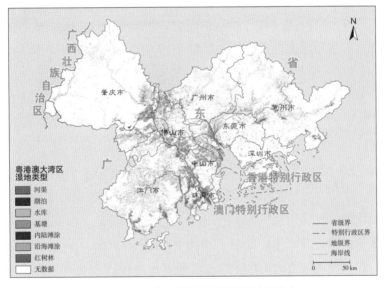

图 12 2021年粤港澳大湾区湿地空间分布

9.3 水源涵养量报告

水源是自然生态系统与人类社会赖以生存的物质与环境。水源涵养更是陆域生态系统中不可或缺的重要生态系统调节服务功能之一，是生态系统保持大气降水的过程与能力，反映了水循环在区域生态系统内的生态过程与生态效应。本报告基于InVEST模型中的产水量模块评估了粤港澳大湾区的水源供给能力，并进一步量化生态系统中的水源涵养能力。产水量模型需要的数据包括粤港澳大湾区年土地利用、年平均降水量、年平均潜在蒸散量、植物有效水分含量、土壤质地数据、生物物理系数表（包含

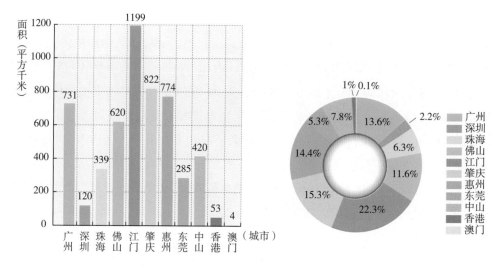

图13　2021年粤港澳大湾区各市湿地面积及其占比

根系限制层深度、各用地类型植物蒸散系数等）、Z参数等数据。产水量模型计算公式
如下：

$$Y(x) = \left[1 - \frac{AET(x)}{P(x)}\right] \cdot P(x)$$

式中，$AET(x)$ 表示栅格Fu单元的年实际蒸散量、$P(x)$ 表示栅格单元x的年平均
降水量。其中，$\frac{AET(x)}{P(x)}$ 常用傅抱璞（傅抱璞，1981）等提出的Budyko水热耦合平衡
假设公式进行计算。

依据产水量模型计算结果，绘制了2010年粤港澳大湾区水源涵养量空间分布情况
（见图14）。2010年粤港澳大湾区平均水源涵养量为1621.71毫米，由于地处亚热带季
风气候区域，降水丰沛，粤港澳大湾区的水源涵养能力总体处于较高水平。在空间分
布上，水源涵养量较高区域主要集中于广州市中北部、佛山市东部、江门市西南部和
肇庆市的北部，其中广州市北部区域水源涵养量最高，达到2000毫米，主要原因为当
年广州市中北部地区的降水量较高；水源涵养量较低区域主要分布于深圳市和香港特
别行政区，平均水源涵养量仅在1300毫米。

2021年粤港澳大湾区平均水源涵养量为1835.48毫米，由于地处亚热带季风气候区
域，降水丰沛，城市群的水源涵养能力总体处于较高水平，水源涵养量表现为从沿海
向内陆、从南向北递减趋势。其中，水源涵养量位于1700毫米至1800毫米的区域面积
分布最广，占城市群总面积的29.62%，同时，总水源涵养量超过2000毫米的区域占城
市群总面积的17.27%（见图15）。

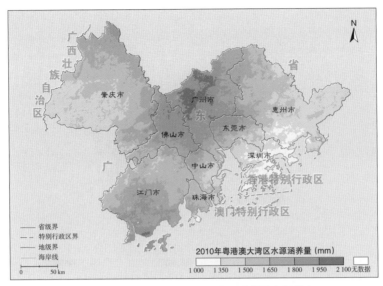

图 14　2010 年粤港澳大湾区水源涵养量空间分布

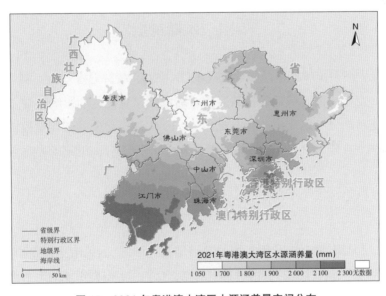

图 15　2021 年粤港澳大湾区水源涵养量空间分布

　　图16为2010年至2021年粤港澳大湾区的水源涵养量变化情况。与2010年相比，2021年水源涵养量增加区域主要位于沿海市域地带，其中香港和深圳是主要的增加区域，增加量在500毫米至1000毫米。以广州市为中心，与周边的惠州市、东莞市、佛山市和肇庆市交界地带，水源涵养量基本保持不变。广州市中北部则呈显著下降趋势。整体而言，粤港澳大湾区在这十年间水源涵养量呈增加趋势，平均水源涵养量增加了213.77毫米，表明大湾区的地表植被和水源涵养方面的保护正在逐渐加强。

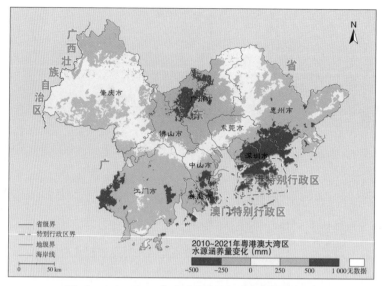

图16　2010~2021年粤港澳大湾区水源涵养量变化

9.4　碳储量报告

增加陆域生态系统碳储量是降低大气中CO_2浓度、缓解温室效应、实现碳中和的重要途径之一。定量评估区域地表覆被变化对陆域碳储量变化的影响，对于改善生态系统碳储存功能和减缓气候变化具有重要意义。InVEST模型中的碳储量模块是基于当前土地利用类型数据及其对应的4个碳库储存量来测算粤港澳大湾区储存的碳量。碳储量计算公式如下：

$$C_{i\_tot}=C_{i\_above}+C_{i\_below}+C_{i\_soil}+C_{i\_dead}$$

其中，C_{i_tot}是第i类土地利用类型的总碳储量，C_{i_above}为第i类用地的地上部分碳储量，包括土壤以上所有存活的植物材料中的碳；C_{i_below}为第i类用地的地下部分碳储量，包括存在于植物活根系统中的碳；C_{i_soil}为第i类用地的土壤碳储量，包括分布在有机土壤和矿质土壤中的有机碳；C_{i_dead}为第i类用地的死亡有机碳储量，凋落物、倒立或站立的已死亡树木中的碳。

依据储存量计算结果，绘制了2010年粤港澳大湾区碳储量空间分布情况（见图17）。2010年粤港澳大湾区平均碳存储量为15.38吨，城市群碳储量处于较高水平。其中，碳储量处于均值以上的区域主要位于珠江口沿岸城市的外围腹地，如肇庆市、惠州市和江门市等；珠江口沿岸城市碳储量整体水平较低，特别是广州市的中南部、佛山市东部、东莞市和深圳市东南沿海地带等。

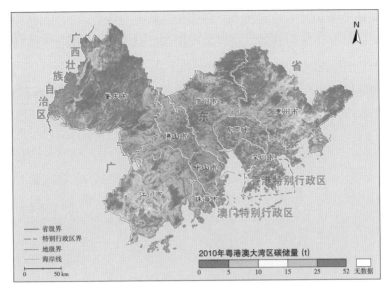

图 17 2010 年粤港澳大湾区碳储量空间分布

2021年粤港澳大湾区碳储量情况见图18。与2010年相比，碳储量的空间分布特征基本一致。2021年粤港澳大湾区平均碳存储量为14.7吨，城市群固碳水平总体较好，碳储量大于25吨区域占比最高，占大湾区城市群总面积的31.63%。大湾区城市群固碳量主要呈"中心低、四周高"趋势分布，碳储量高值区域集中在城市群外围、植被覆盖度高的低山丘陵区域。城市中心区域地表覆被类型以不透水表面为主，是大湾区碳储量的低值区。

图 18 2021 年粤港澳大湾区碳储量空间分布

图19为2010年至2021年粤港澳大湾区的碳储量时空变化。2010年至2021年，粤港澳大湾区的碳储量变化无明显的空间聚集性增减，呈交错的散乱式空间分布特征。相比2010年，2021年粤港澳大湾区的碳储量平均下降了0.68吨，下降的区域主要为珠江口沿岸的广州市、佛山市、东莞市、中山市和深圳市等地。上述地区的不透水面等覆被类型的面积仍在持续性增加是碳储量下降的主要原因。因此，在今后的城市发展与规划过程中，应改善修正相应问题，提高粤港澳大湾区的生态环境质量。

图19　2010~2021年粤港澳大湾区碳储量变化

9.5　生境质量评估报告

生境质量可以反映生态系统为物种提供生存与发展条件的能力，是生态系统服务功能与生态健康水平的重要体现。InVEST模型中的生境质量模块是通过模拟人类活动对生态环境产生的影响，定量评估研究区的生态多样性水平。生境质量越高，区域生物生态多样性越高，生态系统越稳定。生境质量模块所需要的数据包括地表覆被类型数据、胁迫源影响距离表与胁迫因子敏感性表。生境质量计算公式如下：

$$Q_{xi}=H_j \left[1- \left(\frac{D^z_{xi}}{D^z_{xi}+k^z} \right) \right]$$

其中，H_j为用地类型的生境适宜度；D_{xj}为用地类型中栅格x的生境退化度；k为半饱和常数，即退化度最大值的一半；z为模型默认参数，一般定义为2.5。

粤港澳大湾区2010年的生境质量计算结果见图20。结果表明，2010年粤港澳大湾区平均生境质量为0.68。其中，生境质量处于均值以上的区域主要为位于珠江口沿岸城市以外的区域，如肇庆市、惠州市和江门市等植被覆盖度较高的林草地；珠江口沿岸城市生态环境质量整体水平较低，特别是广州市的中部、佛山市东部、中山市中部、东莞市和深圳市东南沿海地带等。

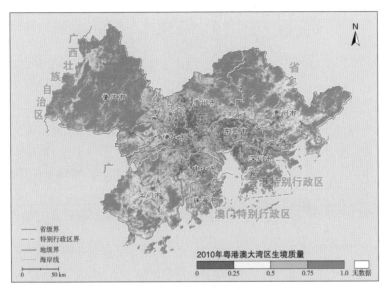

图 20　2010 年粤港澳大湾区生境质量空间分布

　　2021年粤港澳大湾区生境质量空间分布见图21。与2010年相比，生态环境质量的整体空间分布格局较为一致。2021年粤港澳大湾区生境质量水平为0.669，生境质量水平总体较好。高生境质量水平区域占大湾区城市群总面积的54.85%，低生境质量水平区域占比仅为16.78%。粤港澳大湾区生境质量水平继续呈现"中心低、四周高"的分布格局。城市中心区域由于高强度的开发建设与高密度的人口聚集，生境质量水平较外围腹地低。

　　图22显示了2010年至2021年粤港澳大湾区的生境质量时空变化。2010年至2021年，粤港澳大湾区的生态环境质量变化主要集中于城市建成区域，散乱分布于不同区域。相比2010年，2021年粤港澳大湾区的生态环境质量平均下降了0.011，下降的区域主要为珠江口沿岸的广州市、佛山市、东莞市、中山市和深圳市及江门市中部和惠州市中西部等地。生态环境质量下降，表明这些区域的城市内部及其周边地带，部分自然地表地面（植被）被改造为城市建设用地类型的下表面。随着大湾区不断发展和城市建设用地的持续扩张，未来的生态环境质量压力依旧不容乐观。未来，在可持续发展目标和"双碳"目标指引下，粤港澳大湾区在保持高速发展的同时，需要切实加强城市内部生态恢复工程来补偿生境质量的变化，进一步提升粤港澳大湾区的人居环境舒适度。

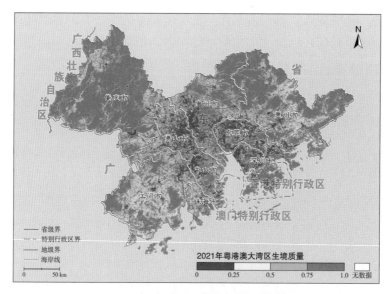

图21 2021年粤港澳大湾区生境质量空间分布

图22 2010~2021年粤港澳大湾区生境质量空间变化特征

参考文献

[1] Sharp, R., Tallis, H. T., Ricketts, T., Guerry, A. D., Wood, S. A., Chaplin-Kramer, R., ... & Vogl, A. L. (2014). "In VEST User's Guide". *The Natural Capital Project: Stanford*, CA, USA.

[2] 唐尧、祝炜平、张慧、宋瑜:《In VEST 模型原理及其应用研究进展》,《生态科学》2015年第3期,第204~208页。

[3] 包玉斌等:《基于 In VEST 模型的陕北黄土高原水源涵养功能时空变化》,《地理研究》2016年

[4] 刘洋、张军、周冬梅、马静、党锐、马靖靖、朱小燕：《基于 In VEST 模型的疏勒河流域碳储量时空变化研究》，《生态学报》2021年第10期，第4052~4065页。

[5] 陈妍、乔飞、江磊：《基于 IN VEST 模型的土地利用格局变化对区域尺度生境质量的评估研究》，《北京大学学报》(自然科学版)2016年第3期。

[6] 钟莉娜、王军：《基于 InVEST 模型评估土地整治对生境质量的影响》，《农业工程学报》2017年第1期，第250~255页。

[7] 傅抱璞：《论陆面蒸发的计算》，《大气科学》1981年第5期，第23~31页。

社会科学文献出版社

皮 书

智库成果出版与传播平台

✦ 皮书定义 ✦

皮书是对中国与世界发展状况和热点问题进行年度监测，以专业的角度、专家的视野和实证研究方法，针对某一领域或区域现状与发展态势展开分析和预测，具备前沿性、原创性、实证性、连续性、时效性等特点的公开出版物，由一系列权威研究报告组成。

✦ 皮书作者 ✦

皮书系列报告作者以国内外一流研究机构、知名高校等重点智库的研究人员为主，多为相关领域一流专家学者，他们的观点代表了当下学界对中国与世界的现实和未来最高水平的解读与分析。截至2022年底，皮书研创机构逾千家，报告作者累计超过10万人。

✦ 皮书荣誉 ✦

皮书作为中国社会科学院基础理论研究与应用对策研究融合发展的代表性成果，不仅是哲学社会科学工作者服务中国特色社会主义现代化建设的重要成果，更是助力中国特色新型智库建设、构建中国特色哲学社会科学"三大体系"的重要平台。皮书系列先后被列入"十二五""十三五""十四五"时期国家重点出版物出版专项规划项目；2013~2023年，重点皮书列入中国社会科学院国家哲学社会科学创新工程项目。

皮书网

（网址：www.pishu.cn）

发布皮书研创资讯，传播皮书精彩内容
引领皮书出版潮流，打造皮书服务平台

栏目设置

◆关于皮书

何谓皮书、皮书分类、皮书大事记、
皮书荣誉、皮书出版第一人、皮书编辑部

◆最新资讯

通知公告、新闻动态、媒体聚焦、
网站专题、视频直播、下载专区

◆皮书研创

皮书规范、皮书选题、皮书出版、
皮书研究、研创团队

◆皮书评奖评价

指标体系、皮书评价、皮书评奖

◆皮书研究院理事会

理事会章程、理事单位、个人理事、高级
研究员、理事会秘书处、入会指南

所获荣誉

◆2008 年、2011 年、2014 年，皮书网均
在全国新闻出版业网站荣誉评选中获得
"最具商业价值网站"称号；

◆2012 年，获得"出版业网站百强"称号。

网库合一

2014年，皮书网与皮书数据库端口合
一，实现资源共享，搭建智库成果融合创
新平台。

皮书网

"皮书说"
微信公众号

皮书微博

基本子库
SUB DATABASE

中国社会发展数据库（下设 12 个专题子库）

紧扣人口、政治、外交、法律、教育、医疗卫生、资源环境等 12 个社会发展领域的前沿和热点，全面整合专业著作、智库报告、学术资讯、调研数据等类型资源，帮助用户追踪中国社会发展动态、研究社会发展战略与政策、了解社会热点问题、分析社会发展趋势。

中国经济发展数据库（下设 12 专题子库）

内容涵盖宏观经济、产业经济、工业经济、农业经济、财政金融、房地产经济、城市经济、商业贸易等 12 个重点经济领域，为把握经济运行态势、洞察经济发展规律、研判经济发展趋势、进行经济调控决策提供参考和依据。

中国行业发展数据库（下设 17 个专题子库）

以中国国民经济行业分类为依据，覆盖金融业、旅游业、交通运输业、能源矿产业、制造业等 100 多个行业，跟踪分析国民经济相关行业市场运行状况和政策导向，汇集行业发展前沿资讯，为投资、从业及各种经济决策提供理论支撑和实践指导。

中国区域发展数据库（下设 4 个专题子库）

对中国特定区域内的经济、社会、文化等领域现状与发展情况进行深度分析和预测，涉及省级行政区、城市群、城市、农村等不同维度，研究层级至县及县以下行政区，为学者研究地方经济社会宏观态势、经验模式、发展案例提供支撑，为地方政府决策提供参考。

中国文化传媒数据库（下设 18 个专题子库）

内容覆盖文化产业、新闻传播、电影娱乐、文学艺术、群众文化、图书情报等 18 个重点研究领域，聚焦文化传媒领域发展前沿、热点话题、行业实践，服务用户的教学科研、文化投资、企业规划等需要。

世界经济与国际关系数据库（下设 6 个专题子库）

整合世界经济、国际政治、世界文化与科技、全球性问题、国际组织与国际法、区域研究 6 大领域研究成果，对世界经济形势、国际形势进行连续性深度分析，对年度热点问题进行专题解读，为研判全球发展趋势提供事实和数据支持。

法律声明